建筑施工组织设计实务

（第2版）

主　编　蔡红新　曹红梅

副主编　杨　飞　许　丽

参　编　董　钊　张友臣　姚艳芳

　　　　崔　洁　杜雷鸣

主　审　张泽平

北京理工大学出版社

BEIJING INSTITUTE OF TECHNOLOGY PRESS

内 容 提 要

本书主要介绍了建筑工程施工组织的相关技术以及施工组织设计的分类内容、分部构成、编制方法。本书主要包括绪论、相关知识、相关技术、学习情境四部分内容。其中，相关知识部分包括工程建设概述、建筑工程施工程序及建筑施工的特点、建筑工程施工准备、施工组织设计概述等内容；相关技术部分包括流水施工技术、网络计划技术等内容；学习情境部分包括分部分项工程施工组织设计、单位工程施工组织设计、建设项目施工组织总设计等内容。

本书可作为高等院校土木工程、工程监理、建筑经济管理、工程造价等土建类专业的教材，也可供土建工程相关技术人员及施工现场管理人员工作时参考。

图书在版编目(CIP)数据

建筑施工组织设计实务 / 蔡红新，曹红梅主编. -- 2版. -- 北京：北京理工大学出版社，2022.3

ISBN 978-7-5682-3522-8

Ⅰ.①建…　Ⅱ.①蔡…②曹…　Ⅲ.①建筑工程－施工组织－设计－高等学校－教材　Ⅳ.①TU721

中国版本图书馆CIP数据核字（2016）第326928号

出版发行 / 北京理工大学出版社有限责任公司
社　　址 / 北京市海淀区中关村南大街5号
邮　　编 / 100081
电　　话 / （010）68914775（总编室）
（010）82562903（教材售后服务热线）
（010）68944723（其他图书服务热线）
网　　址 / http://www.bitpress.com.cn
经　　销 / 全国各地新华书店
印　　刷 / 北京紫瑞利印刷有限公司
开　　本 / 787毫米×1092毫米　1/16
印　　张 / 17.5
字　　数 / 420千字
版　　次 / 2022年3月第2版　2022年3月第1次印刷
定　　价 / 72.00元

责任编辑 / 钟　博
文案编辑 / 钟　博
责任校对 / 周瑞红
责任印制 / 边心超

第2版前言

本书是在《建筑施工组织设计实务》第1版的基础上，结合高等院校教学改革的实践经验，为适应高等教育不断深入的教学改革和内容不断更新的需要而修订的。

本书基本上保持第1版的体系和特点，根据高等院校建筑施工组织设计实务课程标准，参照建筑类管理人员从业资格的要求编写与修订，适合高等院校建筑工程技术、工程监理、建筑经济管理和工程造价等专业学生和建筑施工一线工作人员使用。

以工作过程为导向的职业教育教学改革已成为职业院校教改的根本主题，职业教育应基于职业教书育人；职业教育的首要性质为具有职业性，即具有岗位定位、技术标准定位。本书以现阶段职业教育课程特征、职业教育课程结构性改革为出发点，以工作过程为导向，本着结构立意要新、内容重技能实用、理论以够用为度的原则，根据《建筑施工组织设计规范》（GB/T 50502—2009）及行业其他标准、规范和规程等编写与修订。

本书首先在分析工程管理人员岗位职业能力的基础上，依据职业能力选择课程内容，彻底改变以“知识”为基础设计课程的传统，围绕职业能力的形成组织课程内容，按照工作过程设计学习过程。本书以典型工作任务为载体来设计章节、组织教学，以提出“任务”、分析“任务”、完成“任务”为主线进行学习内容安排，伴随完成工作任务进行理论知识的学习。本书内容详实具体，便于读者在学习和实际工作时参考。

本书第2版由蔡红新主持修订。本书由山西工程职业技术学院蔡红新、太原城市职业技术学院曹红梅担任主编，由山西职业技术学院杨飞、运城职业技术学院许丽担任副主编，运城职业技术学院董钊、中冶天工建设有限公司高级工程师张友臣、河北科技学院姚艳芳、石家庄职业技术学院崔洁、山西工程职业技术学院杜雷鸣参与了本书部分章节的编写工作。具体编写分工如下：绪论、第一篇和附录由蔡红新、曹红梅共同编写；第二篇的资讯1由董钊、张友臣共同编写，资讯2由杨飞编写；第三篇的学习情境1由姚艳芳、崔洁共同编写，学习情境2由杜雷鸣编写，学习情境3由许丽编写。全书由蔡红新统稿，由太原理工大学张泽平教授主审。

由于编写时间仓促，编者水平有限，书中难免存在不妥和疏漏之处，恳请广大读者批评指正。

编　者

第1版前言

本书根据高职高专建筑施工组织设计实务课程标准并参照建筑类管理人员从业资格要求编写，适合高职高专建筑工程技术、建筑经济管理、建筑工程管理、建筑工程造价和建筑工程监理等专业学生和建筑施工一线工作人员使用。

以工作过程为导向的职业教育教学改革已成为职业院校进行教改的根本主题，职业教育应基于职业进行教书育人；职业教育的首要性质为具有职业性，即具有岗位定位、技术标准定位。本书以现阶段职业教育课程特征、职业教育课程结构性改革为出发点，以工作过程为导向，本着结构立意要新、内容重技能实用、理论以够用为度的原则，根据《建筑施工组织设计规范》（GB/T 50502—2009）及行业其他标准、规范和规程等进行编写。

本书首先在分析工程管理人员岗位职业能力的基础上，依据职业能力选择课程内容，彻底改变以“知识”为基础设计课程的传统，围绕职业能力的形成组织课程内容，按照工作过程设计学习过程。本书以典型工作任务为载体来设计章节、组织教学，以提出“任务”、分析“任务”、完成“任务”为主线进行学习内容安排，伴随完成工作任务来进行理论知识的学习。本书内容详实具体，便于读者在学习和实际工作时参考。

本书由山西工程职业技术学院蔡红新、天津城市建设管理职业技术学院李伟、山西工程职业技术学院秦慧敏担任主编，由太原城市职业技术学院吕宗斌、山西工程职业技术学院邵晋彪、河北科技学院王云担任副主编，山西工程职业技术学院李卫文、温艳芳、李孝勤参加了编写。全书由蔡红新统稿，李卫文校对，太原理工大学张泽平教授主审。

本书在编写过程中得到了中冶天工建设有限公司建筑工程项目部闫彩凤工程师和山西工程职业技术学院李喜明副教授的大力支持和帮助，在此一并感谢。本书参考了书后所附参考文献的部分资料，在此向所有参考文献的作者表示衷心的感谢。

由于编写时间仓促，编者水平有限，书中难免存在不妥和疏漏之处，恳请批评指正。

编　者

2011年5月

目 录

第三篇　学习情境

绪　论

建筑产品生产过程的组织比一般工业产品生产过程的组织要复杂得多，这是建筑产品的固定性、多样性、综合性所决定的。建筑产品的生产过程属于多专业、多工种、平行交叉的综合性生产过程，其建设周期长，受自然气候环境影响较大。因此，建筑产品生产必须合理确定其施工程序与施工进度，对施工的相互配合要预先作出周密的布置与安排，还要充分利用建筑空间与时间，这是顺利实施建筑产品生产的关键。

建筑工程技术专业是建筑类专业中最基础、最核心的专业，对于将要从事工程施工生产第一线的施工工作的学生来说，掌握建筑产品生产规律，做到预先计划施工、事前设计施工、提前掌控施工显得尤为重要。

一、“建筑施工组织设计实务”课程的性质

“建筑施工组织设计实务”是建设工程管理科学中一门技术性、专业性、实践性都很强的课程。它直接用于建筑工程施工指导，对建筑工程施工的计划、组织、指挥、控制与协调具有十分重要的技术意义。

二、“建筑施工组织设计实务”课程的研究对象与任务

建筑施工组织是研究建筑工程施工活动及其组织规律的科学，它有自己特定的研究对象和任务。组织建筑施工必须遵循建筑施工的客观规律，采用现代科学技术和方法，对建筑施工过程及有关的工作进行统筹规划，合理组织与协调控制，以实现建筑施工最优化的目标。

“建筑施工组织设计实务”课程的主要任务是：全面理解国家制定的基本建设方针政策及各项具体的技术经济政策；以工程或项目为对象，掌握建筑施工建筑组织的一般原理及建筑施工组织设计内容、方法和编制程序；知道建筑施工组织的优化理论、管理技术与方法；研究和探索施工过程的系统管理和协调技术；会进行各类工程的施工组织设计。总的来说就是遵循建筑施工的客观规律，统筹规划，合理组织，协调控制建筑产品生产全过程，使建筑施工达到最优化。

三、“建筑施工组织设计实务”课程的学习方法与要点

本课程是一门综合性、实践性和政策性很强的课程，要学好本课程必须注意以下几点：

(1)任何一项工程的施工，都必须从该工程实际的技术经济特点、工程特点和施工条件出发，规划符合客观实际的施工组织方案，并在实践中进行检验、丰富和完善。建筑工程的实践经验是本课程知识的基础。因此，学习本门课程，一定要坚持理论联系实际。除加深对基本理论、基本知识的理解和掌握以外，必须完成一定数量的施工组织设计任务。

(2)组织任何一项工程的施工，必须以国家制定的各项方针政策为指导，遵循建筑施工组织的基本原则。因此，作为一个合格的建筑施工技术人员，必须重视对国家颁布的有关基本建设的方针政策的学习和领会，加强政策观念，提高政策水平。

(3)本课程是一门多学科交叉的边缘科学。与它相关的课程有建筑施工图识读与绘制、地基与基础工程施工、混凝土结构工程施工、砌体结构工程施工、钢结构施工和建筑功能性工程施工及建筑工程经济实务等。所以应注意对相关课程内容的学习与复习。

第一篇　相关知识

知识目标

熟悉工程建设的概念，掌握工程建设的基本程序；掌握工程建设项目的划分以及工程施工的程序及特点；熟悉工程施工准备工作的内容、重要性和分类；掌握图纸会审的内容及方式；了解施工组织设计的概念、作用；掌握施工组织设计的分类及各自的作用。

资讯1　工程建设概述

一、工程建设的概念

工程建设是指土木建筑工程、线路管道和设备安装工程、建筑装饰装修工程等项目的新建、扩建和改建，它是形成国家资产的基本生产过程及与之相关的其他建设工作的总称。建设工作包含建设单位及其主管部门的投资决策活动以及征用土地、工程勘察设计、工程监理等。其包括各种厂房、仓库、住宅、商店、宾馆、影剧院、教学楼、写字楼、办公楼等建筑物和矿井、公路、铁路、码头、桥梁等构筑物的建筑工程；各种管道、电力和电信导线的敷设工程；设备基础、各种工业炉砌筑、金属结构工程；水利工程和其他特殊工程。

二、工程建设程序

1. 工程建设程序的概念

工程建设程序是指工程项目从策划、选择、评估、决策、设计、施工到竣工验收、投入生产和交付使用的整个建设过程中，各项工作必须遵循的先后工作次序。工程建设程序是工程建设过程客观规律的反映，是工程项目科学决策和顺利进行的重要保证。

世界上各个国家和国际组织在工程建设程序上可能存在着某些差异，但是按照工程建设项目发展的内在规律，投资建设一个工程项目都要经过投资决策和建设实施两个发展时期。这两个发展时期又可分为若干个阶段，它们之间存在着严格的先后次序，可以进行合理的交叉，但不能任意颠倒次序。

以世界银行贷款项目为例，其建设周期包括项目选定、项目准备、项目评估、项目谈判、项目实施和项目总结评价六个阶段。每一个阶段的工作深度，决定着工程在下一阶段的发展，彼此相互联系、相互制约。在工程选定阶段，要根据借款申请国所提出的项目清单进行鉴别选择，一般根据工程性质选择符合世界银行贷款原则，有助于当地经济和社会发展的急需项目。被选定的工程经过1～2年的准备，提出详细可行性研究报告，由世界银行组织专家进行工程评估之后，与申请国贷款银行谈判、签订协议，然后进入工程的勘察设计、采购、施工、生产准备和试运转等实施阶段，在工程贷款发放完成后1年左右进行工程的总结评价。正是科学、严密的项目周期，保证了世界银行在各国的投资保持较高的成功率。

2. 工程建设程序的划分

按照我国现行规定，一般大中型及限额以上工程项目的建设程序可以分为以下几个阶段：

(1)根据国民经济和社会发展长远规划，结合行业和地区发展规划的要求，提出项目建议书。

(2)在勘察、试验、调查研究及详细技术经济论证的基础上编制可行性研究报告。

(3)根据咨询评估情况，对工程项目进行决策。

(4)根据可行性研究报告，编制设计文件。

(5)初步设计经批准后，做好施工前的各项准备工作。

(6)组织施工，并根据施工进度做好生产前的准备工作。

(7)项目按批准的设计内容完成，经投料试车验收合格后正式投产交付使用。

(8)生产运营一段时间(一般为1年)后，进行项目后评价。

3. 工程建设程序各阶段的工作内容

(1)项目建议书阶段。项目建议书是业主单位向国家提出的要求建设某一项目的建议文件，是对工程项目建设的轮廓设想。项目建议书的主要作用是推荐一个拟建项目，论述其建设的必要性、建设条件的可行性和获利的可能性，供国家选择，并确定是否进行下一步工作。

项目建议书的内容视项目的不同而有繁有简，但一般应包括以下几方面的内容：

1)项目提出的必要性和依据。

2)产品方案、拟建规模和建设地点的初步设想。

3)资源情况、建设条件、协作关系等的初步分析。

4)投资估算和资金筹措设想。

5)项目的进度安排。

6)经济效益和社会效益的估计。

项目建议书按要求编制完成后，应根据建设规模和限额划分分别报送有关部门审批。按现行规定，大中型及限额以上项目的项目建议书首先应报送行业归口主管部门，同时抄送国家发展改革委员会(简称“发改委”)。行业归口主管部门根据国家中长期规划要求，从资金来源、建设布局、资金合理利用、经济合理性、技术政策等方面进行初审。行业归口主管部门初审通过后报国家发改委，由国家发改委从建设总规模、生产力总布局、资源优化配置及资金供应可能、外部协作条件等方面进行综合平衡，还要委托具有相应资质的工程咨询单位评估后审批。凡行业归口主管部门初审未通过的项目，国家发改委不予批准；凡属小型或限额以下项目的项目建议书，按项目隶属关系由部门或地方发改委审批。

项目建议书经批准后，可以进行详细的可行性研究工作，但并不表明项目非上不可，项目建议书不是项目的最终决策。

(2)可行性研究阶段。项目建议书一经批准，即可着手开展项目可行性研究工作。可行性研究是对工程项目在技术上是否可行和经济上是否合理进行科学的分析和论证。

1)可行性研究的工作内容。可行性研究应完成以下工作：

①进行市场研究，以解决项目建设的必要性问题；

②进行工艺技术方案的研究，以解决项目建设的技术可能性问题；

③进行财务和经济分析，以解决项目建设的合理性问题。凡经可行性研究未通过的项目，不得进行下一步工作。

2)可行性研究报告的内容。可行性研究工作完成后，需要编写出反映其全部工作成果的“可行性研究报告”。就其内容来看，各类项目的可行性研究报告的内容不尽相同，但一般应包括以下基本内容：

①项目提出的背景、投资的必要性和研究工作的依据；

②需求预测及拟建规模、产品方案和发展方向的技术经济比较和分析；

③资源、原材料、燃料及公用设施情况；
④项目设计方案及协作配套工程；
⑤建厂条件与厂址方案；
⑥环境保护、防震、防洪等要求及其相应措施；
⑦企业组织、劳动定员和人员培训；
⑧建设工期和实施进度；
⑨投资估算和资金筹措方式；
⑩经济效益和社会效益。

3)可行性研究报告的审批。根据《国务院关于投资体制改革的决定》，政府对于投资项目的管理分为审批、核准和备案三种方式。政府直接投资和采用资本金注入的项目，审批项目建议书、可行性研究报告；政府采用投资补助、转贷和贷款贴息方式的项目，不再审批项目建议书和可行性研究报告，只审批资金申请报告；企业不使用政府性资金投资建设的重大项目和限制类项目，从维护社会公共利益的角度进行核准；企业不使用政府性资金投资建设的非重大项目和限制类项目，采用备案制。

对于政府投资项目，只有直接投资和采用资本金注入方式的项目，政府才需要对可行性研究报告进行审批，其他项目无需审批可行性研究报告。具体规定如下：

①使用中央预算内投资、中央专项建设基金、中央统还国外贷款5亿元及以上的项目；使用中央预算内投资、中央专项建设基金、统借自还国外贷款的总投资50亿元及以上的项目由国家发展改革委员会审核报国务院审批。

②国家发展改革委员会对地方政府投资项目只需审批项目建议书，无须审批可行性研究报告。

③对于使用国外援助性资金的项目：由中央统借统还的项目，按照中央政府直接投资项目进行管理，其可行性研究报告由国务院发展改革部门审批或审核后报国务院审批；由省级政府负责偿还或提供还款担保的项目，按照省级政府直接投资项目进行管理，其项目审批权限，按国务院及国务院发展改革部门的有关规定执行；由项目用款单位自行偿还且无须政府担保的项目，参照《政府核准的投资项目目录》规定办理。

(3)设计工作阶段。设计是对拟建工程的实施在技术上和经济上所进行的全面而详尽的安排，是基本建设计划的具体化，同时也是组织施工的依据。工程项目的设计工作一般分为两个阶段，即初步设计和施工图设计。重大项目和技术复杂项目，可根据需要增加技术设计阶段。

1)初步设计。初步设计是根据可行性研究报告的要求所做的具体实施方案，目的是阐明在指定的地点、时间和投资控制数额内，拟建项目在技术上的可能性和经济上的合理性，并通过对工程项目所作出的基本技术经济规定，编制项目总概算。

初步设计不得随意改变被批准的可行性研究报告所确定的建设规模、产品方案、工程标准、建设地址和总投资等控制目标。如果初步设计提出的总概算超过可行性研究报告总投资的10%以上或其他主要指标需要变更，应说明原因和计算依据，并重新向原审批单位报批可行性研究报告。

2)技术设计。技术设计应根据初步设计和更详细的调查研究资料进行编制，以进一步解决初步设计中的重大技术问题，如工艺流程、建筑结构、设备选型及数量确定等，使工程建设项目的设计更具体、更完善，技术指标更好。

3)施工图设计。根据初步设计或技术设计的要求，结合现场实际情况，其完整地表现建筑物外形、内部空间分割、结构体系、构造状况以及建筑群的组成和周围环境的配合。它还包括各种运输、通信、管道系统，建筑设备的设计。在工艺方面，应具体确定各种设备的型号、规格及各种非标准设备的制造加工图。

(4)建设准备阶段。项目在开工建设之前要切实做好各项准备工作，其主要内容如下：

1)征地、拆迁和场地平整。

2)完成施工用水、电、路等工作。

3)组织设备、订购材料。

4)准备必要的施工图纸。

5)组织施工招标，择优选定施工单位。

(5)施工安装阶段。工程项目经批准后开工建设，即进入施工阶段。项目新开工时间，是指工程建设项目设计文件中规定的任何一项永久性工程第一次正式破土开槽开始施工的日期。无需开槽的工程，正式开始打桩的日期就是开工日期。铁路、公路、水库等需要进行大量土方、石方工程的，以开始进行土方、石方工程的日期作为正式开工日期。工程地质勘察，平整场地，旧建筑物的拆除，临时建筑，施工用临时道路和水、电等工程开始施工的日期不能算作正式开工日期。分期建设的项目分别按各期工程开工的日期计算，如二期工程应根据工程设计文件规定的永久性工程开工的日期计算。

施工安装活动应按照工程设计要求、施工合同条款及施工组织设计，在保证工程质量、工期、成本及安全、环境等目标的前提下进行，达到竣工验收标准后，由施工单位移交给建设单位。

(6) 生产准备阶段。对于生产性建设项目而言，生产准备是项目投产前由建设单位进行的一项重要工作。它是衔接建设和生产的桥梁，是项目建设转入生产经营的必要条件。建设单位应适时组成专门班子或机构做好生产准备工作，以确保项目建成后能及时投产。

生产准备工作的内容根据项目或企业的不同而不同，但一般应包括以下主要内容：

1)招收和培训生产人员。招收项目运营过程中所需要的人员，并采用多种方式进行培训。特别要组织生产人员参加设备的安装、调试和工程验收工作，使其能尽快掌握生产技术和工艺流程。

2)组织准备。主要包括生产管理机构设置、管理制度和有关规定的制订、生产人员配备等。

3)技术准备。主要包括国内装置设计资料的汇总，有关国外技术资料的翻译、编辑，各种生产方案、岗位操作法的编制以及新技术的准备等。

4)物资准备。主要包括落实原材料、协作产品、燃料、水、电、气等的来源和其他需协作配合的条件，并组织工装、器具、备品、备件等的制造或订货。

(7)竣工验收阶段。当工程项目按设计文件的规定内容和施工图纸的要求全部建完后，便可组织验收。竣工验收是工程建设过程的最后一环，是投资成果转入生产或使用的标志，也是全面考核基本建设成果、检验设计和工程质量的重要步骤。竣工验收对促进建设项目及时投产、发挥投资效益及总结建设经验，都有重要作用。通过竣工验收，可以检查建设项目实际形成的生产能力或效益，也可避免项目建成后继续消耗建设费用。

1)竣工验收的范围和标准。按照国家现行有关规范规定，所有基本建设项目和更新改造项目，按批准的设计文件所规定的内容建成，符合验收标准，即工业项目经过投料试车

(带负荷运转)合格，形成生产能力的；非工业项目符合设计要求，能够正常使用的，都应及时组织竣工验收，办理固定资产移交手续。工程项目竣工验收、交付使用，应达到下列标准：

①生产性项目和辅助公用设施已按设计要求建完，能满足生产要求。

②主要工艺设备已安装配套，经联动负荷试车合格，形成生产能力，能够生产出设计文件规定的产品。

③职工宿舍和其他必要的生产福利设施，能适应投产初期的需要。

④生产准备工作能适应投产初期的需要。

⑤环境保护设施、劳动安全卫生设施、消防设施已按设计要求与主体工程同时建成使用。

以上是国家对工程建设项目竣工应达到标准的基本规定，各类工程建设项目除了应遵循这些共同标准外，还要结合专业特点确定其竣工应达到的具体条件。对某些特殊情况，工程施工虽未全部按设计要求完成，也应进行验收，这些特殊情况主要是指：

①因少数非主要设备或某些特殊材料在短期内不能解决，虽然工程内容尚未全部完成，但已可以投产或使用。

②按规定的内容已建完，但因外部条件的制约，如流动资金不足、生产所需原材料不能满足等，已建成工程不能投入使用。

③有些工程项目或单位工程，已形成部分生产能力，但近期内不能按原设计规模续建，应从实际情况出发经主管部门批准后，缩小已完成的工程和设备竣工验收的规模，移交固定资产。

按国家现行规定，已具备竣工验收条件的工程，3个月内不办理验收投产和移交固定资产手续的，取消企业和主管部门(或地方)的基建试车收入分成，由银行监督全部上缴财政。如3个月内办理竣工验收确有困难，经验收主管部门批准，可以适当推迟竣工验收时间。

2)竣工验收的准备工作。建设单位应认真做好工程竣工验收的准备工作，主要包括：

①整理技术资料。技术资料主要包括土建施工、设备安装方面文件及各种有关的文件、合同和试生产情况报告等。

②绘制竣工图。工程建设项目竣工图是真实记录各种地下、地上建筑物等的详细情况的技术文件，是对工程进行交工验收、维护、扩建、改建的依据，同时也是使用单位长期保存的技术资料。关于绘制竣工图的规定如下：

a. 凡按图施工没有变动的，由施工承包单位(包括总包单位和分包单位)在原施工图上加盖“竣工图”标志后即可作为竣工图。

b. 凡在施工中，虽有一般性设计变更，但能将原图加以修改补充作为竣工图的，可不重新绘制，由施工承包单位负责在原施工图(必须为新蓝图)上注明修改部分，并附以设计变更通知单和施工说明，加盖“竣工图”标志后，即可作为竣工图。

c. 凡有结构形式、工艺、平面布置、项目以及其他方面的重大改变，不宜再在原施工图上修改补充者，应重新绘制改变后的竣工图。由设计原因造成的，由设计单位负责重新绘图；由施工单位的原因造成的，由施工承包单位负责重新绘图；由其他原因造成的，由业主自行绘图或委托设计单位绘图，施工承包单位负责在新图上加盖“竣工图”标志，并附以有关记录和说明，作为竣工图。

竣工图必须准确、完整、符合归档要求，方能交工验收。

③编制竣工决算。建设单位必须及时清理所有财产、物资和未花完或应收回的资金，编制工程竣工决算，分析概(预)算执行情况，考核投资效益，报请主管部门审查。

3)竣工验收的程序和组织。根据国家现行规定，规模较大、较复杂的工程建设项目应先进行初验，然后进行正式验收。规模较小、较简单的工程项目，可以一次进行全部项目的竣工验收。

工程项目全部建完，经过各单位的验收，若其符合设计要求，并具备竣工图、竣工决算、工程总结等必要的文件资料，由项目主管部门或建设单位向负责验收的单位提出竣工验收申请报告。

大、中型和限额以上项目，由国家发改委或国家发改委委托项目主管部门、地方政府组织验收。小型和限额以下项目，由项目主管部门或地方政府组织验收。竣工验收要根据工程规模及复杂程度组成验收委员会或验收组。验收委员会或验收组负责审查工程建设的各个环节，听取各有关单位的工作汇报，审阅工程档案，实地查验建筑安装工程实体，对工程设计、施工和设备质量等作出全面评价，对不合格的工程不予验收。对遗留问题要提出具体解决意见，限期落实完成。

(8)项目后评价阶段。项目后评价是工程项目竣工投产、生产运营一段时间后，再对项目的立项决策、设计施工、竣工投产、生产运营等全过程进行系统评价的一种技术经济活动，是固定资产投资管理的一项重要内容，也是固定资产投资管理的最后一个环节。通过建设项目后评价，可以达到肯定成绩、总结经验、研究问题、吸取教训、提出建议、改进工作、不断提高项目决策水平和投资效果的目的。

项目后评价的内容包括立项决策评价、设计施工评价、生产运营评价和建设效益评价。在实际工作中，可以根据建设项目的特点和工作需要而有所侧重。

项目后评价的基本方法是对比法，就是将工程项目建成投产后所取得的实际效益、经济效益和社会效益、环境保护等情况与前期决策阶段的预测情况相对比，与项目建设前的情况相对比，从中发现问题，总结经验和教训。在实际工作中，往往从以下三个方面对建设项目进行后评价。

1)影响评价。影响评价是通过项目竣工投产(营运、使用)后对社会的经济、政治、技术和环境等方面所产生的影响来评价项目决策的正确性。如果项目建成后达到了原来预期的效果，对国民经济发展、产业结构调整、生产力布局、人民生活水平的提高、环境保护等方面都带来有益的影响，说明项目决策是正确的；如果项目背离了既定的决策目标，就应具体分析，找出原因，引以为戒。

2)经济效益评价。经济效益评价是通过项目竣工投产后所产生的实际经济效益与可行性研究时所预测的经济效益相比较，对项目进行评价。对生产性建设项目要运用投产运营后的实际资料计算财务内部收益率、财务净现值、财务净现值率、投资利润率、投资利税率、贷款偿还期、国民经济内部收益率、经济净现值、经济净现值率等一系列后评价指标，与可行性研究阶段所预测的相应指标进行对比，从经济上分析项目投产运营后是否达到了预期效果。若没有达到预期效果应分析原因，采取措施，提高经济效益。

3)过程评价。过程评价是对工程项目的立项决策、设计施工、竣工投产、生产运营等全过程进行系统分析，找出项目后评价与原预期效益之间的差异及其产生的原因，使后评价结论有根有据，同时针对问题提出解决办法。

以上三个方面的评价有着密切的联系，对其必须全面理解和运用，才能对项目作出客观、公正、科学的结论。

三、工程建设项目的划分

为了便于对工程建设项目组织施工，需要对其进行科学的、统一的项目划分。工程项目由大到小可划分为建设项目、单项工程、单位工程、分部工程、分项工程。现简要分述如下。

1. 建设项目

建设项目一般是指经批准按照一个总体设计进行施工，经济上实行统一核算，行政上有独立的组织形式，实行统一管理的基本建设单位，如一个工厂、一个学校、一所医院等。一个建设项目中可能有一个或若干个单项工程。

2. 单项工程(亦称为工程项目)

单项工程是建设项目的组成部分，一般是指有独立的设计资料，在建成后能够独立发挥效益或能够独立生产设计规定产品的生产线(车间)或工程，如生产车间、办公楼、图书馆、住宅等。单项工程是具有独立存在意义的一个完整工程，也是一个极为复杂的综合体，它由许多单位工程所组成。

3. 单位工程

单位工程是指具有单独设计文件、可以独立组织施工、建成后不能够独立发挥效益或生产能力的工程。它是单项工程的组成部分，如一个生产车间的厂房土建、电气照明、给水排水、工业管道安装、机械设备安装、电气设备安装等，都是单项工程中所包括的不同性质和内容的单位工程。

4. 分部工程

分部工程是单位工程的组成部分。按照工程部位、设备种类和型号、使用材料的不同，可以将一个单位工程分解为若干个分部工程。如一般土建工程分为土石方、基础、砌体、混凝土和钢筋混凝土、木结构及木装修等分部工程，管道安装工程分为管道、支架、阀门、仪表、刷油、保温等分部工程。

5. 分项工程

分项工程是分部工程的组成部分，按照不同的施工方法、不同的材料、不同的规格，可以将一个分部工程分解为若干个分项工程，分项工程是形成建筑产品的最基本单元。如砌体工程(分部工程)，可分为砌砖和砌石两类，其中砌砖又可按部位的不同分为砖基础、内墙、外墙等分项工程。它是通过较为简单的施工过程生产出来，并且可以用适当计量单位计算的建筑或设备安装工程产品。分项工程与单项工程这种完整的产品不同。一般来说，它的独立存在是没有意义的。

资讯2　建筑工程施工程序及建筑施工的特点

一、建筑工程施工程序

建筑工程施工程序，是指施工企业从施工准备到竣工的工作程序。其内容一般包括：

(1)先做好施工准备工作，再进行正式施工。准备工作的主要内容是：编制施工组织设计，组织准备，机具材料准备，现场施工条件准备，安排临建设施，熟悉施工图纸和技术文件，调查了解施工区域内地上、地下构筑物埋设情况，学习和掌握技术规程、规范和质量标准，组织特殊工种或具有特殊技术要求的技术培训工作，施工图纸会审，技术交底，编制和签发施工预算，报批开工报告，签发施工任务单。

(2)正式施工时先进行全场性工程的施工，然后进行各工程项目的施工。全场性工程指场地平整、铺设管网道路(三通一平)等。安装管线和进行道路施工时，一般宜先场外、后场内，场外由远而近；先主干、后分支，地下工程要先深、后浅，排水工程要先下游、后上游等。

(3)各项目工程施工，应本着先主体，后辅助；先重点，后一般；先地下，后地上；先结构，后装修；先土建，后安装的原则进行安排。

(4) 竣工验收，交付使用。竣工验收是施工企业按施工合同完成施工任务，经检验合格，由发包人组织验收的过程。竣工验收是施工的最后阶段，施工企业在竣工验收前应先在内部进行预验收，检查各分部分项工程的施工质量，整理各分项交工验收的技术安全资料，然后由发包人组织监理、设计、施工等有关部门进行验收。验收合格后，在规定期限内办理工程移交手续，并交付使用。

(5)在施工过程中应及时、准确地填写与执行各项技术文件。对于一些小型工程，可根据实际情况，几个阶段合并，同时进行。

二、建筑施工的特点

(1)建筑产品固定，施工人员流动。建筑施工最大的特点就是建筑产品固定，人员流动。任何建筑物、构筑物等的地址一经选定，破土动工兴建后，它们就固定不动了，生产人员要围绕它们上上下下地进行生产活动。建筑产品体积大、生产周期长，有的持续几个月或一年，有的需要三年、五年或更长的时间才能结束工程。这就形成了在有限的场地内集中了大量的操作人员、施工机具、建筑材料等进行作业的特点，这与其他产业的人员固定、产品流动的生产特点截然不同。

建筑施工的人员流动性大，当一座厂房、一栋楼房完成后，施工队伍就要转移到新的地点去建设新的厂房或住宅。这些新的工程可能在同一个街区，也可能在不同的街区，甚至可能在另一个城市内，施工队伍要相应地在街区、城市内或者地区间流动。改革开放以来，由于用工制度的改革，施工队伍中绝大多数施工人员是来自农村的农民工，他们不但要随工程流动，而且还要根据季节的变化(农忙、农闲)进行流动，这给安全管理带来很大的困难。

(2)露天作业及高空作业多，手工操作，劳动繁重，体力消耗大。建筑施工绝大多数为露天作业，一栋建筑物从基础、主体结构、屋面工程到室外装修等，露天作业约占整个工程的70%。建筑物都是由低到高构建起来的，以民用住宅每层高2.9 m计算，两层就是5.8 m，现在的民用住宅一般都在7层以上，有的甚至是十几层、几十层的住宅，施工人员要在十几米、几十米甚至百米以上的高空从事露天作业，工作条件差。

我国建筑业虽然产生得最早，但大多数工种至今仍然没有改变，主要是抹灰工、瓦工、混凝土工、架子工等以手工操作为主的工种，其劳动繁重、体力消耗大，加上作业环境恶劣，如光线、雨雪、风霜、雷电等的影响，这些导致操作人员因注意力不集中或心情烦躁而发生违章操作的现象十分普遍。

(3)建筑施工变化大，规则性差；不安全因素随工程形象进度的变化而改变。每栋建筑物由于用途不同、结构不同、施工方法等不同，其不安全因素也不同；即使同样类型的建筑物，因工艺和施工方法不同，不安全因素也不同；即使在同一栋建筑物中，从基础、主体到装修，每道工序不同，不安全因素也不同；即使同一道工序，由于工艺和施工方法不同，不安全因素也不同。因此，建筑施工变化大，规则性差。施工现场的不安全因素，随着工程形象进度的变化而不断变化，其每个月、每天，甚至每个小时都在变化，这给安全防护带来诸多困难。

从上述特点可以看出，在施工现场必须随着工程形象进度的发展而及时地调整和补充各项防护设施，这样才能消除隐患，保证安全。若稍有疏忽，就不可避免地要发生事故。但由于建筑施工的内容复杂多变，加上人员流动分散、工期变换等原因，人们比较容易形成临时观念，施工时马虎凑合，存在侥幸心理，不及时调整和采取可靠的安全防护措施的大有人在，这致使伤亡事故频繁发生。

资讯3　建筑工程施工准备

一、施工准备工作的任务与重要性

1. 施工准备工作的任务

施工准备是为了保证工程能正常开工和连续、均衡地施工而进行的一系列的准备工作。它是施工程序中的重要环节，不仅存在于开工之前，而且贯穿在整个施工过程中。

2. 施工准备工作的重要性

(1)施工准备是建筑施工程序的重要阶段。施工准备是保证施工顺利进行的基础，只有充分地做好各项施工准备工作，为建筑工程提供必要的技术和物质条件，统筹安排，遵循市场经济规律和国家有关法律法规，才能使建筑工程达到预期的经济效果。

(2)施工准备是降低施工风险的有效措施。建筑施工具有复杂和生产周期长的特点，建筑施工受外界环境、气候条件和自然环境的影响较大，不可预见的因素较多，这使建筑工程面临的风险较多。只有充分做好施工准备，根据施工地点的地区差异性收集各方面的相关技术经济资料，分析类似工程的预算数据，考虑不确定的风险，才能有效地采取防范措施，降低风险可能造成的损失。

(3)施工准备是提高施工企业经济效益的途径之一。做好施工准备有利于合理分配资源和劳动力，协调各方面的关系，做好各分部分项工程的进度计划，保证工期，提高工程质量，降低成本，从而使工程从技术和经济上得到保证，提高施工企业的经济效益。

总之，施工准备是建筑工程按时开工、顺利施工的前提。只有重视施工准备和认真做好施工准备，才能运筹帷幄，把握施工的主动权。

二、建筑工程施工准备工作的分类

建筑工程施工准备工作按范围的不同，一般可分为全场性施工准备、单位工程施工条件准备和分部分项工程作业条件的准备三种。

(1)全场性施工准备。它是以一个建筑工地为对象而进行的各项施工准备。其特点是施工准备工作的目的、内容都是为全场性施工服务的，不仅要为全场性的施工活动创造有利条件，而且要兼顾单位工程施工条件的准备。

(2)单位工程施工条件准备。它是以一个建筑物或构筑物为对象而进行的施工条件准备工作。其特点是准备工作的目的、内容都是为单位工程施工服务的，不仅为该单位工程在开工前做好一切准备，而且要为各分部分项工程做好施工准备工作。

(3)分部分项工程作业条件的准备。它是以一个分部分项工程或冬雨期施工为对象而进行的作业条件准备。

三、建筑工程施工准备工作的内容

建筑工程施工准备工作按其性质及内容通常包括调查研究与资料收集、技术资料的准备、施工现场准备、物资准备、施工现场人员的准备。

1. 调查研究与资料收集

(1)原始资料的调查。施工准备工作，除了要掌握有关拟建工程的书面资料外，还应该进行拟建工程原始资料的调查。获得基础数据的第一手资料，对于拟定一个科学合理、切合实际的施工组织设计是必不可少的。原始资料的调查是对气候条件、自然环境及施工现场的调查，一般可作为施工准备工作的依据。

1)施工现场及水文地质的调查，包括工程项目总平面规划图、地形测量图、绝对标高等情况、地质构造、土的性质和类别、地基土的承载力、地震级别和烈度、工程地质的勘察报告、地下水情况、冻土深度、场地水准基点和控制桩的位置与资料等的调查。其一般可作为设计施工平面图的依据。

2)拟建工程周边环境的调查，包括建设用地上其他建筑物、构筑物、人防工程、地下文物、树木、古墓等的资料，周围道路等情况的调查。其一般可作为光缆、城市管道系统、架空线路、设计现场平面图的依据。

3)气候及自然条件的调查，包括建筑工程所在地的气温变化情况，5 ℃和0 ℃以下气温的起止日期、天数，雨期的降水量及起止日期，主导风向、全年大风频率及天数的调查。其一般可作为冬雨期施工措施的依据。

(2)建筑材料及周转材料的调查，特别是建筑工程中用量较大的“三材”，即钢材、木材和水泥，这些主要材料的市场价格、到货情况的调查。对于商品混凝土，要考察供应厂家的供应能力、价格、运输距离等多方面的因素。其还包括一些用量较大、影响造价的地方材料，如砖、砂、石子、石灰等的质量、价格、运输等情况的调查；预制构件、门窗、金属构件的制作、运输、价格等，建筑机械的租赁价格，周转材料如脚手架、模板及支撑等的租赁情况，装饰材料如地砖、墙砖、轻质隔墙、吊顶材料、玻璃、防水保温材料等的质量、价格情况，安装材料如灯具、暖气片或地暖材料的质量、规格型号等情况的调查。其一般可作为确定现场施工平面图中临时设施和堆放场地的依据，也可作为材料供应计划、储存方式及冬雨期预防措施的依据。

(3)水源、电源的调查。水源的调查包括施工现场与当地现有水源连接的可能性，供水量、接管地点、给排水管道的材质规格、水压、与工地的距离等情况的调查。若当地施工现场水源不能满足施工用水要求，则要调查可作临时水源的条件是否符合要求。其一般可作为施工现场临时用水的依据。

电源的调查包括施工现场电源的位置、引入工地的条件、可满足的容量，施工单位或建设单位自有的发变电设备，电线套管管径、电压、导线截面、供电能力等情况的调查。其一般可作为施工现场临时用电的依据。

(4)交通运输条件的调查。建筑工程的运输方式主要有铁路、公路、航空、水运等。交通运输条件的调查主要包括运输道路的路况、载重量，站场的起重能力、卸货能力和储存能力的调查，对于超长、超高、超宽或超重的特大型预制构件、机械或设备，要调查道路通过的允许高度、宽度及载重量，及时与有关部门沟通运输的时间、方式及路线，避免造成道路的损坏或交通的堵塞。其一般可作为施工运输方案的依据。

(5)劳动力市场的调查，包括当地居民的风俗习惯，当地劳动力的价格水平、技术水平、可提供的人数及来源、生活居住条件，周围环境的服务设施，工人的工种分配情况及工资水平，管理人员的技术水平及待遇，劳务外包队伍情况等的调查。其一般可作为施工现场临时设施的安排、劳动力的组织协调的依据。

2. 技术资料的准备

技术资料的准备是施工准备的核心，是使施工能连续、均衡地达到质量、工期、成本的目标以及保证施工质量的必备条件。其具体内容有：熟悉和会审图纸、编制施工组织设计、编制施工图预算与施工预算。

(1)熟悉、会审施工图纸和有关的设计资料。

1)熟悉和会审图纸的依据。①建设单位和设计单位提供的初步设计或技术设计、施工图、建筑总平面图、地基及基础处理的施工图纸及相关技术资料、挖填土方及场地平整等资料文件；②调查和收集的原始资料；③国家、地区的设计、施工验收规范和有关技术规定。

2)熟悉、审查设计图纸的目的。①按照设计图纸的要求顺利地进行施工，完成令用户满意的工程；②在建筑工程开工之前，使从事建筑施工技术和预算成本管理的技术人员充分地了解和掌握设计图纸的设计意图、结构与构造特点和技术要求及关键部位的质量要求；③在施工开始之前，通过各方技术人员的审查，发现设计图纸中存在的问题和错误，为拟建工程的施工提供一份准确、齐全的设计图纸，避免不必要的资源浪费。

3)设计图纸的自审阶段。施工单位收到拟建工程的设计图纸和有关技术文件后，应尽快地组织各专业的工程技术人员及预算人员熟悉和自审图纸，写出自审图纸记录。自审图纸记录应包括对设计图纸的疑问、设计图纸的差错和对设计图纸的有关建议。

4)熟悉图纸的要求。①先建筑后结构，即先看建筑图纸，后看结构图纸。结构与建筑互相对照，检查是否有矛盾，轴线、标高是否一致，建筑构造是否合理。②先整体后细部，即先对整个设计图纸的平、立、剖面图有一个总的认识，然后再了解细部构造，检查总尺寸是否与细部尺寸矛盾，位置、标高是否一致。③图纸与说明及技术规范相结合，即核对设计图纸与总说明、细部说明有无矛盾，是否符合国家或地区的技术规范要求。④土建与安装互相配合，即核对安装图纸的预埋件、预留洞、管道的位置是否与土建中的预留位置相矛盾，注意在施工中各专业的协作配合。

5)设计图纸的会审阶段。一般建筑工程由建设单位组织并主持，由设计单位，施工、监理单位参加，共同进行设计图纸的会审。图纸会审时，首先由设计单位进行技术交底，说明拟建工程的设计依据、意图和功能要求，并对特殊结构、新材料、新工艺和新技术提出设计要求；然后各方面提出对设计图纸的疑问和建议；最后建设单位在统一认识的基础上，对所提出的问题逐一做好记录，形成“图纸会审纪要”，由建设单位正式行文，参加单位共同会签、盖章，作为与设计文件同时使用的技术文件和指导施工的依据，以及建设单位与施工单位进行工程预决算的依据。

在建筑工程施工的过程中，如果发现施工的条件与设计图纸的条件不符，或者发现图纸中仍然有错误，或者材料的规格、质量不能满足设计要求，或者施工单位提出了合理化建议，需要对设计图纸进行及时修订，应进行图纸的施工现场签证或变更。

6)图纸会审的内容。①核对设计图纸是否完整、齐全，以及是否符合国家有关工程建设的设计、施工方面的技术规范；②审查设计图纸与总说明在内容上是否一致，以及设计图纸之间有无矛盾和错误；③审查建筑平面图与结构图在几何尺寸、坐标、标高、说明等方面是否一致，技术要求是否正确，有无遗漏；④审查地基处理与基础设计同建筑工程地点的工程水文、地质等条件是否一致，以及建筑物与地下建筑物、管线之间的关系是否正确；⑤审查设计图纸中工程复杂、施工难度大和技术要求高的分部分项工程或新结构、新材料、新工艺，检查现有施工技术水平和管理水平能否满足工期和质量要求并采取可行的技术和安全措施加以保证；⑥土建与安装在施工配合上是否存在技术上的问题，是否能合理解决；⑦设计图纸与施工之间是否存在矛盾，是否符合成熟的施工技术的要求；⑧审查工业项目的生产工艺流程和技术要求，以及设备安装图纸与其相配合的土建施工图纸在标高上是否一致，土建施工质量是否满足设备安装的要求。

(2)编制施工组织设计。施工组织设计是以施工项目为对象进行编制，用以指导其建设全过程各项施工活动的技术、经济、组织、协调和控制的综合性文件。

施工组织设计是施工准备工作的重要组成部分，也是指导施工的技术经济文件。建筑施工的全过程是非常复杂的固定资产再创造的过程，为了正确处理人与物、供应与消耗、生产与储存、主体与辅助、工艺与设备、专业与协作以及它们在空间布置、时间排列之间的关系，保证质量、工期、成本三大目标的实现，必须根据建筑工程的规模、结构特点、客观规律、技术规范和建设单位的要求，在对原始资料调查分析的基础上，编制出能切实指导全部施工活动的、科学合理的施工组织设计。

(3)编制施工图预算与施工预算。

1)编制施工图预算。施工图预算是技术准备工作的主要组成部分之一，是按照施工图纸确定的工程量、施工组织设计所拟定的施工方法、建筑工程预算定额及其取费标准，由施工单位编制的确定建筑安装工程造价的经济文件，它是施工企业签订工程承包合同、进行工程结算，建设银行拨付工程价款、进行成本核算、加强经营管理等方面工作的重要依据。

2)编制施工预算。施工预算是根据施工图预算、施工图纸、施工组织设计或施工方案、施工定额等文件进行编制的预算，它直接受施工图预算的控制。它是施工企业内部控制各项成本支出、考核用工、施工图预算与施工预算对比(“两算”对比)，签发施工任务单、限额领料、工程分包、进行经济核算的依据。

3. 施工现场准备

施工现场准备是施工的外业准备。为实现优质、高速、低消耗的目标，应有连续、均衡地进行施工的活动空间。施工现场的准备工作，主要是为了给建筑工程的施工创造有利的施工条件和物资保证。其具体内容包括清除障碍物、测量施工场地的控制网、场地的“三通一平”、建造临时设施等。

(1)清除障碍物。施工现场的障碍物应在开工前清除。清除障碍物的工作一般由建设单位组织完成。对于建筑物的拆除，应做好拆除方案，采取安全防护措施，保证拆除的顺利进行。

水源、电源应在拆除房屋前切断，需要进行爆破的，应由专业人员完成，并经有关部门批准。

树木的砍伐需经园林部门的批准；城市地下管网及自来水的拆除应由专业公司完成，并经有关部门的批准。

拆除后的建筑垃圾应清理干净，及时运输到指定堆放地点。运输时，应采取措施防止扬尘污染城市环境。

(2)做好“三通一平”。“三通一平”是指路通、水通、电通和平整场地。

1)平整场地。清除障碍物后，即可进行平整场地的工作。平整场地就是根据场地地形图、建筑施工总平面图和设计场地控制标高的要求，通过测量，计算出场地挖填土方量，进行土方调配，确定土方施工方案，进行挖填找平的工作，为后续的施工进场工作创造条件。其也包括在建筑物完成后，根据设计室外地坪标高进行场地的平整、道路的修建。

2)路通。施工现场的道路是建筑材料进场的通道。应根据施工现场平面布置图的要求，修筑永久性和临时性的道路，尽可能使用原有道路，以节省工程费用。

3)水通。施工现场用水包括生产、生活和消防用水。根据施工现场的水源位置，铺设给水、排水管线。尽可能使用永久性给水管线。临时管线的铺设应根据设计要求，做到经济合理，尽量缩短管线。

4)电通。施工现场用电包括生产用电和生活用电。应根据施工现场的电源位置铺设管线和电气设备。尽量使用已有的国家电力系统的电源，也可自备发电系统满足施工生产的需要。其他还有电信通、燃气通、排污通、排洪通等工作，又称“七通一平”。

(3)测量放线。

1)校核建筑红线桩。建筑红线由城市规划部门给定，在法律上起着确定建筑边界用地的作用。它是建筑物定位的依据。在使用红线桩前要进行校核并采取一定的保护措施。

2)按照设计单位提供的建筑总平面图设置永久性的经纬坐标桩和水准控制基桩，建立工程测量控制网。

3)进行建筑物的定位放线，即通过设计定位图中的平面控制轴线确定建筑物的轮廓位置。

(4)建造临时设施。按照施工总平面图的布置建造临时设施，为正式开工准备好生产、办公、生活、居住和储存等临时用房。应尽量利用原有建筑物作为临时生产、生活用房，以便节约施工现场用地、节省费用。

4. 物资准备

物资准备是指施工中对劳动手段(施工机械、施工工具、临时设施)和劳动对象(材料、构配件)等的准备。材料、构(配)件、制品、机具和设备是保证施工顺利进行的物资基础，这些物资的准备工作应在工程开工之前完成。

(1)物资准备工作的内容。物资准备工作主要包括建筑材料的准备、构(配)件和制品的加工准备、建筑施工机具的准备和周转材料的准备、新技术项目的试制和试验。

1)建筑材料的准备。建筑材料的准备主要是根据施工预算进行工料分析，按照施工进度计划要求以及材料的名称、规格、使用时间，材料消耗定额进行汇总，编制出材料需要量计划，为组织备料，确定仓库、场地堆放所需的面积和组织运输等提供依据。

2)构(配)件和制品的加工准备。根据施工工料分析提供的构(配)件、制品的名称、规格、质量和消耗量，确定加工方案和供应渠道以及进场后的储存地点和方式，编制出其需要量计划，为组织运输、确定堆场面积等提供依据。

3)建筑施工机具的准备。根据采用的施工方案安排施工进度，确定施工机械的类型、数量和进场时间，确定施工机具的供应办法和进场后的存放地点、方式。对于固定的机具要进行就位、搭棚、接电源、保养和调试等工作。所有施工机具都必须在开工之前进行检查和试运转。编制建筑施工机具的需要量计划。

4)周转材料的准备。周转材料是指施工中大量周转使用的模板、脚手架及支撑材料。按照施工方案及企业现有的周转材料，提出周转材料的名称、型号，确定分期、分批进场时间和保管方式，编制周转材料需要量计划，为组织运输、确定堆场面积提供依据。

5)新技术项目的试制和试验。按照设计图纸和施工组织设计的要求，进行新技术项目的试制和试验。

(2)物资准备工作的程序。物资准备工作通常按如下程序进行:

1)根据施工预算工料分析、施工方法和施工进度的安排，拟定材料、构(配)件及制品、施工机具和工艺设备等物资的需要量计划。

2)根据物资需要量的计划组织货源，确定加工、供应地点和供应方式合同。

3)根据物资需要量的计划和合同，拟定运输计划和运输方案。

4)按照施工现场平面图的要求，组织物资按计划时间进场，在指定地点，按规定方式进行储存或堆放。

5. 施工现场人员的准备

施工现场人员包括施工管理层和施工作业层两部分。施工现场人员的选择和配备，直接影响建筑工程的综合效益，直接关系到工程质量、进度和成本。

(1)建立项目组织机构。

1)项目组织机构的建立应遵循以下原则：根据拟建工程项目的规模、结构特点和复杂程度，确定拟建工程项目施工管理层名单；坚持合理分工与密切协作相结合；诚信、施工经验、创新精神、工作效率是管理层选择的要素；坚持因事设职、因职选人的原则。

2)项目经理部。项目经理部是由项目经理在企业的支持下组建并领导进行项目管理的组织机构，是施工项日现场管理的一次性、具有弹性的施工生产组织机构。其负责施工项目从开工到竣工的全过程，又对作业层负有管理与服务的双重职能。

项目经理是指受企业法定代表人委托和授权，在建筑工程项目施工中担任项目经理岗位职务，直接负责工程项目施工的组织实施者，是对建筑工程项目施工全过程全面负责的项目管理者。其是建筑工程施工项目的责任主体，是企业法人代表在建筑工程项目上的委托代理人。

项目经理责任制是指以项目经理为责任主体的施工项目管理目标责任制度，是项目管理目标实现的具体保障和基本条件。其用来确定项目经理部与企业、职工三者之间的责、权、利关系。它以施工项目为对象，以项目经理全面负责为前提，以“项目管理目标责任书”为依据，以创优质工程为目标，以求得项目产品的最佳经济效益为目的，实行从施工项目开工到竣工验收的一次性全过程的管理。

3)建立精干的施工队组。施工队组的建立要认真考虑专业、工种的合理配合，技工、普工的比例要满足合理的劳动组织，要符合流水施工组织方式的要求，建立施工队组(专业施工队组或混合施工队组)时要坚持合理、精干的原则，制订建筑工程的劳动力需要量计划。

(2)组织劳动力进场。工程项目的管理层确定之后，按照开工日期和劳动力需要量计划，组织劳动力进场。同时要进行安全、防火和文明施工等方面的教育，并安排好职工的生活。

(3)向施工队组、工人进行技术交底。技术交底的目的是把拟建工程的设计内容、施工计划和施工技术等要求，详尽地向施工队组和工人讲解、交代。这是落实计划和技术责任制的好办法。技术交底一般在单位工程或分部分项工程开工前及时进行，以保证工程严格地按照设计图纸、施工组织设计、安全操作规程和施工验收规范等要求进行施工。

技术交底的内容包括施工工艺、质量标准、安全技术措施、降低成本措施和施工验收规范的要求；新结构、新材料、新技术和新工艺的实施方案和保证措施；图纸会审中所确定的有关部位的设计变更和技术核定等事项。交底工作应该按照管理系统逐级进行，由上而下直到工人队组。

（4）建立健全各项管理制度。工程项目的各项管理制度是否建立健全，直接影响其各项施工活动的顺利进行。有章不循的后果是严重的，而无章可循更是危险的。为此必须建立健全工地的各项管理制度。

管理制度通常包括如下内容：工程质量检查与验收制度，工程技术档案管理制度，建筑材料（构件、配件、制品）的检查验收制度，技术责任制度，施工图纸学习与会审制度，技术交底制度，职工考勤、考核制度，工地及班组经济核算制度，材料出入库制度，安全操作制度，机具使用保养制度等。

四、季节性施工准备

季节性施工指冬期施工、雨期施工。建筑工程大多为露天作业，受气候和温度变化影响大。因此，针对建筑工程的特点和气温变化，应制订科学合理的季节性施工技术保证措施，保证施工顺利进行。

1. 冬期施工准备

（1）科学合理地安排冬期施工过程。冬期温度低，施工条件差，施工技术要求高，费用相应增加。因此，应从保证施工质量、降低施工费用的角度出发，合理安排施工过程。例如土方、基础、外装修、屋面防水等项目不容易保证施工质量，费用又增加很多，不宜安排在冬期施工；而吊装工程、打桩工程、室内粉刷装修工程等，可根据情况安排在冬期进行。

（2）各种热源的供应与管理应落实到位。冬期用的保温材料如保温稻草、麻袋草绳和劳动防寒用品等，热源渠道及热源设备等，应根据施工条件做好防护准备。

（3）安排购买混凝土防冻剂。做好冬期施工混凝土、砂浆及掺外加剂的试配试验工作，算出施工配合比。

（4）做好测温工作计划。为防止混凝土、砂浆在未达到临界强度就遭受冻结而破坏，应安排专人进行测温工作。

（5）做好保温防冻工作。对室外管道应采取防冻裂措施，所有的排水管线，能埋至地面以下的都应埋深到冰冻线以下土层中；外露的排水管道，应用草绳或其他保温材料包扎起来，免遭冻裂。对沟渠应做好清理和整修，保证流水畅通。及时清扫道路积雪，防止因结冰而影响道路运输。

（6）加强安全教育，防止火灾发生。加强对职工的安全教育，做好防火安全措施，落实检查制度，确保工程质量，避免事故发生。

2. 雨期施工准备

（1）做好施工现场的排水工作。雨期来临前，施工现场应做好排水沟渠的开挖，准备抽水设备，做好防洪排涝的准备。

（2）提前做好雨期施工的安排。在雨期来临之前，宜先完成基础、地下工程、土方工程、屋面工程的施工。

（3）做好机具、设备的防护工作。对现场的各种设备应及时检查，防止脚手架、垂运设备在雨期发生倒塌、漏电、遭受雷击等事故。提高职工的安全防范意识。

(4)做好物资的储存、道路维护工作，保证运输通畅，减少雨期施工的损失。

五、施工准备工作计划

在进行施工准备工作前，为了加强检查和监督，把施工准备工作落实到位，应根据各分部分项工程施工准备工作的内容、进度和劳动力，编制施工准备工作计划，通常以表格形式列出。

施工准备工作计划一般包括以下内容：①施工准备工作的项目；②施工准备工作的工作内容；③对各项施工准备工作的要求；④各项施工准备工作的负责单位及负责人；⑤要求各项施工准备工作的完成时间；⑥其他需要说明的事项。

施工准备计划应分阶段、有组织、有计划地进行，建立严格的责任制度和检查制度，且需使之贯穿于施工全过程，并取得相关单位的协作和配合。

资讯 4　施工组织设计概述

人们在进行工程施工如建造房屋时，总要先想一想，先做什么，后做什么，人力怎么安排，物资怎么运输，现场怎么布置，安全怎么保证，要用多少工料，要用多少工程费用等。把这些想法加以归纳整理，用文字图表表示出来就是施工组织设计。施工组织设计的思想自古就有。据《春秋》记载，我国秦代修筑万里长城，对城墙的长、宽、高的土石方总量，需要的人工、材料，以及各地区分担的修筑任务，派出人工及其口粮、往返道路里程，都计算得很准确，分配得很明确；对工程质量的验收标准，也规定得很严格、很具体，填入城墙之土，必须经筛选、晾晒或火烤，以使土中的草籽不会发芽；对夯实好的城墙，规定在一定距离以外用箭射进行试验，箭头不能入墙才算合格，否则就要推倒重修。因此长城才能经过了 2 000 多年仍然耸立在地球上。另一个例证是我国北宋真宗年间(公元 908 年—1017 年)，皇城失火烧了皇宫，大臣丁谓领导皇城修复工程时，采用了“一举三得”的组织施工方案。该方案是先把宫前大街开挖成沟，取沟中之土烧砖、筑墙，这免去了从远处取土、运砖之劳；然后把汴河之水引入大沟，使大船可以进出，装运建筑需要的各种物资；最后皇宫修复工程竣工之后，再把碎砖、残瓦、建筑垃圾回填沟河，修复大街，又免掉了建筑垃圾的运输和处理。这两个例证充分证明了我国古代施工组织设计思想的先进性。

一、施工组织设计的概念

施工组织设计是指针对拟建工程项目，在工程开工之前，由施工单位所编制的反映工程在时间与空间上、技术与组织上、物资与财力上的科学设计与安排。它是指导拟建工程从施工准备到竣工验收全过程的一个综合性的技术经济文件。

通过施工组织设计的编制，可以全面考虑拟建工程的各种具体条件，拟定合理的施工方案，确定施工顺序、施工方法、劳动组织和技术经济的组织措施，拟定施工进度计划，保证拟建工程按期投产或交付使用。施工组织设计也是对拟建工程的设计方案在经济上的合理性、技术上的科学性和实施工程中的可能性进行论证的依据，还是建设单位编制基本建设计划和施工企业编制施工计划的依据。依据施工组织设计，施工企业可以提前掌握人力、材料和机具使用上的先后顺序，全面安排资源的供应与消耗；可以合理地确定临时设施的数量、规模和用途，以及临时设施、材料和机具在施工场地上的布置方案。

二、施工组织设计的分类

施工组织设计是一个总的概念，根据建设项目的类别、工程规模、编制阶段、编制对象和范围的不同，其在编制的深度和广度上也有所不同。

1. 按编制阶段不同分类

- 施工组织设计
  - 设计阶段
    - 初步设计阶段→施工组织规划设计
    - 技术设计阶段→施工组织总设计
    - 施工图设计阶段→单位工程施工组织设计
  - 施工阶段
    - 投标阶段→综合指导性施工组织设计
    - 中标后施工阶段→实施性施工组织设计

2. 按编制对象范围不同分类

施工组织设计按编制对象范围的不同可分为施工组织总设计、单位工程施工组织设计、分部分项工程施工组织设计三种。

(1)施工组织总设计。施工组织总设计是以一个建筑群或一个建设项目为编制对象，用以指导整个建筑群或建设项目施工全过程的各项施工活动的技术、经济和组织的综合性文件。施工组织总设计一般在初步设计或扩大初步设计被批准之后，在总承包企业的总工程师的领导下进行编制。

(2)单位工程施工组织设计。单位工程施工组织设计是以一个单项工程或单位工程（一个交工系统）为编制对象，用以指导其施工全过程的各项施工活动的技术、经济和组织的综合性文件。单位工程施工组织设计一般在施工图设计完成后，在拟建工程开工之前，在工程处技术负责人的领导下进行编制。

(3)分部分项工程施工组织设计。分部分项工程施工组织设计是以技术复杂、施工难度大且规模较大的分部分项工程为编制对象，用来指导其施工过程各项活动的技术经济、组织、协调的具体化文件。其一般由项目专业技术负责人编制，内容包括施工方案、各施工工序的进度计划及质量保证措施。它是直接指导专业工程现场施工和编制月、旬作业计划的依据。

对于一些大型工业厂房或公共建筑物，在编制单位工程施工组织设计之后，常需编制某些主要分部分项工程施工组织设计，如土建中复杂的地基基础工程、钢结构或预制构件的吊装工程、高级装修工程等。

施工组织总设计、单位工程施工组织设计和分部分项工程施工组织设计之间有以下关系：施工组织总设计是对整个建设项目的全局性战略部署，其内容和范围具有比较概括性；单位工程施工组织设计是在施工组织总设计的控制下，以施工组织总设计和企业施工计划为依据编制的，针对具体的单位工程，是施工组织总设计内容的具体化；分部分项工程施工组织设计是以施工组织总设计、单位工程施工组织设计和企业施工计划为依据编制的，是针对具体的技术复杂、施工难度大且规模较大的分部分项工程编制的，是单位工程施工组织设计的进一步具体化，它是专业分部或分项工程具体的施工作业计划。

三、施工组织设计的内容

1. 工程概况

其主要包括建筑工程的工程性质、规模、地点、工程特点、工期、施工条件、自然环境、地质水文等情况。

2. 施工部署或方案

其主要包括工程的施工顺序，主要的施工方法，新工艺、新方法的运用，质量保证措施等内容。

3. 施工进度计划

其主要包括工程根据工期目标制订的横道图计划或网络图计划。在有限的资源和施工条件下，如何通过计划调整来实现工期最小化、利润最大化的目标，是制订各项资源需要量计划的依据。

4. 施工平面图

其主要包括机械、材料、加工场、道路、临时设施、水源电源在施工现场的布置情况，是施工组织设计在空间上的安排，用以确保科学、合理、安全、文明的施工。

5. 施工准备工作及各项资源需要量计划

其主要包括施工准备计划，劳动力、机械设备、主要材料、主要构件和半成品构件的需要量计划。

6. 主要技术经济指标

其主要包括工期指标、质量指标、安全文明指标、降低成本指标、实物量消耗指标等，用以评价施工的组织管理及技术经济水平。

四、施工组织设计的编制

1. 施工组织设计的编制原则

(1)认真贯彻国家工程建设的法律、法规、规程、方针和政策。

(2)严格执行工程建设程序，坚持合理的施工程序、施工顺序和施工工艺。

(3)采用现代建筑管理原理、流水施工方法和网络计划技术，组织有节奏、均衡和连续的施工。

(4)优先选用先进的施工技术，科学确定施工方案；认真编制各项实施计划，严格控制工程质量、工程进度、工程成本和安全施工。

(5)充分利用施工机械和设备，提高施工的机械化、自动化程度，改善劳动条件，提高生产率。

(6)扩大预制装配范围，提高建筑工业化程度；科学安排冬期和雨期施工，保证全年施工的均衡性和连续性。

(7)坚持“安全第一，预防为主”的原则，确保安全生产和文明施工；认真做好生态环境和历史文物保护工作，严防建筑振动、噪声、粉尘和垃圾污染。

(8)合理布置施工平面图，尽量减少临时工程，减少施工用地，降低工程成本。尽量利用正式工程、原有或就近已有设施，做到暂设工程与既有设施相结合、与正式工程相结合。同时，要注意因地制宜、就地取材，以求尽量减少消耗，降低生产成本。

(9)优化现场物资储存量，合理确定物资储存方式，尽量减少库存量和物资损耗。

2. 施工组织设计的编制依据

(1)国家计划或合同规定的进度要求。

(2)工程设计文件，包括说明书、设计图纸、工程数量表、施工组织方案意见、总概算等。

(3)调查研究资料，包括工程项目所在地区的自然经济资料、施工中可配备劳动力、机械及其他条件。

(4)有关定额(劳动定额、物资消耗定额、机械台班定额等)及参考指标。

(5)现行有关技术标准、施工规范、规则及地方性规定等。

(6)本单位的施工能力、技术水平及企业生产计划。

(7)其他有关单位的协议、上级指示等。

3. 施工组织设计的编制步骤

(1)计算工程量。

(2)确定施工方案。

(3)组织流水作业，排定施工进度。

(4)计算各种资源的需要量和确定供应计划。

(5)平衡劳动力、材料物资和施工机械的需要量并修正进度计划。

(6)设计施工平面图，使生产要素在空间上的位置合理，互不干扰，加快施工进度。

五、施工组织设计的检查与调整

1. 施工组织设计的检查

(1)施工总平面图的检查。施工现场必须按施工总平面图的要求建造临时设施，敷设管网和运输道路，合理地存放机具、堆放材料；施工现场要符合文明施工的要求；施工现场的局部断电、断水、断路等，必须事先得到有关部门批准；施工的每个阶段都要有相应的施工总平面图；施工总平面图的任何改变都必须经有关部门批准。如果发现施工总平面图中存在不合理的地方，要及时制订改进方案，报请有关部门批准，不断地满足施工进展的需要。施工总平面图的检查应按建筑主管部门的规定执行。

(2)主要指标完成情况的检查。施工组织设计的主要指标完成情况的检查，一般采用比较法，即把各项指标的完成情况同计划规定的指标相对比。检查的内容应该包括工程进度、工程质量、材料消耗、机械使用和成本费用等。把主要指标数额检查同其相应的施工内容、施工方法和施工进度的检查结合起来，发现问题，为进一步分析原因提供依据。

2. 施工组织设计的调整

施工组织设计的调整就是针对检查中发现的问题，通过分析原因，拟定改进措施或修订方案；对实际进度偏离计划进度的情况，在分析其影响工期和后续工作的基础上，调整原计划以保证工期；对施工(总)平面图中不合理的地方进行修改。通过调整，使施工组织设计更切合实际，更趋合理，以便在新的施工条件下，达到施工组织设计的目标。

第二篇　相关技术

知识目标

熟悉流水施工组织形式；掌握流水施工几种参数的概念及内涵、计算方法；熟悉横道图的组成与绘制技巧，掌握利用横道图描述施工进度计划的方法；熟悉网络计划的表达形式、分类和基本概念；掌握网络图的绘制方法及如何利用网络图来描述施工进度计划；掌握计算网络图的时间参数的方法及优化与调整网络计划的方法。

资讯 1　流水施工技术

1.1　工程施工基本概念

一、组织施工的基本方式

根据工程项目的施工特点、工艺流程、资源利用、平面或空间布置等要求，组织施工时有依次施工、平行施工、流水施工等组织方式。

1. 依次施工

依次施工也称为顺序施工，是指将拟建工程项目中的每一个施工对象分解为若干个施工过程，按施工工艺要求依次完成每一个施工过程。当一个施工对象完成后，再按同样的顺序完成下一个施工对象，以此类推，直至完成所有施工对象。

【例 2-1-1】 某施工队要完成 3 根同型号预制屋梁的制作，完成每根屋梁需要支模→绑扎钢筋→浇筑混凝土三个施工过程。其中，完成单根屋梁支模需要 1 天，绑扎钢筋需要 1 天，浇筑混凝土需要 1 天，试组织依次施工(图 2-1-1)。

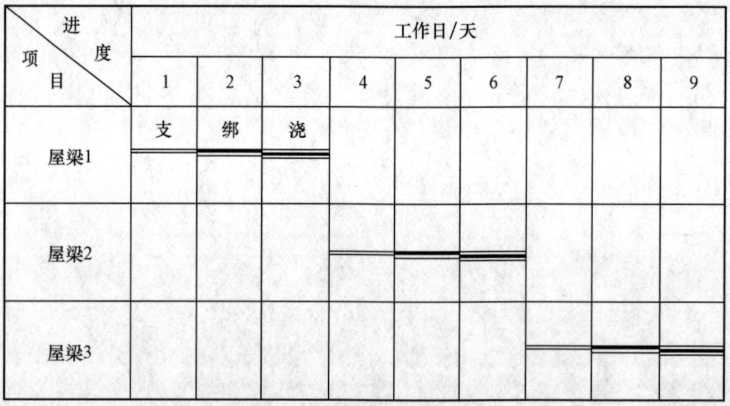

项目＼进度	工作日/天								
	1	2	3	4	5	6	7	8	9
屋梁1	支	绑	浇						
屋梁2				━	━	━			
屋梁3							━	━	━

图 2-1-1　依次施工进度计划

从图 2-1-1 中可以看出其总工期为 9 天，从中可以知道依次施工方式具有以下特点：

(1)没有充分利用工作面进行施工，工期长。

(2)如果按专业成立工作队，则各专业队不能连续作业，有时间间歇，劳动力及施工机具等资源无法均衡使用。

(3)如果由一个工作队完成全部施工任务，则不能实现专业化施工，不利于提高劳动生产率和工程质量。

(4)单位时间内投入的劳动力、施工机具、材料等资源量较少，有利于资源供应的组织。

(5)施工现场的组织、管理比较简单。

2. 平行施工

平行施工方式是组织几个劳动组织相同的工作队，在同一时间、不同空间，按施工工艺要求完成的各自施工对象。

【例 2-1-2】 对[例 2-1-1]组织平行施工，如图 2-1-2 所示。

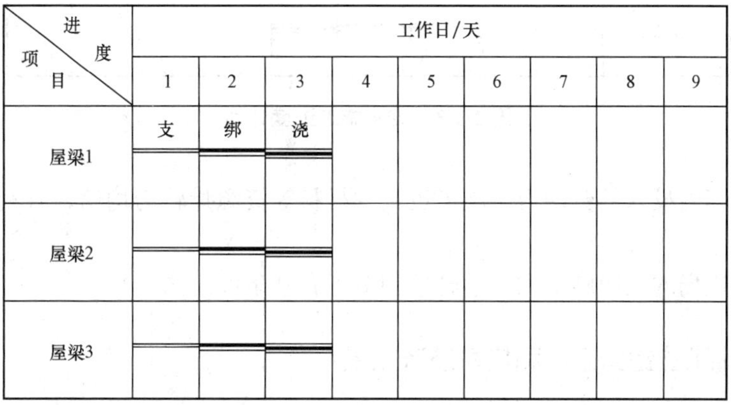

项目 \ 进度	工作日/天								
	1	2	3	4	5	6	7	8	9
屋梁1	支	绑	浇						
屋梁2									
屋梁3									

图 2-1-2 平行施工进度计划

从图 2-1-2 中可以看出其总工期为 3 天，从中可以知道平行施工方式具有以下特点：

(1)能充分地利用工作面进行施工，工期短。

(2)如果每一个施工对象均按专业成立工作队，则各专业队不能连续作业，劳动力及施工机具等资源无法均衡使用。

(3)如果由一个工作队完成一个施工对象的全部施工任务，则不能实现专业化施工，不利于提高劳动生产率和工程质量。

(4)单位时间内投入的劳动力、施工机具、材料等资源量成倍增加，不利于资源供应的组织。

(5)施工现场的组织、管理比较复杂。

3. 流水施工

流水施工是指所有的施工过程按一定的时间间隔依次投入施工，各个施工过程陆续开工，陆续竣工，使同一施工过程的专业队保持连续、均衡地施工，相邻专业队能最大限度地搭接施工。

【例 2-1-3】 对[例 2-1-1]组织流水施工，如图 2-1-3 所示。

从图 2-1-3 中可以看出其总工期为 5 天，从中可以知道流水施工方式具有以下特点：

(1)尽可能地利用工作面进行施工，工期比较短。

(2)各工作队实现专业化施工，有利于提高技术水平和劳动生产率，也有利于提高工程质量。

(3)专业工作队能够连续施工，同时使相邻专业队的开工时间能够最大限度地搭接。

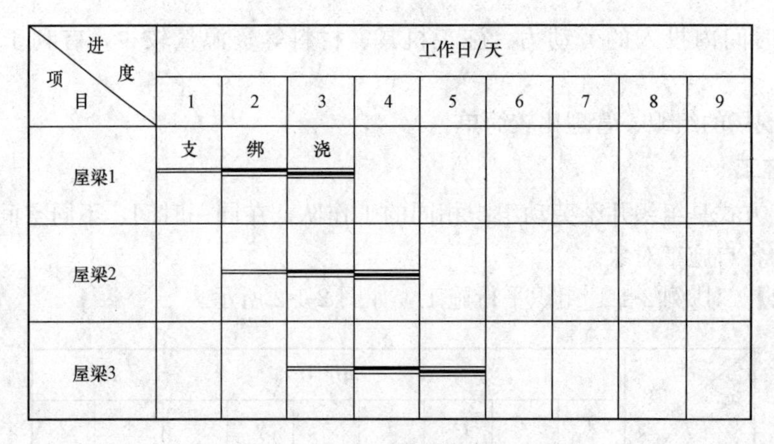

图 2-1-3　流水施工进度计划

(4)单位时间内投入的劳动力、施工机具、材料等资源量较为均衡，有利于资源供应的组织。

(5)为施工现场的文明施工和科学管理创造了有利条件。

二、流水施工的组织条件和技术经济效果

1. 流水施工的组织条件

(1)划分施工过程。划分施工过程就是根据拟建工程的施工特点和要求，把工程的整个建造过程分解为若干个施工过程，以便逐一实现局部对象的施工，从而使施工对象整体得以实现。它是组织专业化施工和分工协作的前提。建筑工程的施工过程一般为分部工程或分项工程，有时也可以是单位工程。

(2)划分施工段。根据组织流水施工的需要，在平面或空间上将拟建工程划分为劳动量大致相等的若干个施工段。

(3)对每个施工过程组织独立的施工班组。在一个流水组中，对每个施工过程尽可能组织独立的施工班组，其形式可以是专业班组，也可以是混合班组。这样可使每个施工班组按施工顺序，依次、连续、均衡地从一个施工段转移到另一个施工段，并进行相同的操作。

(4)主要施工过程必须连续、均衡地施工。对工程量较大、作业时间较长的施工过程必须组织连续、均衡的施工。对于其他次要的施工过程，可考虑与相邻的施工过程合并；如不能合并，为缩短工期，可安排其间断施工。

(5)对不同的施工过程尽可能组织平行搭接施工。根据不同的施工顺序和不同施工过程之间的关系，在有工作面的条件下，除必要的技术和组织间歇时间外，应尽可能地组织平行搭接施工。

2. 流水施工的技术经济效果

(1)流水施工的连续性减少了专业工作的间隔时间，达到了缩短工期的目的，可使拟建工程项目尽早竣工，交付使用，发挥投资效益。

(2)便于改善劳动组织，改进操作方法和施工机具，有利于提高劳动生产率。

(3)专业化的生产可提高工人的技术水平，使工程质量相应提高。

(4)工人技术水平和劳动生产率的提高，可以减少用工量和施工临时设施的建造量，降低工程成本，提高利润水平。

(5)可以保证施工机械和劳动力得到充分、合理地利用。

(6)工期短、效率高、用人少、资源消耗均衡，可以减少现场管理费和物资消耗，实现合理储存与供应，有利于提高项目的综合经济效益。

三、流水施工的分类

根据流水施工组织的范围不同，流水施工可分为分项工程流水施工、分部工程流水施工、单位工程流水施工和群体工程流水施工等几种形式。

1. 分项工程流水施工

分项工程流水施工也称为细部流水施工。它是在一个专业工种内部组织起来的流水施工，在项目施工进度计划表上，它由一组标有施工段或工作队编号的水平进度指示线段表示，如浇筑混凝土的工作队依次连续地在各施工区域完成浇筑混凝土的工作。

2. 分部工程流水施工

分部工程流水施工也称为专业流水施工。它是在一个分部工程内部、各分项工程之间组织起来的流水施工。在项目施工进度计划表上，它由一组标有施工段或工作队编号的水平进度指示线段来表示。例如某办公楼的基础工程是由基槽开挖、做混凝土垫层、砌砖基础和回填土四个在工艺上有密切联系的分项工程组成的分部工程。施工时将该办公楼的基础在平面上划分为几个区域，组织四个专业工作队，依次连续地在各施工区域中各自完成同一施工过程的工作，即分部工程流水施工。

3. 单位工程流水施工

单位工程流水施工也称为综合流水施工。它是在一个单位工程内部、各分部工程之间组织起来的流水施工，在项目施工进度计划表上，它是由若干组分部工程的进度指示线段表示的，并由此构成一张单位工程施工进度计划图。

4. 群体工程流水施工

群体工程流水施工也称为大流水施工。它是在若干单位工程之间组织起来的流水施工。反映在项目施工进度计划上，是一张项目施工总进度计划表。

分项工程流水施工与分部工程流水施工是流水施工组织的基本形式。在实际施工中，分项工程流水施工的效果不大，只有把若干个分项工程流水施工组织成分部工程流水施工，才能得到良好的效果。单位工程流水施工与群体工程流水施工实际上是分部工程流水施工的扩充应用。

四、流水施工的表达方式

流水施工的表达方式主要有横道图和网络图两种。其中，横道图有水平指示图表和垂直指示图表等方式；网络图有横道式流水网络图、流水步距式流水网络图和搭接式流水网络图等形式。具体表达方式见表 2-1-1。

表 2-1-1　流水施工的表达方式

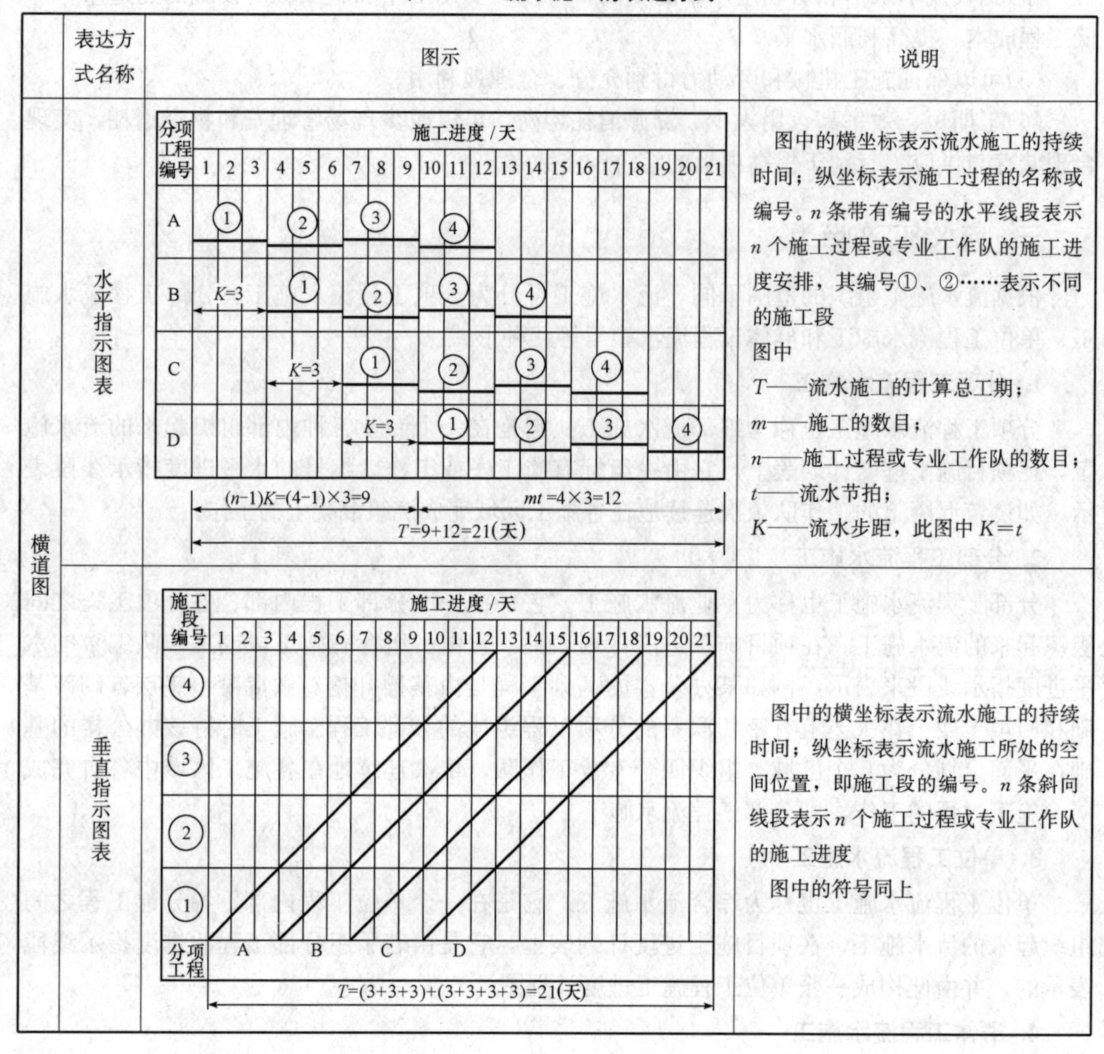

表达方式名称		图示	说明
横道图	水平指示图表	（图示）	图中的横坐标表示流水施工的持续时间；纵坐标表示施工过程的名称或编号。n 条带有编号的水平线段表示 n 个施工过程或专业工作队的施工进度安排，其编号①、②……表示不同的施工段 图中 T——流水施工的计算总工期； m——施工的数目； n——施工过程或专业工作队的数目； t——流水节拍； K——流水步距，此图中 $K=t$
	垂直指示图表	（图示）	图中的横坐标表示流水施工的持续时间；纵坐标表示流水施工所处的空间位置，即施工段的编号。n 条斜向线段表示 n 个施工过程或专业工作队的施工进度 图中的符号同上

1.2　流水施工的主要参数

在组织流水施工时，为了表达各施工过程在时间和空间上的相互依存关系而引进的施工进度计划图特征和各种数量关系的参数，称为流水施工参数。

按其性质的不同，流水施工参数可分为工艺参数、空间参数和时间参数三种。

一、工艺参数

工艺参数主要是指在组织流水施工时，用来表达流水施工在施工工艺方面进展状态的参数，通常包括施工过程和流水强度两个参数。

1. 施工过程

组织建设工程流水施工时，根据施工组织及计划安排需要而将计划任务划分成的子项称为施工过程。施工过程划分的粗细程度因实际需要而定。

施工过程的数目一般用 n 来表示，它是流水施工的主要参数之一。根据其性质和特点的不同，施工过程一般分为三类，即制备类施工过程、运输类施工过程和建造类施工过程。

决定单位工程施工过程划分的数目、粗细程度、合并或分解，主要考虑的因素有：①施工计划的性质及作用；②工程对象的建筑类型和结构体系；③施工方案；④劳动组织及劳动量大小。

2. 流水强度

流水强度是指流水施工的某施工过程(专业工作队)在单位时间内所完成的工程量，也称为流水能力或生产能力。

(1)机械施工过程的流水强度。

$$V_i = \sum_{i=i}^{x} R_i S_i \tag{2-1-1}$$

式中 V_i——某施工过程 i 的机械操作流水强度；

R_i——投入施工过程 i 的某种主要施工机械台数；

S_i——投入施工过程 i 的某种主要施工机械产量定额；

x——投入施工过程 i 的主要施工机械种类。

(2)人工施工过程的流水强度。

$$V_i = R_i S_i \tag{2-1-2}$$

式中 V_i——某施工过程 i 的人工操作流水强度；

R_i——投入施工过程 i 的班组人数；

S_i——投入施工过程 i 的班组平均产量定额。

二、空间参数

空间参数是指在组织流水施工时，用来表达流水施工在空间布置上开展状态的参数，通常包括工作面、施工段和施工层。

1. 工作面

工作面是指供某专业工种的工人或某种施工机械进行施工的活动空间。工作面的大小，表明能安排施工人数或机械台数的多少。每个作业的工人或每台施工机械所需工作面的大小，取决于单位时间内其完成的工程量和安全施工的要求。工作面确定得合理与否，直接影响专业工作队的生产效率。因此，必须合理确定工作面。主要工种工作面参考数据见表 2-1-2。

表 2-1-2 主要工种工作面参考数据表

工作项目	每个技工的工作面	说明
砖基础	7.6 m/人	以 3/2 砖计，2 砖乘以 0.8，3 砖乘以 0.55
砌砖墙	8.5 m/人	以 1 砖计，3/2 砖乘以 0.71，2 砖乘以 0.57
毛石墙基	3 m/人	以 60 cm 计
毛石墙	3.3 m/人	以 40 cm 计
混凝土柱、墙基础	8 m^3/人	机拌、机捣
混凝土设备基础	7 m^3/人	机拌、机捣

续表

工作项目	每个技工的工作面	说明
现浇钢筋混凝土柱	2.45 m^3/人	机拌、机捣
现浇钢筋混凝土梁	3.2 m^3/人	机拌、机捣
现浇钢筋混凝土墙	5 m^3/人	机拌、机捣
现浇钢筋混凝土楼板	5.3 m^3/人	机拌、机捣
预制钢筋混凝土柱	3.6 m^3/人	机拌、机捣
预制钢筋混凝土梁	3.6 m^3/人	机拌、机捣
预计钢筋混凝土屋架	2.7 m^3/人	机拌、机捣
预制钢筋混凝土平板、空心板	1.91 m^3/人	机拌、机捣
预制钢筋混凝土大型屋面板	2.62 m^3/人	机拌、机捣
混凝土地坪及面层	40 m^3/人	机拌、机捣
外墙抹灰	16 m^3/人	
内墙抹灰	18.5 m^3/人	
卷材屋面	18.5 m^3/人	
防水水泥砂浆屋面	16 m^3/人	
门窗安装	11 m^3/人	

2. 施工段

将施工对象在平面或空间上划分成若干个劳动量大致相等的施工段落，称为施工段或流水段。施工段数一般用 m 表示，它是流水施工的主要参数之一。

(1)划分施工段的目的。划分施工段的目的就是组织流水施工。由于建筑工程形体庞大，可以将其划分成若干个施工段，从而为组织流水施工提供足够的空间。在组织流水施工时，专业工作队完成一个施工段上的任务后，遵循施工组织顺序又到另一个施工段上作业，产生连续流动施工的效果。在一般情况下，一个施工段在同一时间内，只安排一个专业工作队施工，各专业工作队遵循施工工艺顺序依次投入作业，同一时间内在不同的施工段上平行施工，使流水施工均衡地进行。组织流水施工时，可以划分足够数量的施工段，以充分利用工作面，避免窝工，尽可能缩短工期。

(2)划分施工段的要求。

1)主要专业工种在各施工段所消耗的劳动量大致相等，其相差幅度不宜超过10%～15%。

2)在保证专业工作队劳动组合优化的前提下，施工段划分要满足专业工种对工作面的要求。

3)施工段数要满足合理流水施工组织要求，即 $m \geqslant n$。

4)施工段分界线应尽可能与结构自然界线相吻合，如设在温度缝、沉降缝或单元界线等处；如果必须将其设在墙体中间，可将其设在门窗洞口处，以减少施工留槎。

5)多层施工项目既要在平面上划分施工段，又要在竖向上划分施工层，以组织有节奏、均衡、连续的流水施工。

(3)施工段数(m)与施工过程数(n)之间的关系。为了便于讨论施工段数(m)与施工过程数(n)之间的关系，通过[例 2-1-4]加以说明。

【例 2-1-4】 某两层现浇结构混凝土工程，施工过程数 $n=3$，各施工班组在各施工段上的工作时间 $t=2$，则施工段数(m)与施工过程数(n)之间会出现三种情况，即 $m>n$、$m=n$ 和 $m<n$。

(1)在每层划分 4 个施工段，即 $m=4(4>n)$。

从图 2-1-4 中可以看出：当 $m>n$ 时，各施工班组能够连续作业，但施工段有空闲，利用这种空闲，可以弥补技术间歇、组织管理间歇和备料等要求所必需的时间。

施工层	施工过程	施工进度/天									
		2	4	6	8	10	12	14	16	18	20
I	支模	①	②	③	④						
	绑扎钢筋		①	②	③	④					
	浇筑混凝土			①	②	③	④				
II	支模					①	②	③	④		
	绑扎钢筋						①	②	③	④	
	浇筑混凝土							①	②	③	④

图 2-1-4 施工计划安排($m>n$)

(2)在每层划分 3 个施工段，即 $m=3(3=n)$。

从图 2-1-5 中可以看出：当 $m=n$ 时，各施工班组能连续施工，施工段没有空闲，这是理想化的流水施工方案，此时要求项目管理者提高管理水平。

施工层	施工过程	施工进度/天							
		2	4	6	8	10	12	14	16
I	支模	①	②	③					
	绑扎钢筋		①	②	③				
	浇筑混凝土			①	②	③			
II	支模				①	②	③		
	绑扎钢筋					①	②	③	
	浇筑混凝土						①	②	③

图 2-1-5 施工计划安排($m=n$)

(3)在每层划分 2 个施工段，即 $m=2(2<n)$。

从图 2-1-6 中可以看出：当 $m<n$ 时，各专业工作队不能连续施工，施工段没有空闲，出现停工窝工现象。这种流水施工是不适宜的，应加以杜绝。

施工层	施工过程	施工进度/天						
		2	4	6	8	10	12	14
Ⅰ	支模	①	②					
	绑扎钢筋		①	②				
	浇筑混凝土			①	②			
Ⅱ	支模				①	②		
	绑扎钢筋					①	②	
	浇筑混凝土						①	②

图 2-1-6　施工计划安排($m<n$)

3. 施工层

在组织流水施工时，为满足专业工种对操作高度的要求，通常将施工项目在竖向上划分为若干个作业层，这些作业层均称为施工层。如砌砖墙施工层高为 1.2 m，装饰工程施工层多以楼层为准。

三、时间参数

时间参数是指在组织流水施工时，表达流水施工在时间排列上所处状态的参数。其主要包括流水节拍、平行搭接时间、技术间歇时间、组织间歇时间、流水步距和工期。

1. 流水节拍

流水节拍是指在组织流水施工时，每个专业工作队在各个施工段上完成相应的施工任务所需要的持续工作时间，通常以 t_i 表示，它是流水施工的基本参数之一。

流水节拍的大小，可以反映出流水施工速度的快慢、节奏感的强弱和资源消耗量的多少。影响流水节拍数值大小的因素主要有：项目施工时所采取的施工方案，各施工段投入的劳动力人数或施工机械台数、工作班次，以及该施工段工程量的多少。为避免工作队转移时浪费工时，流水节拍在数值上最好是半个班的整倍数。其数值的确定，可按以下几种方法进行：

(1)定额计算法。定额计算法是根据各施工段的工程量、能够投入的资源量(工人数、机械台数和材料量等)，按以下公式进行计算：

$$t_i=\frac{Q}{SRN}=\frac{P}{RN} \tag{2-1-3}$$

式中　t_i——专业工作队在某施工段 i 上的流水节拍；

Q——专业工作队在某施工段 i 上的工程量；

S——专业工作队的计划产量定额；

R——专业工作队的工人数或机械台数；

N——专业工作队的工作班次；

P——专业工作队在某施工段上的劳动量。

(2)经验估算法。对于采用新结构、新工艺、新方法和新材料等没有定额可循的工程项目，可以根据以往的施工经验估算流水节拍。

(3)工期计算法。对某些在规定日期内必须完成的工程项目，往往采用倒排进度法。具体步骤如下：

1)根据工期倒排进度，确定某施工过程的工作持续时间。

2)确定某施工过程在某施工段上的流水节拍。若同一施工过程的流水节拍不等，则用估算法；若流水节拍相等，则按以下公式进行计算：

$$t=\frac{T}{m} \tag{2-1-4}$$

式中　t——流水节拍；

T——某施工过程的工作持续时间；

m——某施工过程划分的施工段数。

2. 平行搭接时间

在组织流水施工时，有时为了缩短工期，在工作面允许的条件下，如果前一个施工班组完成部分施工任务后，能够提前为后一个施工班组提供工作面，使后者提前进入前一个施工段，两者在同一施工段上平行搭接施工，这个搭接时间称为平行搭接时间或插入时间，通常以 $C_{j,j+1}$ 表示。

3. 技术间歇时间

在组织流水施工时，除要考虑相邻施工班组之间的流水步距外，有时根据建筑材料或现浇构件等的工艺性质，还要考虑合理的工艺等待间歇时间，这个等待间歇时间称为技术间歇时间，如混凝土浇筑后的养护时间、砂浆抹面和油漆面的干燥时间等。技术间歇时间以 $Z_{j,j+1}$ 表示。

4. 组织间歇时间

组织间歇时间是指在流水施工中，由于施工技术或施工组织的原因，在流水步距以外增加的间歇时间，如墙体砌筑前的墙身位置弹线，施工人员、机械转移，回填土前的地下管道检查验收等。组织间歇时间以 $G_{j,j+1}$ 表示。

5. 流水步距

(1) 流水步距的概念。流水步距是指组织流水施工时，相邻两个施工过程(或专业工作队)相继开始施工的最小间隔时间。流水步距一般用 $K_{j,j+1}$ 来表示，其中 j ($j=1, 2, \cdots, n-1$)为专业工作队或施工过程的编号。流水步距是流水施工的主要参数之一。

流水步距的数目取决于参加流水的施工过程数。如果施工过程数为 n 个，则流水步距的总数为 $n-1$ 个。流水步距的大小取决于相邻两个施工班组在各个施工段上的流水节拍及流水施工的组织方式。确定流水步距时，一般应满足以下基本要求：

1)各施工过程按各自流水速度施工，始终保持工艺先后顺序。

2)各施工班组投入施工后尽可能保持连续作业。

3)相邻两个施工班组在满足连续施工的条件下，能最大限度地实现合理搭接。

根据以上基本要求，在不同的流水施工组织形式中，可以采用不同的方法确定流水步距。

(2)流水步距的计算。

1)公式法。公式法适用于流水施工中，同一施工过程在各施工段上的流水节拍都相等的情况。各相邻施工过程之间流水步距的计算如下：

当$t_i \leqslant t_{i+1}$时，

$$K_{i,i+1}=t_i+(Z_{i,i+1}-C_{i,i+1})$$

当$t_i > t_{i+1}$时，

$$K_{i,i+1}=mt_i-(m-1)t_{i+1}+(Z_{i,i+1}-C_{i,i+1})$$

式中　t_i——第i个施工过程的流水节拍；

t_{i+1}——第$i+1$个施工过程的流水节拍；

$Z_{i,i+1}$——第i个施工过程与第$i+1$个施工过程之间的间歇时间；

$C_{i,i+1}$——第i个施工过程与第$i+1$个施工过程之间的搭接时间。

2)累加数列法。累加数列法没有计算公式，它的文字表达式为“累加数列错位相减取最大差”，这种计算流水步距的方法适用于各种形式的流水施工。其计算步骤如下：第一步，将每个施工过程的流水节拍逐段累加，求出累加数列；第二步，根据施工顺序，对所求相邻的两数列错位相减；第三步，取错位相减数值中的最大者，加上相邻两工作过程之间的工艺与组织间歇时间，减去平行搭接时间，所得的结果，即该相邻工作队之间的流水步距。

【例 2-1-5】 某工程划分为挖土、垫层、砌基础、回填土四个施工过程，在平面上划分成四个施工段，分别由四个专业小组完成流水施工，每个专业工作队在各施工段上的流水节拍见表 2-1-3，其中，垫层完成后有 1 天的组织间歇时间，砌基础与回填土之间有 1 天的平行搭接时间，试确定相邻专业工作队之间的流水步距。

表 2-1-3　各施工段上的流水节拍　　单位：天

施工小组＼施工段	Ⅰ	Ⅱ	Ⅲ	Ⅳ
挖土小组	4	2	2	3
垫层小组	3	4	4	3
砌基础小组	1	3	2	2
回填土小组	2	2	1	2

【解】 按照如下步骤求解：

第一步：求各专业工作队的累加数列。

A：4，6，8，11

B：3，7，11，14

C：1，4，6，8

D：2，4，5，7

第二步：错位相减。

A 与 B：

$$\begin{array}{rrrrrr} & 4, & 6, & 8, & 11 & \\ -) & & 3, & 7, & 11, & 14 \\ \hline & 4, & 3, & 1, & 0, & -14 \end{array}$$

B 与 C：

$$\begin{array}{rrrrrr} & 3, & 7, & 11, & 14 & \\ -) & & 1, & 4, & 6, & 8 \\ \hline & 3, & 6, & 7, & 8, & -8 \end{array}$$

C 与 D：

$$\begin{array}{rrrrrr} & 1, & 4, & 6, & 8 & \\ -) & & 2, & 4, & 5, & 7 \\ \hline & 1, & 2, & 2, & 3, & -7 \end{array}$$

第三步：求流水步距。

$K_{A,B}=\max\{4，3，1，0，-14\}=4$(天)

$K_{B,C}=\max\{3，6，7，8，-8\}+1=9$(天)

$K_{C,D}=\max\{1，2，2，3，-7\}-1=2$(天)

6. 工期

工期是指完成一项工程任务或一个流水组施工所需的时间。

工期的计算公式如下：

$$T=\sum K_{i,i+1}+T_n$$

式中 T——流水施工工期；

$\sum K_{i,i+1}$——流水施工中各流水步距之和；

T_n——流水施工中最后一个施工过程的持续时间。

1.3 流水施工的组织

根据流水施工节拍特征的不同，流水施工方式可分为无节奏流水施工、异节奏流水施工和等节奏流水施工，如图 2-1-7 所示。

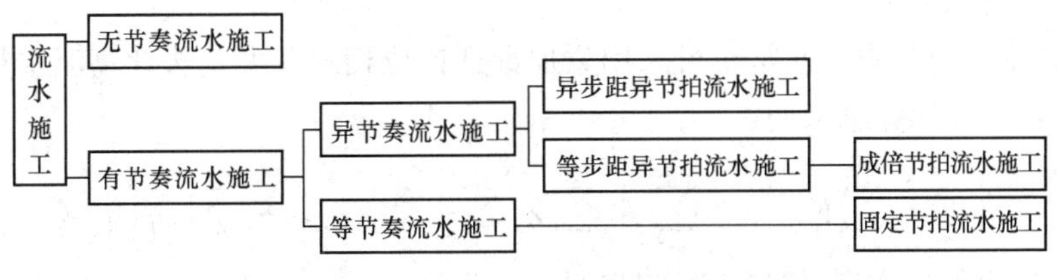

图 2-1-7 流水施工方式分类

一、无节奏流水施工

在组织流水施工时，经常由于工程结构形式、施工条件不同等原因，使各施工过程在各施工段上的工程量有较大差异，或因施工班组的生产效率相差较大，导致各施工过程的流水节拍随施工段的不同而不同，且不同施工过程之间的流水节拍又有很大差异。这时，流水节拍虽无任何规律，但仍可利用流水施工原理组织流水施工，使各施工班组在满足连续施工的条件下，实现最大搭接。无节奏流水施工是指在组织流水施工时，全部或部分施工过程在各个施工段上的流水节拍不相等的流水施工。这种施工是流水施工中最常见的一种。

1. 无节奏流水施工的特点

(1)每个施工过程在各个施工段上的流水节拍都不尽相等。

(2)在多数情况下，流水步距彼此不相等，而且流水步距与流水节拍二者之间存在着某种函数关系。

(3)各个施工班组都能连续施工，个别施工段可能有空闲。

(4)施工班组数与施工过程数相等。

2. 无节奏流水施工的组织步骤

(1)确定施工起点流向，划分施工段。

(2)分解施工过程，确定施工顺序。

(3)确定流水节拍。

(4)按下列公式确定流水步距：

$$K_{j,j+1} = \max\{K_i^{j,j+1} = \sum_{i=1}^{i} \Delta t_i^{j,j+1} + t_i^{j+1}\} \tag{2-1-5}$$

式中　$K_{j,j+1}$——施工班组 j 与 $j+1$ 之间的流水步距；

$K_i^{j,j+1}$——施工班组 j 与 $j+1$ 在各个施工段上的“假定段步距”；

$\sum_{i=1}^{i}$——由施工段(1)至 i 依次累加，逢段求和；

$\Delta t_i^{j,j+1}$——施工班组 j 与 $j+1$ 在各个施工段上的“段时差”；

t_i^{j+1}——施工班组 $j+1$ 在施工段 i 的流水节拍；

i——施工段编号，$1 \leqslant i \leqslant m$；

j——施工班组编号，$1 \leqslant j \leqslant n_1 - 1$；

n_1——施工班组数目，此时 $n_1 = n$；

其他符号意义同前。

在无节奏流水施工中，通常也可采用累加数列错位相减取大差法计算流水步距。

(5)按下列公式计算总工期：

$$T = \sum_{i=1}^{n_1} K_{j,j+1} + \sum_{i=1}^{m} + \sum Z_{j,j+1} + \sum G_{j,j+1} - \sum C_{j,j+1} \tag{2-1-6}$$

式中　T——流水施工方案的计算总工期；

其他符号意义同前。

(6)绘制流水施工进度图。

3. 案例

【例 2-1-6】 某企业浇筑 4 台设备的基础工程，施工过程包括支模、绑筋、浇筑混凝土。因设备型号与基础条件等不同，4 台设备(施工段)的施工过程有着不同的流水节拍，见表 2-1-4。试组织流水。

表 2-1-4 基础工程流水节拍 单位：天

施工过程	流水段			
	设备 1	设备 2	设备 3	设备 4
支模	2	3	2	2
绑筋	4	4	2	3
浇筑混凝土	2	3	2	3

【解】 从流水节拍的特点可以看出，本工程应按非节奏流水施工方式组织施工。

(1)确定施工流向：设备 1→设备 2→设备 3→设备 4。施工段数 $m=4$。

(2)确定施工过程数：$n=3$，包括支模、绑筋、浇筑混凝土。

(3)采用“累加数列错位相减取大差法”求流水步距。

2，5， 7， 9

-)　　4， 8，10， 13　　　最大为 2

2，1，-1，-1，−13

4，8，10，13

-)　　2， 5， 7， 10　　　最大为 6

4，6， 5， 6，−10

所以，$K_{支,绑}=2$ 天，$K_{绑,浇}=6$ 天。

$$T=\sum K_{i,i+1}+T_n=(2+6)+(2+3+2+3)=18(天)$$

(4)绘制流水施工进度，见表 2-1-5。

表 2-1-5 流水施工进度

施工过程	施工进度/天																	
	1	2	3	4	5	6	7	8	9	10	11	12	13	14	15	16	17	18
支模	设备1		设备2			设备3		设备4										
绑筋			设备1				设备2				设备3		设备4					
浇筑混凝土									设备1		设备2			设备3		设备4		

二、异节奏流水施工

异节奏流水施工是指同一施工过程在各施工段上的流水节拍都相等，不同施工过程之间的流水节拍不一定相等的流水施工方式。异节奏流水施工又可分为等步距异节拍流水施工和异步距异节拍流水施工两种方式。

1. 等步距异节拍流水施工

等步距异节拍流水施工，也称为成倍节拍流水施工。在组织流水施工时，如果同一施工过程在各个施工段上的流水节拍彼此相等，而不同施工过程在同一施工段上的流水节拍之间存在一个最大公约数，为加快流水施工速度，可按最大公约数的倍数确定每个施工过程的施工班组，这样便构成了一个工期最短的等步距异节拍流水施工方案。

(1)等步距异节拍流水施工的特点。

1)同一施工过程在其各个施工段上的流水节拍均相等；不同施工过程的流水节拍不等，但其值为倍数关系。

2)相邻施工过程的流水步距相等，且等于流水节拍的最大公约数。

3)施工班组数大于施工过程数，即有的施工过程只成立一个专业工作队，而对于流水节拍大的施工过程，可按其倍数增加相应专业工作队数目。

4)各个施工班组在施工段上能够连续作业，施工段之间没有空闲时间。

(2)等步距异节拍流水施工的组织步骤。

1)确定施工起点流向，划分施工段。

2)分解施工过程，确定施工顺序。

3)按上述要求确定每个施工过程的流水节拍。

4)按下式确定流水步距：

$$K_b = \text{最大公约数}\{\text{各过程流水节拍}\} \tag{2-1-7}$$

5)按下式确定专业工作队数目：

$$\left.\begin{aligned} b_j &= \frac{t_i^j}{K_b} \\ n_1 &= \sum_{i=1}^{n} b_j \end{aligned}\right\} \tag{2-1-8}$$

式中 b_j——施工过程 j 的专业班组数；

K_b——等步距异节拍流水施工流水步距；

t_i^j——施工班组 j 在施工段 i 的流水节拍；

n_1——等步距异节拍流水施工施工班组数目总和。

6)按下式确定计算总工期：

$$T = (m + n_1 - 1)K_b + \sum Z_{j,j+1} + \sum G_{j,j+1} - \sum C_{j,j+1} \tag{2-1-9}$$

式中符号意义同前。

7)绘制流水施工进度图。

(3)案例。

【例 2-1-7】 某道路工程总长度为 500 m，分 5 个施工段流水施工。现有 3 个施工班组，分别是土方工程、基层工程、路面工程。每个流水段施工持续时间为：土方工程需要 3 周、基层工程需要 2 周、路面工程需要 1 周，试组织其成倍节拍流水施工。

【解】 (1)由 $t_{土}=3$ 周、$t_{基}=2$ 周、$t_{面}=1$ 周，得出其最大公约数为 1，所以 $K_b=$ 1 周。

(2)各施工过程的专业班组数。

$$b_{土}=t_{土}/K_b=3/1=3(组)$$
$$b_{基}=t_{基}/K_b=2/1=2(组)$$
$$b_{面}=t_{面}/K_b=1/1=1(组)$$

所以共需班组数为 6 组。

(3)绘制成倍节拍流水施工进度图，如图 2-1-8 所示。

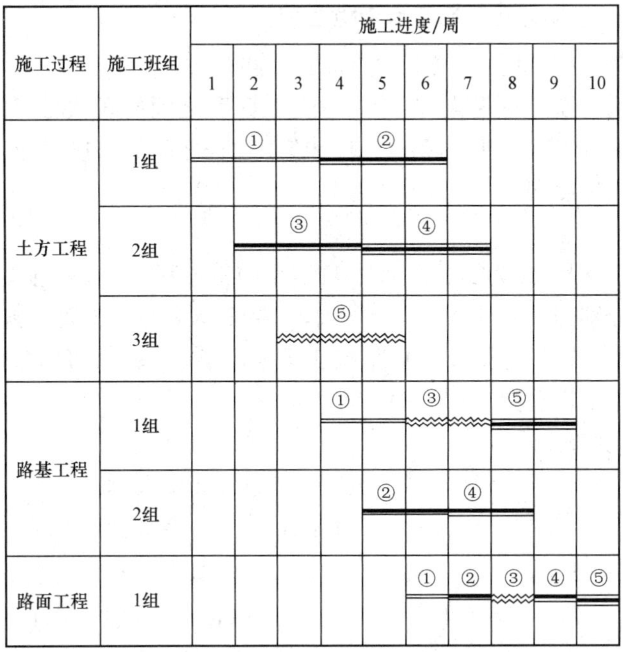

施工过程	施工班组	施工进度/周									
		1	2	3	4	5	6	7	8	9	10
土方工程	1组		①			②					
	2组			③			④				
	3组				⑤						
路基工程	1组				①		③		⑤		
	2组					②		④			
路面工程	1组						①	②	③	④	⑤

图 2-1-8　成倍节拍流水施工进度图

说明：1、2、3、4、5 代表 1～5 个施工段。

(4)总工期。

$$T=(m+n_1-1)\times K_b=(5+6-1)=10(周)$$

2. 异步距异节拍流水施工

异步距异节拍流水施工是指同一施工过程在各个施工段的流水节拍相等，不同施工过程之间的流水节拍不完全相等的流水施工方式。

(1)异步距异节拍流水施工的特点。

1)同一施工过程流水节拍相等，不同施工过程之间的流水节拍不一定相等。

2)各个施工过程之间的流水步距不一定相等。

3)各个施工班组能够在施工段上连续作业，但有的施工段之间可能有空闲。

4)施工班组数(n_1)等于施工过程数(n)。

(2)异步距异节拍流水施工的组织步骤。

1)确定施工起点流向，划分施工段。

2)分解施工过程，确定施工顺序。

3)确定流水步距。流水步距用下式表示：

$$K_{i,i+1}=\begin{cases}t_i & (当\ t_i\leqslant t_{i+1}时)\\ mt_i-(m-1)t_{i+1} & (当\ t_i>t_{i+1}时)\end{cases} \quad (2\text{-}1\text{-}10)$$

式中　$K_{i,i+1}$——施工班组 i 与 $i+1$ 之间的流水步距；

t_i——第 i 个施工过程的流水节拍；

t_{i+1}——第 $i+1$ 个施工过程的流水节拍。

4)计算流水施工工期。

$$T=\sum K_{i,i+1}+mt_n+\sum Z_{i,i+1}-\sum C_{i,i+1} \tag{2-1-11}$$

式中　$\sum K_{i,i+1}$——流水施工中各流水步距之和；

t_n——流水施工中最后一个施工过程的持续时间；

$Z_{i,i+1}$——第 i 个施工过程与第 $i+1$ 个施工过程之间的间歇时间；

$C_{i,i+1}$——第 i 个施工过程与第 $i+1$ 个施工过程之间的搭接时间。

5)绘制流水施工进度图。

(3)案例。

【例 2-1-8】　某工程划分为 A、B、C、D 四个施工过程，分 3 个施工段组织施工，各施工过程的流水节拍分别为 $t_A=3$ 天，$t_B=4$ 天，$t_C=5$ 天，$t_D=3$ 天；施工过程 B 完成后有 2 天的技术间歇时间，施工过程 D 与 C 搭接 1 天。求 A、B、C、D 之间流水步距及该工程工期，并绘制流水施工进度图。

【解】　(1)流水步距。

$$K_{i,i+1}=\begin{cases} t_i & （当\ t_i\leqslant t_{i+1}时）\\ mt_i-(m-1)t_{i+1} & （当\ t_i>t_{i+1}时）\end{cases}$$

$$K_{A,B}=t_A=3\text{天} \qquad （因为\ t_A\leqslant t_B）$$

$$K_{B,C}=t_B=4\text{天} \qquad （因为\ t_B\leqslant t_C）$$

$$K_{C,D}=mt_C-(m-1)\ t_D=3\times5-(3-1)\times3=9（天）$$

(2)工期。

公式：

$$T=\sum K_{i,i+1}+mt_n+\sum Z_{i,i+1}-\sum C_{i,i+1}$$

$$T=(3+4+9)+3\times3+2-1=26（天）$$

(3)绘制流水施工进度图，如图 2-1-9 所示。

施工过程	施工进度/天												
	2	4	6	8	10	12	14	16	18	20	22	24	26
A	①	②		③									
B		①		②			③						
C						①		②			③		
D										①	②	③	

图 2-1-9　异步距异节拍流水施工进度图

三、等节奏流水施工

等节奏流水施工是指在组织流水施工时，所有的施工过程在各个施工段上的流水节拍彼此相等的流水施工方式，也称为固定节拍流水施工、全等节拍流水施工或同步距流水施工。

1. 等节奏流水施工的特点

(1)所有施工过程在各个施工段上的流水节拍均相等。

(2)相邻施工过程的流水步距相等，且等于流水节拍。

(3)施工班组数等于施工过程数，即每个施工过程成立一个班组，由该班组完成相应施工过程所有施工段上的任务。

(4)各个专业工作队在各施工段上能够连续作业，施工段之间没有空闲时间。

2. 等节奏流水施工的组织步骤

(1)确定施工起点及流向，分解施工过程。

(2)确定施工顺序，划分施工段。

(3)确定主要施工过程流水节拍及其他施工过程流水节拍。

(4)确定流水步距，此时 $K_{j,j+1}=K=t$。

(5)计算流水施工工期。

(6)绘制流水施工进度图。

3. 案例

【例 2-1-9】 某工程有三个单元，每个单元的基础工程工程量分别为挖土 187 m³，垫层 11 m³，绑扎钢筋 2.53 t，浇筑混凝土基础 50 m³，砌基础墙 90 m³，回填土 130 m³，各施工过程的数据见表 2-1-6，浇筑混凝土后，应养护 2 天才能进行基础砌筑，试组织全等节拍流水施工。

表 2-1-6 各施工过程工程量、流水节拍及施工人数

<table>
<tr><th rowspan="2">施工过程</th><th colspan="2">工程量</th><th rowspan="2">每工产量</th><th rowspan="2">劳动量
/工日</th><th rowspan="2">施工班
组人数</th><th rowspan="2">流水节拍</th></tr>
<tr><th>数量</th><th>单位</th></tr>
<tr><td>挖土</td><td>187</td><td>m³</td><td>3.5</td><td>53</td><td>21</td><td rowspan="2">3</td></tr>
<tr><td>垫层</td><td>11</td><td>m³</td><td>1.2</td><td>9</td><td></td></tr>
<tr><td>绑扎钢筋</td><td>2.53</td><td>t</td><td>0.45</td><td>6</td><td>2</td><td rowspan="2">3</td></tr>
<tr><td>浇筑混凝土基础</td><td>50</td><td>m³</td><td>1.5</td><td>33</td><td>11</td></tr>
<tr><td>砌基础墙</td><td>90</td><td>m³</td><td>1.25</td><td>72</td><td>24</td><td>3</td></tr>
<tr><td>回填土</td><td>130</td><td>m³</td><td>4</td><td>33</td><td>11</td><td>3</td></tr>
</table>

【解】 (1)划分施工段：为组织全等节拍流水施工，每一个单元为一个施工段，故划分为三个施工段。

(2)划分施工过程：通过各施工过程工程量、流水节拍及施工人数的比较，由于垫层工作量较小，若按一个独立的施工过程参与流水施工，则很难满足劳动组织的要求，故可考虑将其合并到挖土的施工过程中，形成混合班组。同样，绑扎钢筋与浇筑混凝土基础合并，成为混合班组，这样施工过程数 $n=4$。

(3)确定主要施工过程的施工人数并计算流水节拍，考虑砌基础墙为主导工程，施工班组人数为 24 人，则 $t=72/24=3$(天)。

(4)确定其他施工过程的施工班组人数，见表 2-1-6。

(5)绘出该分部工程的流水施工进度图，如图 2-1-10 所示。

施工过程	施工进度/天																				
	1	2	3	4	5	6	7	8	9	10	11	12	13	14	15	16	17	18	19	20	21
挖土及垫层																					
钢筋混凝土基础																					
砖基础																					
回填土																					

图 2-1-10　基础工程的流水施工进度图

1.4　流水施工综合案例

一、工程概况及施工条件

某三层工业厂房，其主体结构为现浇钢筋混凝土框架。框架全部由 6 m×6 m 的单元构成。横向为 3 个单元，纵向为 21 个单元，划分为 3 个温度区段。其平面及剖面简图如图 2-1-11所示。施工工期为 63 个工作日。施工时平均气温为 15 ℃。劳动力：木工不超过 20 人，混凝土工与钢筋工可根据计划要求配备。机械设备：J_1-400 混凝土搅拌机 2 台，混凝土振捣器和卷扬机可根据计划要求配备。

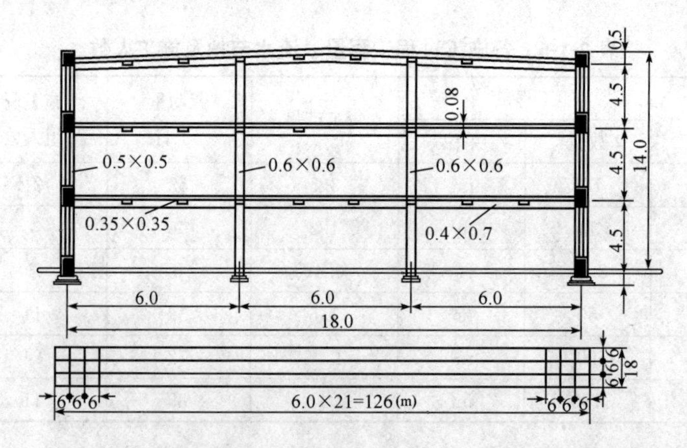

图 2-1-11　钢筋混凝土框架结构工业厂房平面、剖面简图

二、流水作业设计

1. 计算工程量与劳动量

本工程每层每个温度区段的模板、钢筋、混凝土的工程量根据施工图计算；定额根据劳动定额手册和工人实际生产率确定；劳动量按工程量和定额计算。

2. 划分施工过程

本工程框架部分采用以下施工顺序：绑扎柱钢筋→支柱模板→支主梁模板→支次梁模板→支板模板→绑扎梁钢筋→绑扎板钢筋→浇筑柱混凝土→浇筑梁、板混凝土。

根据施工顺序和劳动组织，将该工程划分为以下四个施工过程：绑扎柱钢筋，支模板，绑扎梁、板钢筋，浇筑混凝土。各施工过程中均包括楼梯间部分，即 $n=4$。

3. 按划分的施工段确定流水节拍及绘制流水施工进度图

由于本工程 3 个温度区段大小一致，各层构造基本相同，各施工过程工程量相差均小于 15%，所以首先考虑组织全等或成倍节拍流水施工。

(1)划分施工段。考虑结构的整体性，利用温度缝作为分界线，最理想的是每层划分为 3 个施工段，即 $m=3$，但是这样势必使 $m<n$，则不能保证连续施工。根据工程特征，将每一个温度区划分成 2 个施工段，即每层划分为 6 个施工段，所以 $jm=3\times6$，共 18 个施工段。

(2)确定流水节拍和各工作队人数。根据工期要求，按全等节拍流水工期公式，先初算流水节拍。

$$T=(j\cdot m+n-1)\cdot K+\sum Z_1-\sum C$$

式中 j 为工程的层数。因 $K=t$，$\sum Z_1=0$，$\sum C=0.33t$(绑扎钢筋与支模考虑 1/3 流水节拍搭接时间)，$T=63$ 天，有：

$$t=\frac{T}{j\cdot m+n-1-0.33}=\frac{63}{3\times6+4-1-0.33}=3.05(\text{天})$$

故流水节拍选用 3 天。

将各施工过程每层每个施工段的劳动量汇总于表 2-1-7。

表 2-1-7　各施工过程每段需要的劳动量

施工过程	需要劳动量/工日			附注
	一层	二层	三层	
绑扎柱钢筋	13	12.3	12.3	
支模板	55.7	54.8	52.3	包括楼梯
绑扎梁、板钢筋	28.1	28.1	27.9	包括楼梯
浇筑混凝土	102.4	100.3	93	包括楼梯

1)确定绑扎柱钢筋的流水节拍和工作队人数。由表 2-1-7 可知，绑扎柱钢筋所需劳动量为 13 个工日。由劳动定额知，绑扎柱钢筋工人小组至少需要 5 人，则流水节拍等于 13/5=2.6 天，取 3 天。

2)确定支模板的流水节拍和工作队人数。框架结构支柱、梁、板模板，根据经验一般需 2～3 天，流水节拍采用 3 天。所需工人数为 55.7/3=18.6 人。由劳动定额知，支模板要求工人小组一般为 5～6 人。本方案木工工作队采用 18 人，分 3 个小组施工。木工人数满足规定的人数条件。

3)确定绑扎梁、板钢筋的流水节拍和工作队人数。流水节拍采用 3 天。所需工人数为 28.1/3=9.4 人。由劳动定额知，绑扎梁、板钢筋要求工人小组一般为 3～4 人。本方案钢筋工作队采用 9 人，分 3 个小组施工。

4)确定浇筑混凝土的流水节拍和工作队人数。根据表 2-1-7，浇筑混凝土工程量最多的施工段的工程量为 102.4/0.97(0.97 为人工时间定额，在图 2-1-12 中可以看到)＝105.6 m^3。每台 J_1-400 混凝土搅拌机搅拌半干硬性混凝土的生产率为 36 m^3/台班，故需要台班数为 105.6/36＝2.93 台班。选用一台混凝土搅拌机，流水节拍采用 3 天。所需工人数为 102.4/3＝34.1 人。根据劳动定额可知，浇筑混凝土要求工人小组一般为 20 人左右。本方案混凝土工作队采用 34 人，分 2 个小组施工。

(3)绘制流水施工进度图，如图 2-1-12 所示。

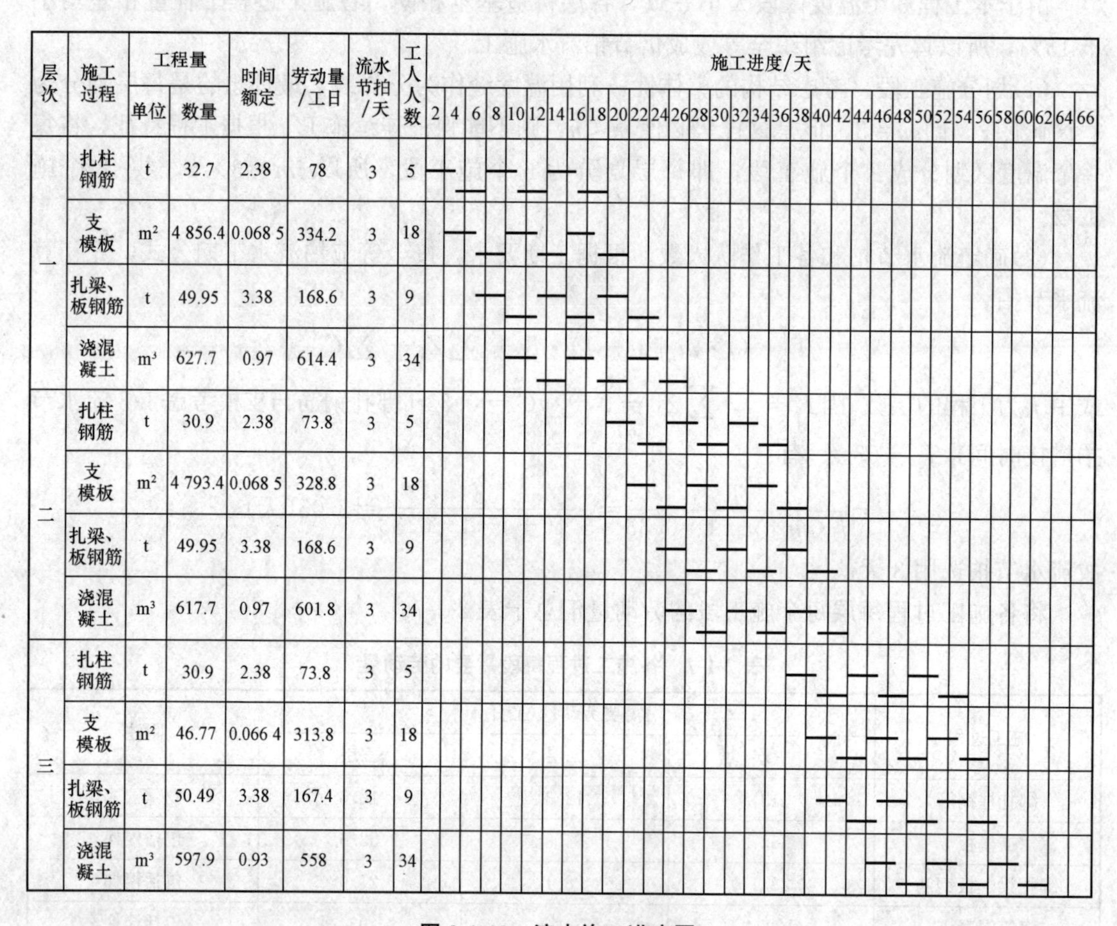

层次	施工过程	工程量		时间额定	劳动量/工日	流水节拍/天	工人人数
		单位	数量				
一	扎柱钢筋	t	32.7	2.38	78	3	5
	支模板	m^2	4 856.4	0.068 5	334.2	3	18
	扎梁、板钢筋	t	49.95	3.38	168.6	3	9
	浇混凝土	m^3	627.7	0.97	614.4	3	34
二	扎柱钢筋	t	30.9	2.38	73.8	3	5
	支模板	m^2	4 793.4	0.068 5	328.8	3	18
	扎梁、板钢筋	t	49.95	3.38	168.6	3	9
	浇混凝土	m^3	617.7	0.97	601.8	3	34
三	扎柱钢筋	t	30.9	2.38	73.8	3	5
	支模板	m^2	46.77	0.066 4	313.8	3	18
	扎梁、板钢筋	t	50.49	3.38	167.4	3	9
	浇混凝土	m^3	597.9	0.93	558	3	34

图 2-1-12 流水施工进度图

所需工期：$T=(3\times6+4-1)\times3+0-1=62$(天)

资讯 2　网络计划技术

2.1　网络计划技术概述

网络计划技术法也称统筹法。它是以网络图反映、表达计划安排，据以选择最优工作方案，组织协调和控制生产(项目)的进度(时间)和费用(成本)，使其达到预定目标，获得更佳经济效益的一种优化决策的计划编制方法。它是用于工程项目的计划与控制的一项管理技术。

网络计划技术是在 20 世纪 50 年代末发展起来的，究其起源有关键路线法(CPM)与计划评审法(PERT)之分。1956 年，美国杜邦公司在制定企业不同业务部门的系统规划时，制定了第一套网络计划。这种计划借助网络表示各项工作与所需要的时间的关系，以及各项工作的相互关系。通过网络分析研究工程费用与工期的相互关系，并找出在编制计划及计划执行过程中的关键路线，这种方法称为关键路线法(CPM)。1958 年，美国海军武器部在制定研制"北极星"导弹计划时，同样应用了网络分析方法与网络计划，但它注重对各项工作安排的评价和审查，这种计划称为计划评审法(PERT)。鉴于这两种方法的差别，CPM 主要应用于以往在类似工程中已取得一定经验的承包工程，PERT 更多地应用于研究与开发项目。20 世纪 60 年代中期，我国在著名数学家华罗庚教授的倡导下，也开始实践与应用该技术，并把它概括为统筹方法。

一、网络计划技术的特点

网络计划技术的基本模型是网络图。网络图是由箭线和节点组成的，用来表示工作流程有向、有序的网状图形。在网络图上加注工作的时间参数而编成的进度计划称为网络计划。

网络计划技术可以为施工管理提供许多信息，有利于加强施工管理，既是一种编制计划的方法，又是一种科学的管理方法。它有助于管理人员全面了解、重点掌握、灵活安排、合理组织、多快好省地完成计划任务，不断提高管理水平。其优点如下：

(1)网络图把施工过程中的各有关工作组成了一个有机的整体，能全面而明确地表达出各项工作开展的先后顺序，反映出各项工作之间相互制约和相互依赖的关系。

(2)能进行各种时间参数的计算。

(3)在名目繁多、错综复杂的计划中找出决定工程进度的关键工作，便于计划管理者集中力量抓主要矛盾，确保工期，避免盲目施工。

(4)能够从许多可行方案中选出最优方案。

(5)在计划的执行过程中，某一工作由于某种原因推迟或者提前完成时，可以预见它对整个计划的影响程度，而且能根据变化的情况，迅速进行调整，保证自始至终对计划进行有效的控制与监督。

(6)利用网络计划中反映出的各项工作的时间储备，可以更好地调配人力、物力，以达到降低成本的目的。

(7)网络计划技术的出现与发展使现代化的计算工具——计算机在建筑施工计划管理中得以应用。

二、网络计划的基本原理

网络计划的基本原理：首先把一项工程的全部建造过程分解为若干项工作，并按其开展顺序和相互制约、相互依赖的关系，绘制出网络图；然后进行时间参数计算，找出关键工作和关键线路；继而利用最优化原理，改进初始方案，寻求最优的网络计划方案；最后在网络计划执行过程中，进行有效监督与控制，以最少的消耗，获得最佳的经济效果。

三、网络计划的分类

1. 按绘图符号不同分类

(1)双代号网络计划，即用双代号网络图表示的网络计划。双代号网络图是以箭线及其两端节点的编号表示工作的网络图。

(2)单代号网络计划，即用单代号网络图表示的网络计划。单代号网络计划是用单代号表示法绘制的网络计划。

2. 按网络计划目标分类

(1)单目标网络计划，它是指只有一个终点节点的网络计划，即网络图只具有一个最终目标。

(2)多目标网络计划，它是指终点节点不止一个的网络计划。这种网络计划具有若干个独立的最终目标。

3. 按网络计划时间表达方式分类

(1)时标网络计划。它是指以时间坐标为尺度绘制的网络计划。在网络图中，每项工作箭线的水平投影长度，与其持续时间成正比。如编制资源优化的网络计划即时标网络计划。

(2)非时标网络计划。它是指不按时间坐标绘制的网络计划。在网络图中，工作箭线长度与持续时间无关，可按需要绘制。通常绘制的网络计划都是非时标网络计划。

4. 按网络计划层次分类

(1)局部网络计划。以一个分部工程或施工段为对象编制的网络计划称为局部网络计划。

(2)单位工程网络计划。以一个单位工程为对象编制的网络计划称为单位工程网络计划。

(3)综合网络计划。以一个建筑项目或建筑群为对象编制的网络计划称为综合网络计划。

5. 按工作衔接特点分类

(1)普通网络计划。工作间关系均按首尾衔接关系绘制的网络计划称为普通网络计划，如单代号、双代号和概率网络计划。

(2)搭接网络计划。按照各种规定的搭接时距绘制的网络计划称为搭接网络计划，网络图中既能反映各种搭接关系，又能反映相互衔接关系，如前导网络计划。

(3)流水网络计划。充分反映流水施工特点的网络计划称为流水网络计划，包括横道流水网络计划、搭接流水网络计划和双代号流水网络计划。

四、基本符号

1. 双代号网络图的基本符号

双代号网络图由箭线、节点、线路三个基本要素组成。

(1)箭线。网络图中一端带箭头的线即箭线，其一般可分为内向箭线和外向箭线两种。在双代号网络图中，箭线表达的内容有以下几点：

1)在双代号网络图中，一根箭线表示一项工作，如图 2-2-1 所示。

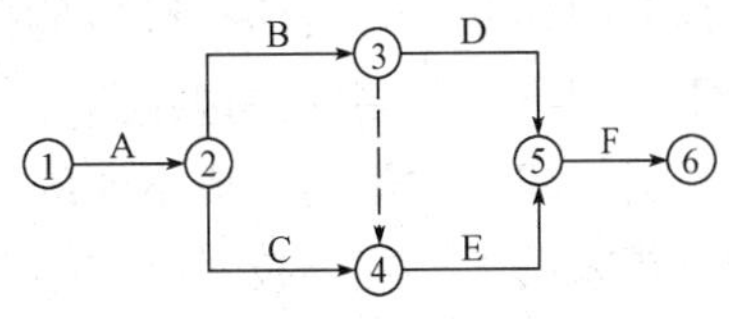

图 2-2-1　双代号网络图

2)每一项工作都要消耗一定的时间和资源。凡是消耗一定时间的施工过程都可作为一项工作。各施工过程用实箭线表示。

3)箭线的箭尾节点表示一项工作的开始，而箭头节点表示工作的结束。工作的名称(或字母代号)标注在箭线上方，该工作的持续时间标注于箭线下方。如果箭线以垂直线的形式出现，工作的名称通常标注于箭线左方，而工作的持续时间则填写于箭线的右方，如图 2-2-2 所示。

4)在非时标网络图中，箭线的长度不直接反映工作所占用的时间长短。箭线宜画成水平直线，也可画成折线或斜线。水平直线投影的方向应自左向右，表示工作的进行方向。

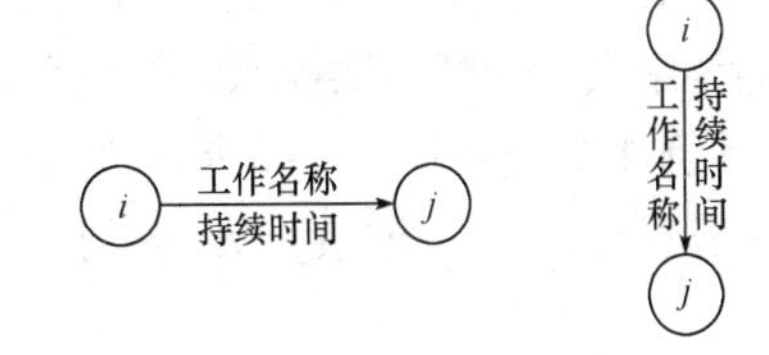

图 2-2-2　双代号网络图工作表示法

5)在双代号网络图中，为了正确表达施工过程的逻辑关系，有时必须使用一种虚箭线。这种虚箭线没有工作名称，不占用时间，不消耗资源，只表示工作之间的连接问题，称之为虚工作。虚工作在双代号网络计划中起施工过程之间的逻辑连接或逻辑间断的作用。

(2)节点。在网络图中箭线的出发和交汇处通常画上圆圈，用以标志该圆圈前面一项或若干项工作的结束和允许后面一项或若干项工作的开始的时间点，即节点(也称为结点、事件)。

1)在网络图中，节点不同于工作，它只标志着工作的结束和开始的瞬间，具有承上启下的衔接作用，而无需消耗时间或资源。

2)节点分起点节点、终点节点、中间节点。网络图的第一个节点为起点节点，表示一项计划的开始；网络图的最后一个节点称为终点节点，它表示一项计划的结束；其余节点都称为中间节点，任何一个中间节点既是其紧前各施工过程的结束节点，又是其紧后各施工过程的开始节点。

3)网络图中的每一个节点都要编号。编号的顺序是：每一个箭线的箭尾节点代号 i 必须小于箭头节点代号 j，且所有节点代号都是唯一的，如图 2-2-3 所示。

(3)线路。网络图中从起点节点开始，沿箭头方向顺序通过一系列箭线与节点，最后到达终点节点的通路，称为线路。每一条线路都有自己确定的完成时间，它等于该线路上各项工作持续时间的总和，称为线路时间。

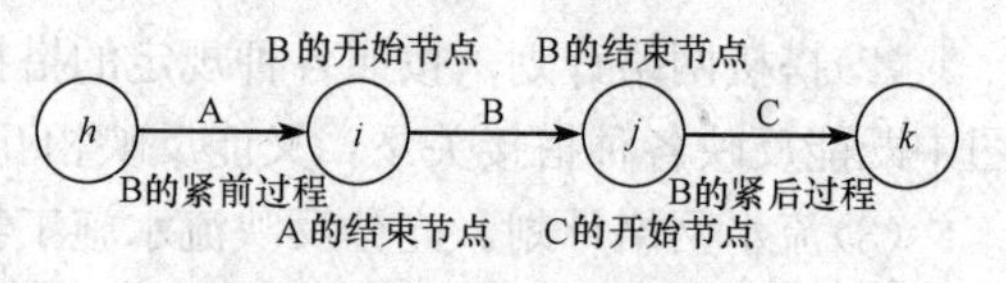

图 2-2-3　开始节点与结束节点

根据每条线路的线路时间长短，可将网络图的线路分为关键线路和非关键线路两种。

关键线路是指网络图中线路时间最长的线路，其线路时间代表整个网络图的计算总工期。关键线路至少有一条，并以粗箭线或双箭线表示。关键线路上的工作，都是关键工作，关键工作都没有时间储备。

在网络图中关键线路有时不止一条，可能同时存在几条关键线路，即这几条线路上的持续时间相同且是线路持续时间的最大值。但从管理的角度出发，为了实行重点管理，一般不希望出现太多的关键线路。

关键线路并不是一成不变的。在一定的条件下，关键线路和非关键线路可以相互转化。例如当采用了一定的技术组织措施，缩短了关键线路上各工作的持续时间，就有可能使关键线路发生转移，使原来的关键线路变成非关键线路，而原来的非关键线路则变成关键线路。

位于非关键线路的工作除关键工作外，其余称为非关键工作，它具有机动时间(即时差)。非关键工作也不是一成不变的，它可以转化为关键工作；利用非关键工作的机动时间可以科学、合理地调配资源和对网络计划进行优化。

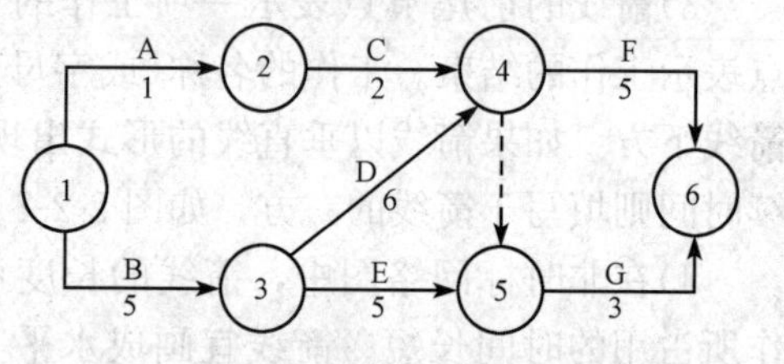

图 2-2-4　双代号网络示意

【例 2-2-1】　图 2-2-4 所示为双代号网络，列表计算线路时间，结果见表 2-2-1。

表 2-2-1　线路时间

序号	线路	线长	序号	线路	线长
1	①$\xrightarrow{1}$②$\xrightarrow{2}$④$\xrightarrow{5}$⑥	8	4	①$\xrightarrow{5}$③$\xrightarrow{6}$④$\xrightarrow{0}$⑤$\xrightarrow{3}$⑥	14
2	①$\xrightarrow{1}$②$\xrightarrow{2}$④$\xrightarrow{0}$⑤$\xrightarrow{3}$⑥	6	5	①$\xrightarrow{5}$③$\xrightarrow{5}$⑤$\xrightarrow{3}$⑥	13
3	①$\xrightarrow{5}$③$\xrightarrow{6}$④$\xrightarrow{5}$⑥	16			

图 2-2-4 中共有 5 条线路，其中①→③→④→⑥的时间最长，为 16 天，这条线路即关键线路，该线路上的工作即关键工作。

2. 单代号网络图的基本符号

单代号网络图由节点、箭线、节点编号三个基本要素组成。

(1)节点。在单代号网络图中，通常将节点画成一个圆圈或方框，一个节点代表一项工作。节点所表示的工作名称、持续时间和节点编号都标注在圆圈和方框内，如图 2-2-5 所示。

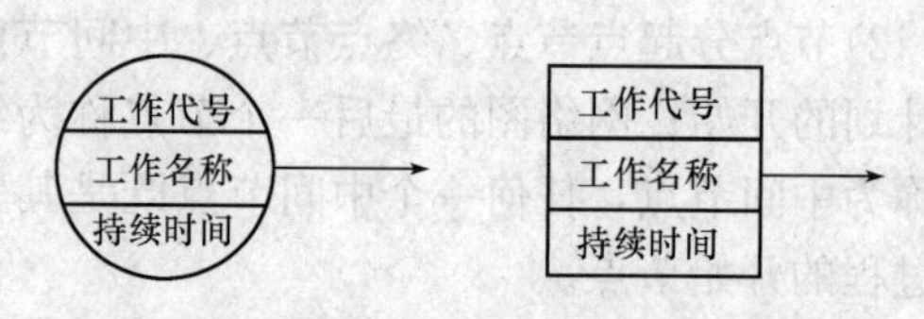

图 2-2-5　单代号网络图中节点的表示方法

(2)箭线。在单代号网络图中，箭线既不

占用时间，也不消耗资源，只表示紧邻工作之间的逻辑关系，箭线应画成水平直线、折线或斜线，箭线的箭头指向工作进行方向，箭尾节点表示的工作为箭头节点工作的紧前工作。单代号网络图中无虚箭线。

(3)节点编号。单代号网络图的节点编号是以一个单独编号表示一项工作，编号原则和双代号相同，也应从小到大、从左往右，箭头编号大于箭尾编号。一项工作只能有一个代号，不得重号，如图 2-2-6 所示。

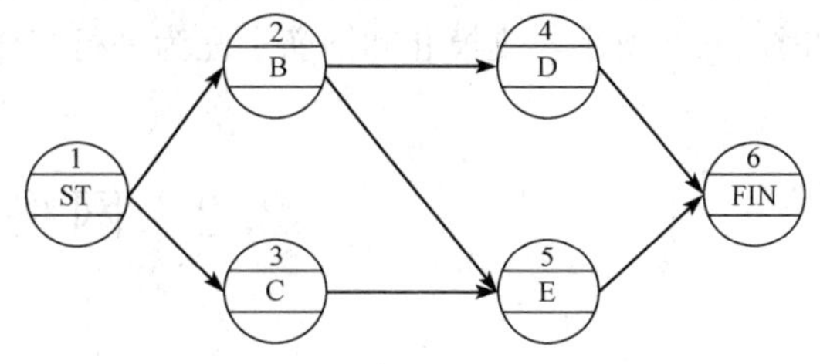

图 2-2-6　单代号网络图节点编号

ST—开始节点；FIN—完成节点

五、逻辑关系

工作之间相互制约或依赖的关系称为逻辑关系(logical relation)。工作中的逻辑关系包括工艺关系和组织关系。

1. 工艺关系

生产性工作之间由工艺过程决定的、非生产性工作之间由工作程序决定的先后顺序关系称为工艺关系。如图 2-2-7 所示，支模Ⅰ→钢筋Ⅰ→浇筑Ⅰ为工艺关系。

2. 组织关系

工作之间由于组织安排需要或资源(劳动力、原材料、施工机具等)调配需要而规定的先后顺序关系称为组织关系。如图 2-2-7 所示，支模Ⅰ→支模Ⅱ、钢筋Ⅰ→钢筋Ⅱ为组织关系。

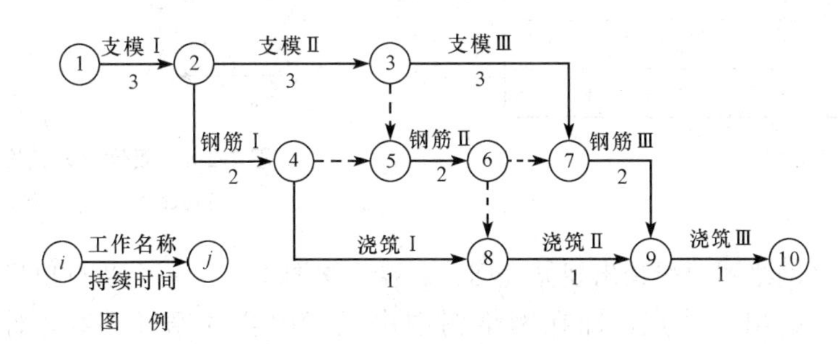

图 2-2-7　某现浇工程网络图

六、紧前工作、紧后工作和平行工作

1. 紧前工作

在网络图中，相对于某工作而言，紧排在该工作之前的工作称为该工作的紧前工作。如图 2-2-7 所示，支模Ⅰ就是支模Ⅱ的紧前工作，支模Ⅰ也是钢筋Ⅰ的紧前工作；钢筋Ⅱ的紧前有虚工序，但是，虚工序既不占用时间，也不消耗资源，它只是表示工序间的逻辑关系，因此，钢筋Ⅱ的紧前工序有支模Ⅱ和钢筋Ⅰ两道工序。

2. 紧后工作

在网络图中，相对于某工作而言，紧排在该工作之后的工作称为该工作的紧后工作。如图 2-2-7 所示，支模Ⅰ的紧后工序有支模Ⅱ和钢筋Ⅰ；钢筋Ⅱ的紧后工序有钢筋Ⅲ和浇筑Ⅱ。

3. 平行工作

在网络图中，相对于某工作而言，可以与该工作同时进行的工作即该工作的平行工作。如图 2-2-7 所示，支模Ⅱ和钢筋Ⅰ互为平行工作。

2.2 网络图的绘制

一、双代号网络图的绘制

1. 双代号网络图的绘制规则

(1)双代号网络图必须正确表达已定的逻辑关系。由于网络图是有向、有序的图形，所以必须严格按照工作之间的逻辑关系绘制，这也是保证工程质量和资源优化配置及合理使用所必需的。例如，已知工作之间的逻辑关系见表 2-2-2，若绘制出图 2-2-8(a)则是错误的，因为工作 A 不是工作 D 的紧前工作。此时，可用虚箭线将工作 A 和工作 D 的联系断开，如图 2-2-8(b)所示。

表 2-2-2 逻辑关系表

工作	紧前工作
A	—
B	—
C	A、B
D	B

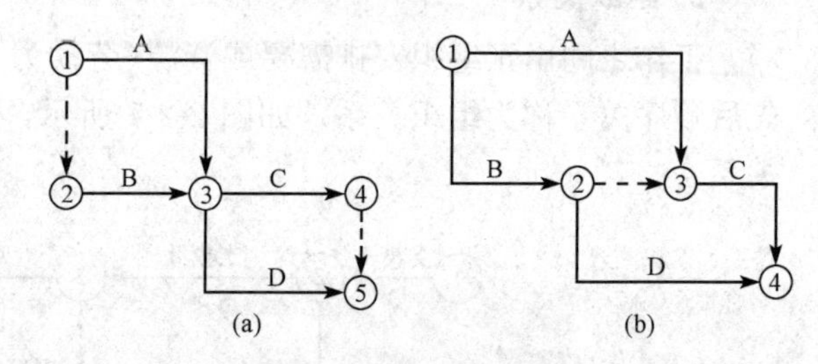

图 2-2-8 双代号网络图(一)

(a)错误画法；(b)正确画法

(2)在双代号网络图中严禁出现循环回路。在网络图中，从一个节点出发沿着某一条线路移动，又回到原出发节点，即在网络图中出现了闭合的循环路线，称为循环回路。图 2-2-9(a)中的②—③—⑤—②就是循环回路。它表示的网络图在逻辑关系上是错误的，在工艺关系上是矛盾的。

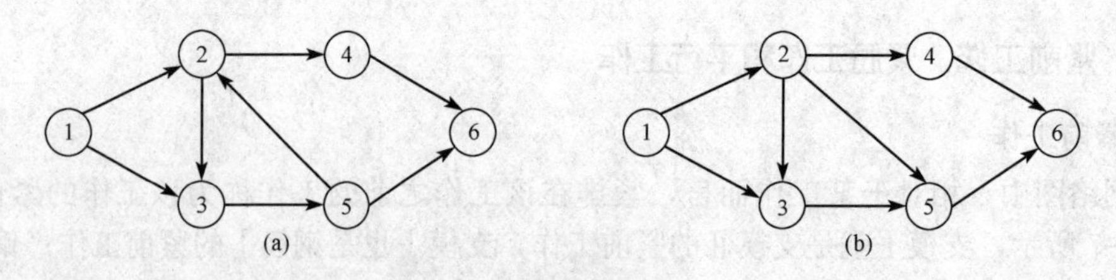

图 2-2-9 双代号网络(二)

(a)错误；(b)正确

(3)双代号网络图中，在节点之间严禁出现双向箭头和无箭头的连线。图 2-2-10 所示即错误的工作箭线画法，因为工作进行的方向不明确，因而不能达到网络图有向的要求。

(4)双代号网络图中严禁出现没有箭头节点的箭线或没有箭尾节点的箭线。图 2-2-11 所示即错误的画法。

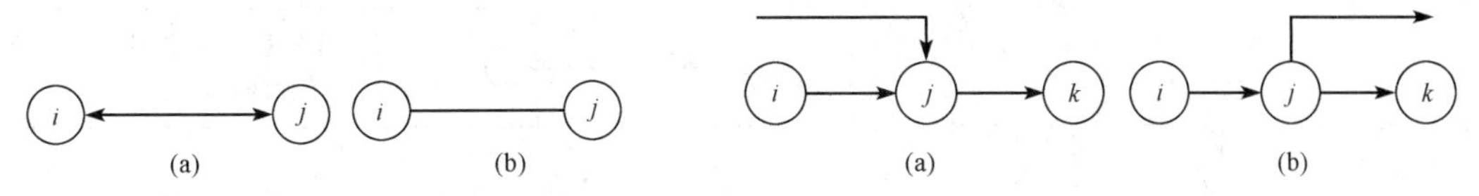

图 2-2-10　错误的工作箭线画法(一)

(a)双向箭头；(b)无箭头

图 2-2-11　错误的工作箭线画法(二)

(a)没有箭尾节点的箭线；(b)没有箭头节点的箭线

(5)当双代号网络图的某些节点有多条外向箭线或多条内向箭线时，在保证一项工作有唯一的一条箭线和对应的一对节点编号的前提下，可使用母线法绘图。当箭线线型不同时，可在从母线上引出的支线上标出，如图 2-2-12 所示。

(6)绘制网络图时，箭线不宜交叉。当交叉不可避免时，可使用过桥法或指向法，如图 2-2-13 所示。

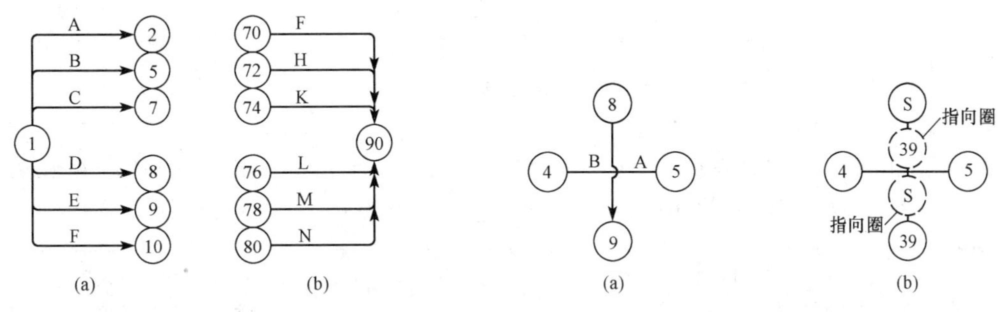

图 2-2-12　用母线法绘图

(a)有多条外向箭线时；(b)有多条内向箭线时

图 2-2-13　箭线交叉的表示方法

(a)过桥法；(b)指向法

(7)双代号网络图是由许多条线路组成的、环环相套的封闭图形，应只有一个起点节点，在不分期完成任务的网络图中，应只有一个终点节点，而其他所有节点均是中间节点(既有指向它的箭线，又有背离它的箭线)。图 2-2-14 所示网络图中有两个起点节点①和②，两个终点节点⑦和⑧。该网络图的正确画法如图 2-2-15 所示。

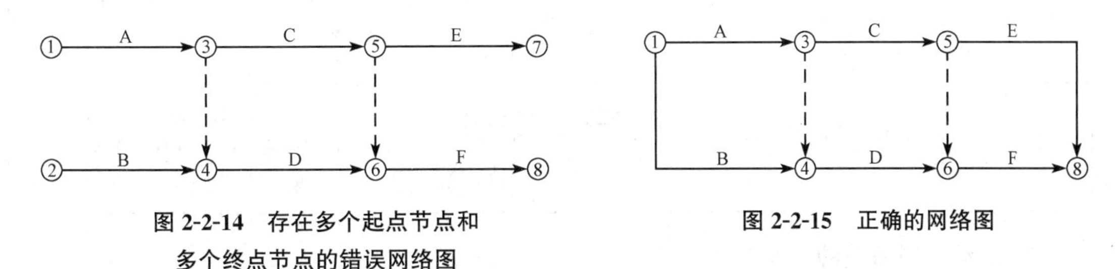

图 2-2-14　存在多个起点节点和多个终点节点的错误网络图

图 2-2-15　正确的网络图

2. 双代号网络图逻辑关系的表达

在网络计划中，正确表示各工作间的逻辑关系是一个核心问题。逻辑关系就是各工作在进行作业时，存在的一种先后顺序关系。这种先后顺序关系是根据施工工艺和施工组织的要求来确定的。

双代号网络图逻辑关系的表达可参照表 2-2-3 进行。

表 2-2-3　双代号网络图中各工作逻辑关系表示方法

序号	工作之间的逻辑关系	网络图中的表示方法	说明
1	有A、B两项工作，按照依次施工方式进行	 A B	B工作依赖着A工作，A工作约束着B工作的开始
2	有A、B、C三项工作同时开始	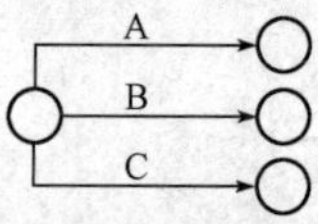 A B C	A、B、C三项工作称为平行工作
3	有A、B、C三项工作同时结束	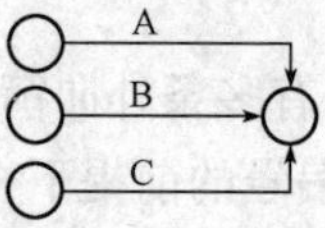 A B C	A、B、C三项工作称为平行工作
4	有A、B、C三项工作，只有在A完成后，B、C才能开始	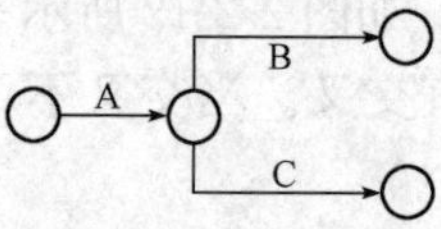 A B C	A工作制约着B、C工作的开始。B、C为平行工作
5	有A、B、C三项工作，C只有在A、B完成后才能开始	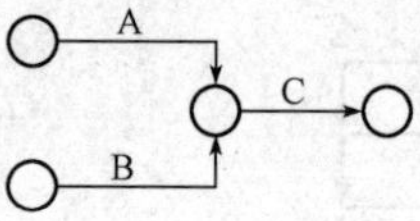 A C B	C工作依赖着A、B工作。A、B为平行工作
6	有A、B、C、D四项工作，只有当A、B完成后，C、D才能开始	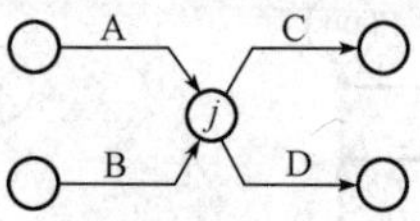 A C j B D	通过中间事件j正确地表达了A、B、C、D之间的关系
7	有A、B、C、D四项工作，A完成后C才能开始，A、B完成后D才能开始	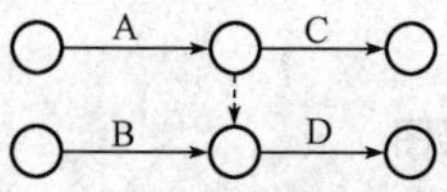 A C B D	D与A之间引入了逻辑连接(虚工作)，只有这样才能正确表达它们之间的约束关系
8	有A、B、C、D、E五项工作，A、B完成后C才能开始，B、D完成后E才能开始	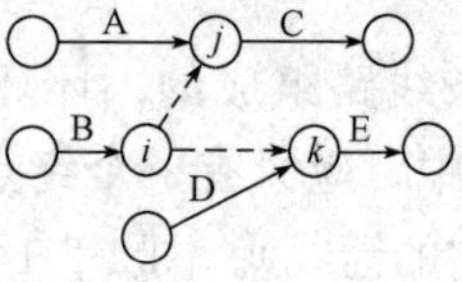 A j C B i k E D	虚工作i—j反映出C工作受到B工作的约束；虚工作i—k反映出E工作受到B工作的约束
9	有A、B、C、D、E五项工作，A、B、C完成后D才能开始，B、C完成后E才能开始	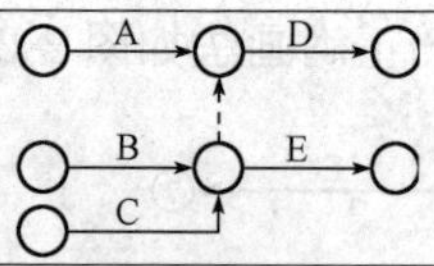 A D B E C	虚工作表示D受到B、C工作的制约
10	A、B两项工作分三个施工段，平行施工	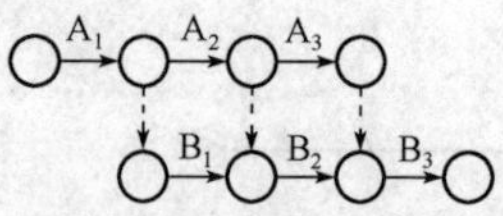 A_1 A_2 A_3 B_1 B_2 B_3	每个工种工程建立专业工作队，在每个施工段上进行流水作业，不同工种之间用逻辑搭接关系表示

3. 双代号网络图的绘制方法

当已知每一项工作的紧前工作时，可按下述步骤绘制双代号网络图：

(1)绘制没有紧前工作的工作箭线，使它们具有相同的开始节点，以保证网络图只有一个起点节点。

(2)依次绘制其他工作箭线。这些工作箭线的绘制条件是其所有紧前工作箭线都已经绘制出来。在绘制这些工作箭线时，应按下列原则进行：

1)当所要绘制的工作只有一项紧前工作时，则将该工作箭线直接画在其紧前工作箭线之后即可。

2)当所要绘制的工作有多项紧前工作时，应按以下四种情况分别予以考虑：

①对于所要绘制的工作(本工作)而言，如果在其紧前工作中存在一项只作为本工作紧前工作的工作(即在紧前工作栏目中，该紧前工作只出现一次)，则应将本工作箭线直接画在该紧前工作箭线之后，然后用虚箭线将其他紧前工作箭线的箭头节点与本工作箭线的箭尾节点分别相连，以表达它们之间的逻辑关系。

②对于所要绘制的工作(本工作)而言，如果在其紧前工作中存在多项只作为本工作紧前工作的工作，应先将这些紧前工作箭线的箭头节点合并，再从合并后的节点开始，画出本工作箭线，最后用虚箭线将其他紧前工作箭线的箭头节点与本工作箭线的箭尾节点分别相连，以表达它们之间的逻辑关系。

③对于所要绘制的工作(本工作)而言，如果不存在前两种状况，应判断本工作的所有紧前工作是否都同时作为其他工作的紧前工作(即在紧前工作栏目中，这几项紧前工作是否均同时出现若干次)。如果上述条件成立，应先将这些紧前工作箭线的箭头节点合并，再从合并后的节点开始画出本工作箭线。

④对于所要绘制的工作(本工作)而言，如果不存在前三种状况，则应将本工作箭线单独画在其紧前工作箭线之后的中部，然后用虚箭线将其各紧前工作箭线的箭头节点与本工作箭线的箭尾节点分别相连，以表达它们之间的逻辑关系。

(3)当各项工作箭线都绘制出来之后，应合并那些没有紧后工作的工作箭线的箭头节点，以保证网络图只有一个终点节点(多目标网络计划除外)。

(4)按照各道工作的逻辑顺序将网络图绘制好以后，就要给节点进行编号。编号的目的是赋予每道工作一个代号，以便于进行网络图时间参数的计算。当采用电子计算机进行计算时，工作代号就显得尤为重要。

编号的基本要求是：箭尾节点的号码应小于箭头节点的号码(即 $i<j$)，同时任何号码不得在同一张网络图中重复出现。但是号码可以不连续，即中间可以跳号，如编成 1，3，5…或 10，15，20…均可。这样做的好处是将来需要临时加入工作时不致打乱全图的编号。

为了保证编号能符合要求，编号应这样进行：先用最小数编起点节点的代号，以后的编号每次都应比前一代号大，而且只有指向一个节点的所有工作的箭尾节点全部编好代号，这个节点才能编一个比所有已编号码都大的代号。

编号的方法有水平编号法和垂直编号法两种。

1)水平编号法就是从起点节点开始由上到下逐行编号，每行则自左向右按顺序编排，如图 2-2-16 所示。

2)垂直编号法就是从起点节点开始自左向右逐列编号，每列则根据编号规则的要求或自上而下，或自下而上，或先上下后中间，或先中间后上下进行编排，如图 2-2-17 所示。

以上所述是已知每一项工作的紧前工作时的绘图方法，当已知每一项工作的紧后工作时，也可按类似的方法进行网络图的绘制，只是其绘图顺序由前述的从左向右改为从右向左。

绘制双代号网络图应注意如下几个问题：

(1)在保证网络逻辑关系正确的前提下，图面布局要合理，层次要清晰，重点要突出。

(2)密切相关的工作尽可能相邻布置，以减少箭线交叉；当无法避免箭线交叉时，可采用过桥法表示。

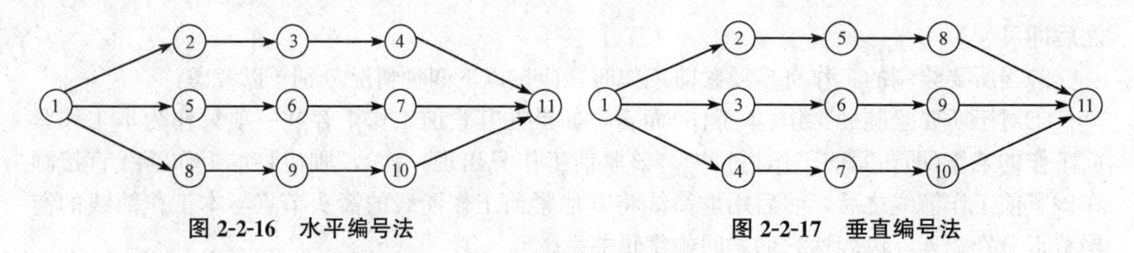

图 2-2-16　水平编号法　　　　图 2-2-17　垂直编号法

(3)尽量采用水平箭线或折线箭线，关键工作及关键线路，要以粗箭线或双箭线表示。

(4)正确使用网络图断路方法，将没有逻辑关系的有关工作用虚工作加以隔断。

(5)为使图面清晰，要尽可能地减少不必要的虚工作。

4. 工程施工网络计划的排列方法

为使网络计划更确切地反映建筑工程的施工特点，绘图时可根据不同的工程情况、施工组织和使用要求灵活排列，以简化层次，使各个工作在工艺上和组织上的逻辑关系更清晰，以便于计算和调整。建筑工程施工网络计划主要有以下几种排列方法：

(1)混合排列法。混合排列法就是根据施工顺序和逻辑关系将各施工过程对称排列，如图 2-2-18 所示。

(2)按施工段排列法。按施工段排列法是将同一施工段的各项工作排列在同一水平线上的方法，如图 2-2-19 所示。此时网络计划突出表示工作面的连续或工作队的连续。

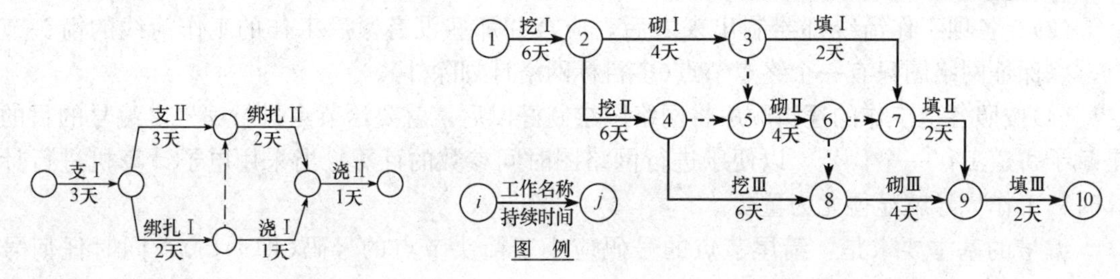

图 2-2-18　混合排列法示意　　　　图 2-2-19　按施工段排列方法示意

(3)按施工层排列法。如果在流水作业中，若干个不同工种工作沿着建筑物的楼层展开，可以把同一楼层的各项工作排在同一水平线上。图 2-2-20 所示的是内装修工程的三项工作按施工层(以楼层为施工层)自上而下的流向进行施工的网络图。

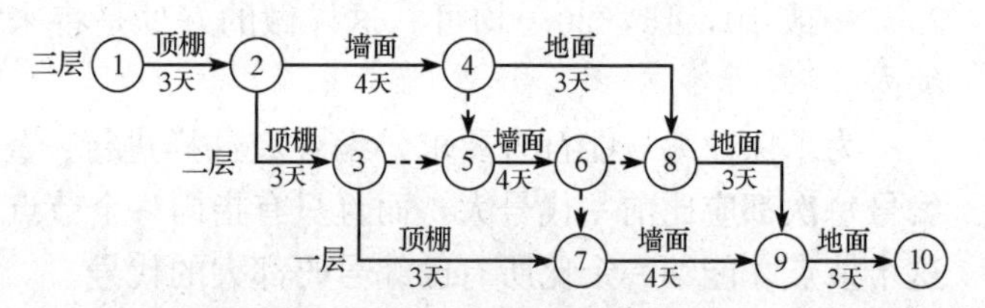

图 2-2-20　按施工层排列方法示意

(4)按工种排列法。按工种排列法就是将同一工种的各项工作排列在同一水平方向上的方法，如图 2-2-21 所示。此时网络计划突出表示工种的连续作业。

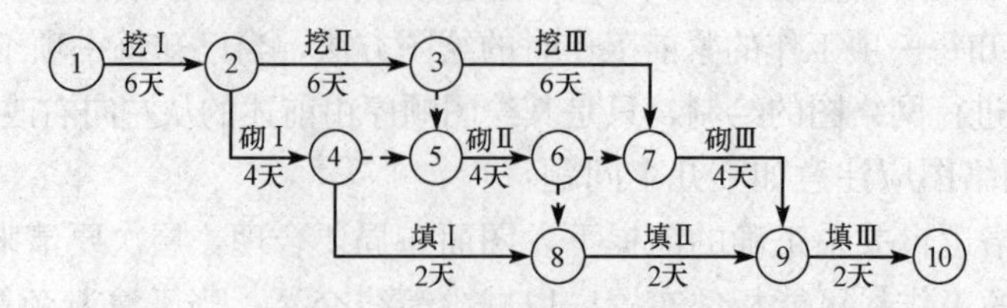

图 2-2-21　按工种排列法示意

5. 双代号网络图的错误画法

在双代号网络图的绘制过程中，容易出现的错误画法见表 2-2-4。

表 2-2-4　双代号网络图的错误画法

工作约束关系	错误画法	正确画法
A、B、C 都完成后 D 才能开始，C 完成后 E 即可开始	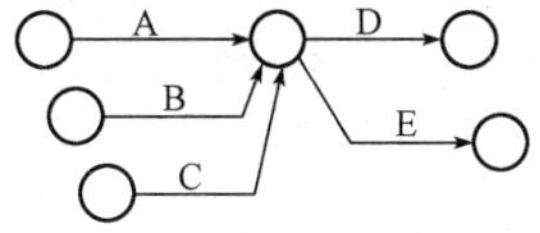	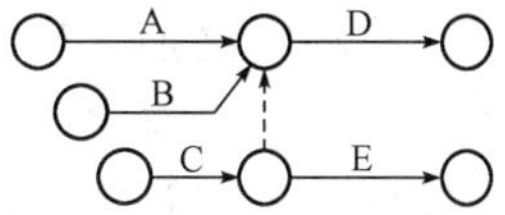
A、B 都完成后 H 才能开始，B、C、D 都完成后 F 才能开始，C、D 都完成后 G 即可开始	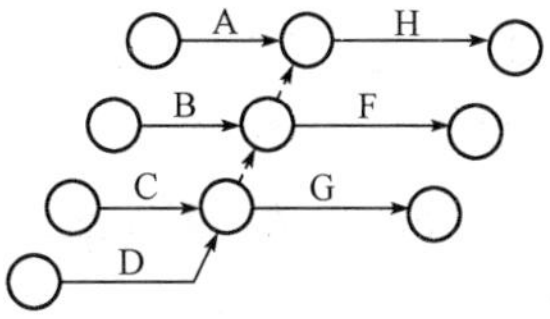	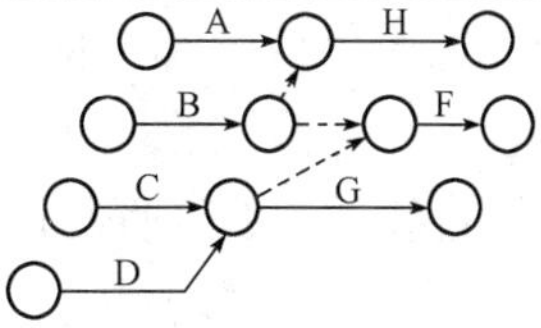
A、B 两工作，分三段施工	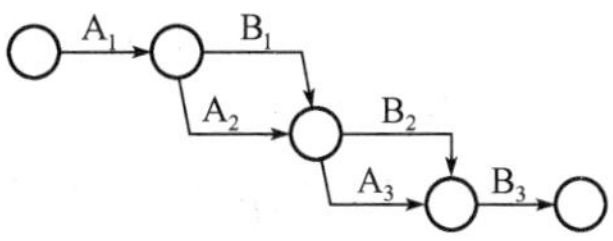	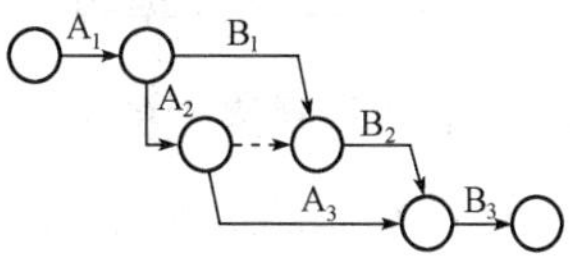
某混凝土工程，分三段施工	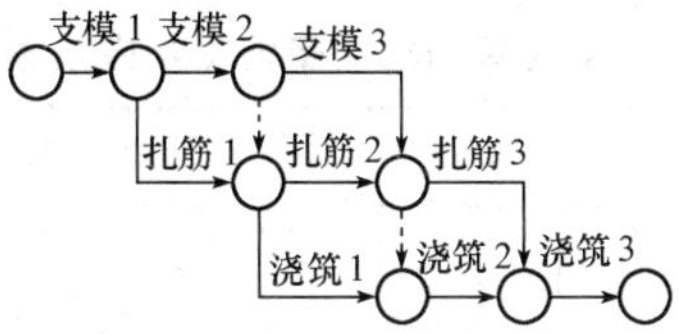	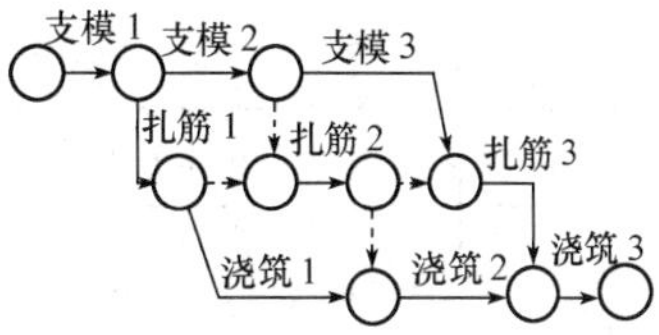
装修工程在三个楼层交叉施工	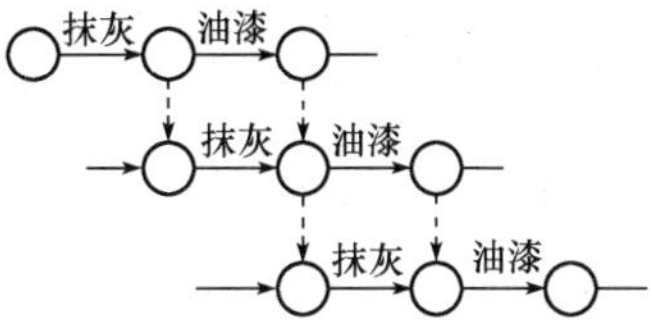	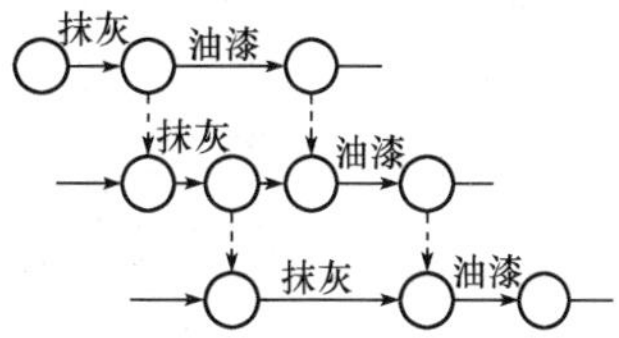
A、B、C 三个工作同时开始，都结束后 H 才能开始	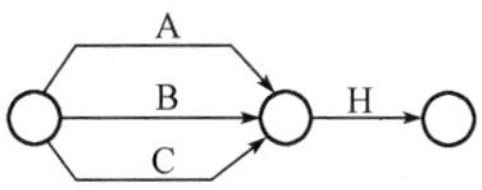	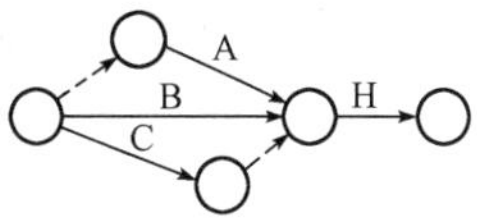

6. 双代号网络图画法案例

【例 2-2-2】 根据表 2-2-5 绘制双代号网络图。

表 2-2-5　某工程各施工过程的逻辑关系

施工过程名称	A	B	C	D	E	F	G	H
紧前工序	—	—	—	A	A、B	A、B、C	D、E	E、F
紧后工序	D、E、F	E、F	F	G	G、H	H	I	I

【解】 绘制该网络图，可按以下要点进行：

(1)由于 A、B、C 均无紧前工作，A、B、C 必然为平行开工的三个过程。

(2)D 只受 A 控制，E 同时受 A、B 控制，F 同时受 A、B、C 控制，故 D 可直接排在

A后，E排在B后，但用虚箭线同A相连，F排在C后，用虚箭线与A、B相连。

(3)G在D后，但又受控于E，故E与G应由虚箭线相连，H在F后，但也受控于E，故E与H应由虚箭线相连。

(4)G、H交汇于I。

综上所述，绘出的网络图如图2-2-22所示。

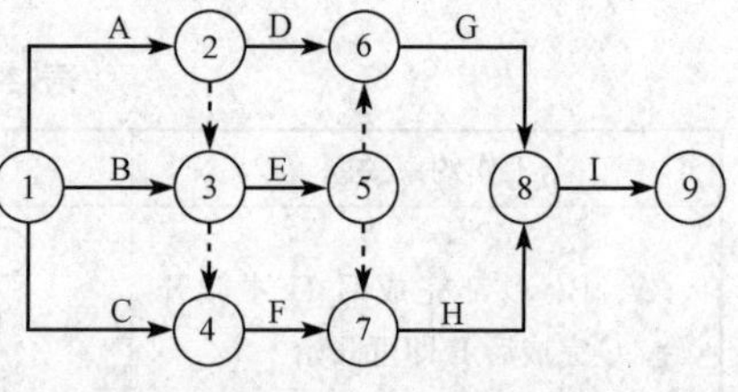

图2-2-22　网络图的绘制

在正式画图之前，应先画一个草图。不要求其整齐美观，只要求工作之间的逻辑关系能够得到正确的表达，线条的长短曲直、穿插迂回都可不必计较。经过检查无误之后，就可进行图面的设计。安排好节点的位置，注意箭线的长度，尽量减少交叉。除虚箭线外，所有箭线均采用水平直线或带部分水平直线的折线，保持图面匀称、清晰、美观。最后进行节点编号。

二、单代号网络图的绘制

1. 单代号网络图的基本绘制规则

(1)正确表达已定的逻辑关系。在单代号网络图中，工作之间逻辑关系的表示方法比较简单。表2-2-6所示是用单代号表示的几种常见的逻辑关系。

表2-2-6　单代号网络图逻辑关系表示方法

序号	工作间的逻辑关系	单代号网络图的表示方法
1	A、B、C三项工作依次完成	A→B→C
2	A、B完成后进行D	A→D；B→D
3	A完成后，B、C同时开始	A→B；A→C
4	A完成后进行C A、B完成后进行D	A→C；A→D；B→D

(2)单代号网络图中，严禁出现循环回路。

(3)单代号网络图中，严禁出现双向箭头或无箭头的连线。

(4)单代号网络图中，严禁出现没有箭尾节点的箭线和没有箭头节点的箭线。

(5)绘制网络图时，箭线不宜交叉。当交叉不可避免时，可采用过桥法或指向法绘制。

(6)单代号网络图只应有一个起点节点和一个终点节点。当网络图中有多个起点节点或多个终点节点时，应在网络图的两端分别设置一项虚工作，作为该网络图的起点节点和终点节点，如图2-2-23所示。其他再无任何虚工作。

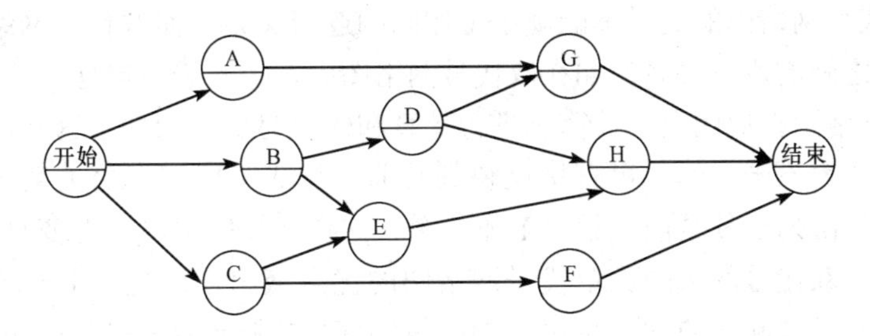

图 2-2-23　带虚拟起点节点和终点节点的单代号网络图

2. 单代号网络网的基本绘图方法

(1)在保证网络逻辑关系正确的前提下，图面布局要合理，层次要清晰，重点要突出。

(2)尽量避免交叉箭线。交叉箭线容易造成线路逻辑关系混乱，绘图时应尽量避免。无法避免时，对于较简单的相交箭线，可采用过桥法处理。如图 2-2-24(a)所示，C、D 是 A、B 的紧后工作，不可避免地出现了交叉，用过桥法处理后的网络图如图 2-2-24(b)所示。对于较复杂的相交线路可采用增加中间虚拟节点的办法进行处理，如图 2-2-25(a)所示，出现了较复杂的交叉箭线，这时可增加一个中间虚拟节点(一个空圈)化解交叉箭线，如图 2-2-25(b)所示。

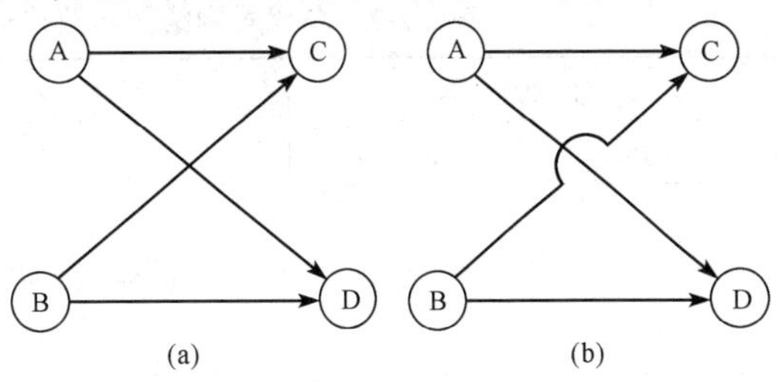

图 2-2-24　用过桥法处理交叉箭线

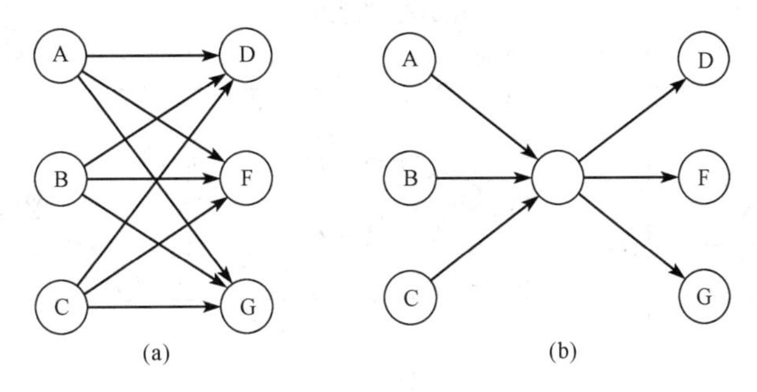

图 2-2-25　用虚拟中间节点处理交叉箭线

(3)单代号网络图的分解方法和排列方法，与双代号网络图相应部分类似。

3. 单代号网络图与双代号网络图的对比

(1)单、双代号网络图的符号虽然一样，但含义正好相反。单代号网络图以节点表示工作，双代号网络图以箭线表示工作。

(2)单代号网络图逻辑关系表达简单，只使用实箭线指明工作之间的关系即可，有时要用虚拟节点进行构图和简化图面，其用法也很简单。双代号网络图逻辑关系处理相对较复杂，特别是要注意用虚工作进行构图和处理好逻辑关系。

(3)单代号网络图在使用中不如双代号网络图直观、方便。这主要在于双代号网络图形形象直观，若绘成时标网络图后，工作历时、机动时间、工作的开始时间与结束时间、关键线路长度等都表示得一清二楚，便于绘制资源需要量动态曲线。

(4)根据单代号网络图的编号不能确定工作间的逻辑关系，而双代号网络图可以通过节点编号明确工作之间的逻辑关系。如在双代号网络图中，②－③一定是③－⑥的紧前工作。

(5)双代号网络图在应用电子计算机进行计算和优化时更为简便。这是因为双代号网络图中用两个代号代表不同工作，可直接反映其紧前工作或紧后工作的关系。而单代号网络图就必须按工序依次列出其紧前、紧后工作关系，这在计算机中占用更多的存储单元。

由此可看出，双代号网络图比单代号网络图的优点突出。但是，由于单代号网络图绘制简便，此后一些发展起来的网络技术，如决策网络、搭接网络等都是以单代号网络图为基础的，因此越来越多的人开始使用单代号网络图。近年来，人们对单代号网络图进行了改进，可以将其画成时标形式，这更利于单代号网络图的推广与应用。

单代号网络图与双代号网络图的逻辑关系表达方法的对比见表 2-2-7。

表 2-2-7　单代号网络图与双代号网络图的逻辑关系表达方法的对比

工作逻辑关系		双代号网络图	单代号网络图
工作	紧前工作		
A B C	— A B	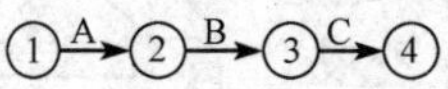	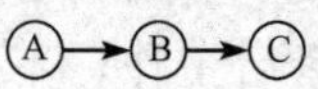
A B C	— A A	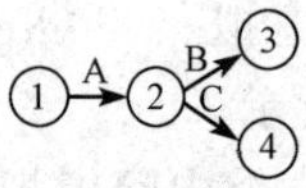	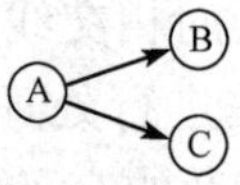
A B C	— — A、B	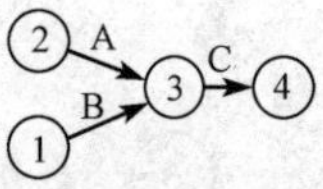	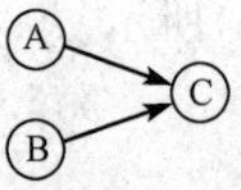
A B C D	— — A B	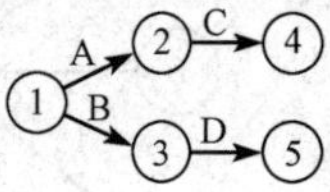	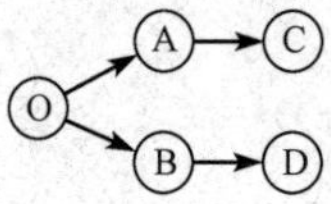
A B C D	— — A A、B	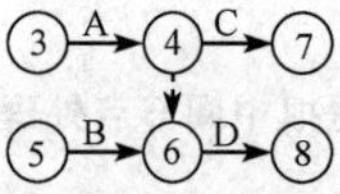	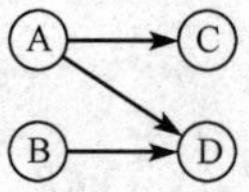
A B C D	— A A A、B	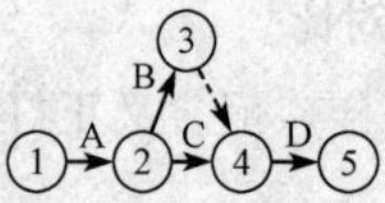	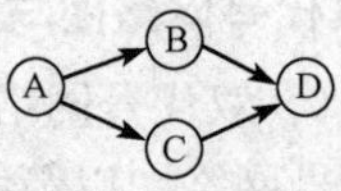
A B C D	— — A、B A、B	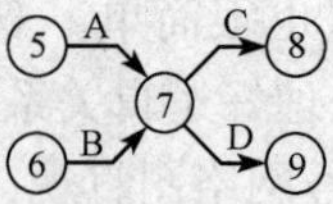	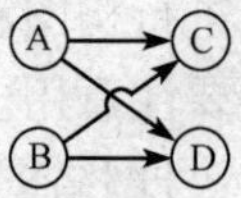

续表

工作逻辑关系		双代号网络图	单代号网络图
工作	紧前工作		
A B C D E F	— A A B、C D、E	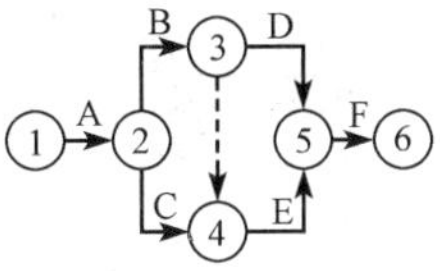	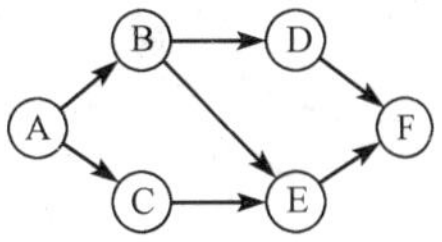
A B C D E F G H I	— A A C B、C B D、E E、F G、H	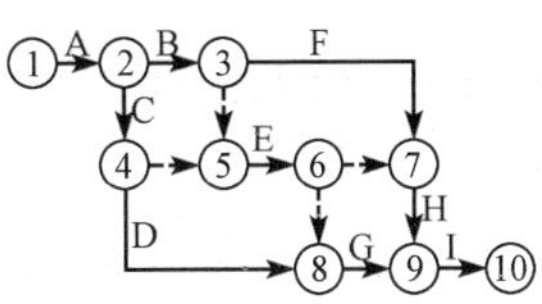	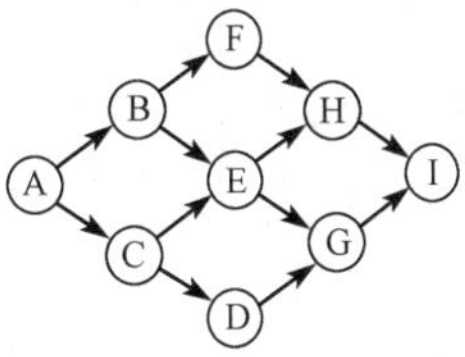
A B C D E F	— — — A、B、C A、B、C A、B、C	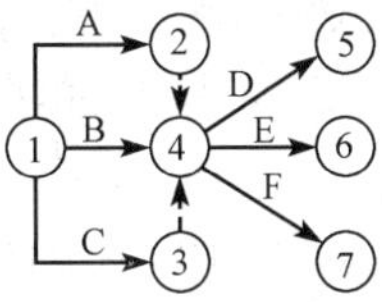	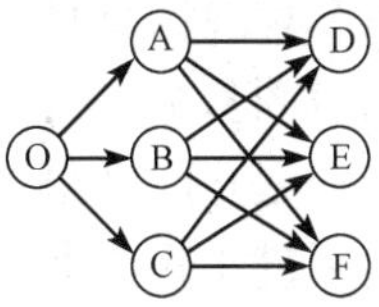

4. 单代号网络图绘制实例

【例 2-2-3】 已知各工作之间的逻辑关系见表 2-2-8，试绘制单代号网络图。

表 2-2-8 工作逻辑关系表

工作	A	B	C	D	E	G	H	I
紧前工作	—	—	—	—	A、B	B、C、D	C、D	E、G、H

【解】 绘制单代号网络图的过程如图 2-2-26 所示。

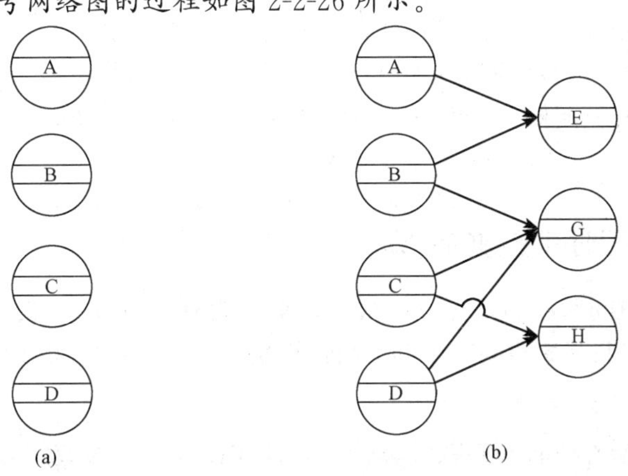

图 2-2-26 绘图过程

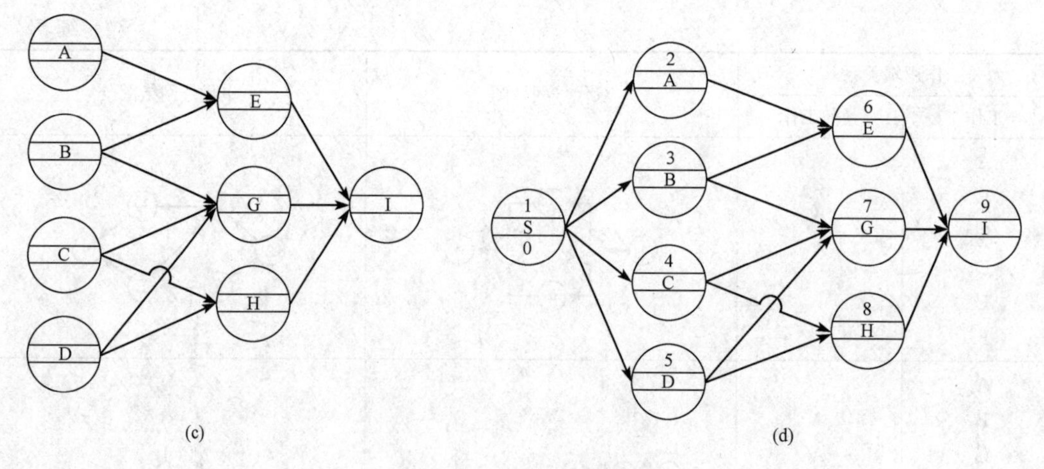

图 2-2-26　绘图过程(续)

2.3　网络计划时间参数的计算

分析和计算网络计划的时间参数，是网络计划方法的一项重要技术内容。通过计算网络计划的时间参数，可以确定完成整个计划所需要的时间－计划的推算工期；明确计划中各项工作的起止时间限制，分析计划中各项工作对整个计划工期的不同影响，从工期的角度区分出关键工作与非关键工作；计算出非关键工作的作业时间有多少机动性(作业时间的可伸缩度)。因此，计算网络计划的时间参数，是确定计划工期的依据，是确定网络计划机动时间和关键线路的基础，也是计划调整与优化的依据。

网络计划时间参数的计算包括三方面的内容：

(1)节点时间的计算，即逐一计算每一个节点的最早时间(用 *ET* 表示)和最迟时间(时刻)(用 *LT* 表示)，同时得到计划总工期，包括两种时间参数的计算。

(2)工作时间的计算，即逐一计算每一项工作的最早与最迟开始时间(时刻)和最早与最迟完成时间(时刻)，包括四种时间参数的计算。最早开始时间用 *ES* 表示；最迟开始时间用 *LS* 表示；最早完成时间用 *EF* 表示；最迟完成时间用 *LF* 表示。

(3)时差(机动时间)的计算，即指总时差和自由时差的计算。总时差是指在不影响总工期的前提下，本工作可以利用的机动时间，工作的总时差用 *TF* 表示；自由时差是指在不影响其紧后工作最早开始时间的前提下，本工作可以利用的机动时间。工作的自由时差用 *FF* 表示。

一、双代号网络图时间参数的计算

双代号网络计划时间参数的计算方法很多，常见的有分析计算法、图上计算法、表上计算法和电算法等。这里只是着重对其中的分析计算法、图上计算法和表上计算法加以介绍。

1. 分析计算法

分析计算法是根据各项时间参数计算公式，列式计算时间参数的方法。

(1)节点时间参数的计算。

1)节点最早时间(ET)的计算。节点最早时间指从该节点开始的各工作可能的最早开始时间，等于以该节点为结束点的各工作可能最早完成时间的最大值。节点最早时间可以统一表明以该节点为开始节点的所有工作最早的可能开工时间。

节点 i 的最早时间 ET_i 应从网络计划的起点节点开始，顺着箭线方向，依次逐项计算，并应符合下列规定：

①当起点节点 i 未规定最早时间 ET_i 时，其值应等于零，即

$$ET_i=0 \quad (i=1) \tag{2-2-1}$$

②当节点 j 只有一条内向箭线时，其最早时间为

$$ET_j=ET_i+D_{i-j} \tag{2-2-2}$$

③当节点 j 有多条内向箭线时，其最早时间 ET_j 应为

$$ET_j=\max\{ET_i+D_{i-j}\} \tag{2-2-3}$$

式中 ET_j——工作 $i-j$ 的完成节点 j 的最早时间；

ET_i——工作 $i-j$ 的完成节点 i 的最早时间；

D_{i-j}——工作 $i-j$ 的持续时间。

2)节点最迟时间(LT)的计算。节点最迟时间是指以某一节点为结束点的所有工作必须全部完成的最迟时间，也就是在不影响计划总工期的条件下，该节点必须完成的时间。由于它可以统一表示到该节点结束的任一工作必须完成的最迟时间，但却不能统一表明从该节点开始的各不同工作最迟必须开始的时间，所以也可以把它看作节点的各紧前工作最迟必须完成时间。

①节点 i 的最迟时间 LT，应从网络计划的终点节点开始，逆着箭线方向依次逐项计算，当部分工作分期完成时，有关节点的最迟时间必须从分期完成节点开始逆向逐项计算。

②终点节点 n 的最迟时间 LT_n 应按网络计划的计划工期 T_p 确定，即

$$LT_n=T_p \tag{2-2-4}$$

分期完成节点的最迟时间应等于该节点规定的分期完成时间。

③节点 i 的最迟时间 LT_i 应为

$$LT_i=\min\{LT_j-D_{i-j}\} \tag{2-2-5}$$

(2)工作时间参数的计算。工作时间是指各工作的开始时间和完成时间。它共有四种情况：最早可能开始时间、最早可能完成时间、最迟必须开始时间、最迟必须完成时间。

1)工作最早开始时间(ES)的计算。工作最早开始时间指各紧前工作(紧排在本工作之前的工作)全部完成后，本工作有可能开始的最早时刻。工作 $i—j$ 的最早开始时间 ES_{i-j} 的计算应符合下列规定：

①工作 $i—j$ 的最早开始时间 ES_{i-j} 应从网络计划的起点节点开始，顺着箭线方向依次逐项计算。

②以起点节点 i 为箭尾节点的工作 $i—j$，当未规定其最早开始时间 ES_{i-j} 时，其值应等于零，即

$$ES_{i-j}=0 \quad (i=1) \tag{2-2-6}$$

③当工作 $i—j$ 只有一项紧前工作 $h—i$ 时，其最早开始时间 ES_{i-j} 应为

$$ES_{i-j}=ES_{h-i}+D_{h-i} \tag{2-2-7}$$

④当工作 $i—j$ 有多项紧前工作时，其最早开始时间 ES_{i-j} 应为

$$ES_{i-j}=\max(ES_{h-i}+D_{h-i}) \tag{2-2-8}$$

2)工作最早完成时间(EF)的计算。工作最早完成时间指各紧前工作完成后，本工作有可能完成的最早时刻。工作 $i—j$ 的最早完成时间 EF_{i-j} 应按下式进行计算：

$$EF_{i-j}=ES_{i-j}+D_{i-j} \tag{2-2-9}$$

3)工作最迟完成时间(LF)的计算。工作最迟完成时间指在不影响整个任务按期完成的前提下，工作必须完成的最迟时刻。

①工作 $i—j$ 的最迟完成时间应从网络计划的终点节点开始，逆着箭线方向依次逐项计算。

②以终点节点($j=n$)为箭头节点的工作的最迟完成时间 LF_{i-n}，应按网络计划的计划工期 T_p 确定，即

$$LF_{i-n}=T_p \tag{2-2-10}$$

③其他工作 $i—j$ 的最迟完成时间 LF_{i-j} 应按下式计算：

$$LF_{i-j}=\min\{LF_{j-k}-D_{j-k}\} \tag{2-2-11}$$

4)工作最迟开始时间(LS)的计算。工作的最迟开始时间是指在不影响整个任务按期完成的前提下，工作必须开始的最迟时刻。

工作 $i—j$ 的最迟开始时间 LS_{i-j} 应按下式计算：

$$LS_{i-j}=LF_{i-j}-D_{i-j} \tag{2-2-12}$$

(3)时差计算。时差就是一项工作在施工过程中可以灵活机动使用而又不致影响总工期的一段时间。在双代号网络图中，节点是前后工作的交接点，它本身是不占用任何时间的，所以也就无时差可言。时差就是指工作的时差，只有工作才有时差。任何一个工作都只能在以下两个条件所限制的时间范围内活动：

1)工作有了应有的工作面和人力、设备，因而有了可能开始工作的条件。

2)工作的最后完工不致影响其紧后工作按时完工，从而得以保证整个工作按期完成。

下面仅就较常用的工作总时差和自由时差作一个介绍。

①总时差(TF)的计算。在网络图中，工作只能在最早开始时间与最迟完成时间内活动。在这段时间内，除了满足本工作作业时间所需之外还可能有富余的时间，这富余的时间是工作可以灵活机动使用的总时间，称为工作的总时差。由此可知，工作的总时差是不影响本工作按最迟开始时间开工而形成的机动时间，其计算公式为：

$$TF_{i-j}=LF_{i-j}-EF_{i-j}=LS_{i-j}-ES_{i-j}=LT_j-(ET_i+D_{i-j}) \tag{2-2-13}$$

②自由时差(FF)的计算。自由时差就是在不影响其紧后工作最早开始时间的条件下，某工作所具有的机动时间。某工作利用自由时差，变动其开始时间或增加其工作持续时间均不影响其紧后工作的最早开始时间。

工作自由时差的计算应按以下两种情况分别考虑：

a. 对于有紧后工作的工作，其自由时差等于本工作之紧后工作最早开始时间减去本工作最早完成时间所得之差的最小值，即

$$FF_{i-j}=\min\{ES_{j-k}-EF_{i-j}\}=\min\{ES_{j-k}-ES_{i-j}-D_{i-j}\} \tag{2-2-14}$$

b. 对于无紧后工作的工作，也就是以网络计划终点节点为完成节点的工作，其自由时差等于计划工期与本工作最早完成时间之差，即

$$FF_{i-n}=T_p-EF_{i-n}=T_p-ES_{i-n}-D_{i-n} \tag{2-2-15}$$

需要指出的是，对于网络计划中以终点节点为完成节点的工作，其自由时差与总时差相等。此外，由于工作的自由时差是其总时差的构成部分，所以，当工作的总时差为零时，其自由时差必然为零，可不必进行专门计算。

(4)关键工作和关键线路的确定。在网络计划中，总时差为最小的工作应为关键工作。当计划工期等于计算工期时，总时差为零($TF_{i-j}=0$)的工作为关键工作。

网络计划中，自始至终全部由关键工作组成的线路或线路上总的工作持续时间最长的线路应为关键线路。在关键线路上可能有虚工作存在。

关键线路在网络图上应用粗线、双线或彩色线标注。关键线路上各项工作的持续时间总和应等于网络计划的计算工期，这一特点也是判断关键线路是否正确的准则。

(5)分析计算法应用案例。

【例 2-2-4】 某工程由挖基槽、砌基础和回填土三个分项工程组成，它在平面上划分为Ⅰ、Ⅱ、Ⅲ三个施工段，各分项工程在各个施工段的持续时间如图 2-2-27 所示。试计算该网络图的各项时间参数。

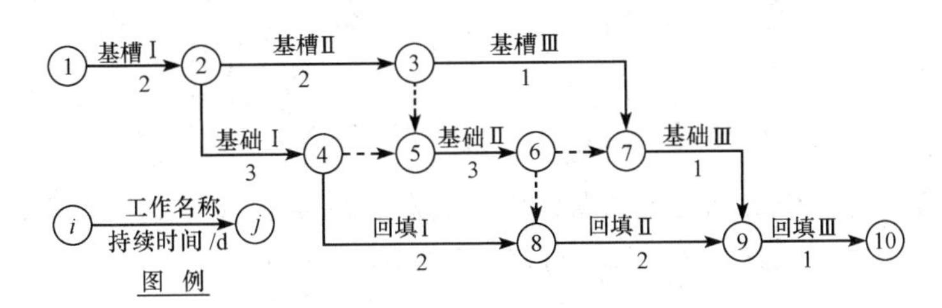

图 2-2-27 某工程双代号网络图

解题程序：

(1)根据网络计算公式，归纳网络常用符号。

①ES_{i-j}——工作 $i-j$ 的最早开始时间；

②EF_{i-j}——工作 $i-j$ 的最早完成时间；

③LF_{i-j}——工作 $i-j$ 的最迟完成时间；

④LS_{i-j}——工作 $i-j$ 的最迟开始时间；

⑤ET_i——节点 i 的最早时间；

⑥LT_i——节点 i 的最迟时间；

⑦TF_{i-j}——工作 $i-j$ 的总时差；

⑧FF_{i-j}——工作 $i-j$ 的自由时差。

(2)确定计算程序，本例分为 6 步。

(3)说明。关于第(5)步：判断关键工作和关键线路，可根据网络线路归纳法进行判断。例如：本例题有多条线路，则持续时间最长的线路为关键线路。从本例的网络图里可找出 6 条线路，如：

Ⅰ.①→②→③→⑦→⑨→⑩=2+2+1+1+1=7

Ⅱ.①→②→③→⑤→⑥→⑦→⑨→⑩=2+2+3+1+1=9

Ⅲ.①→②→③→⑤→⑥→⑧→⑨→⑩=2+3+3+2+1=11

Ⅳ.①→②→③→⑤→⑥→⑧→⑨→⑩=2+2+3+2+1=10

Ⅴ.①→②→③→⑤→⑥→⑦→⑨→⑩=2+3+3+1+1=10

Ⅵ.①→②→③→⑧→⑨→⑩=2+3+2+2+1=10

持续时间最长的线路是关键线路，也是关键工作，并代表总工期(总工期确定后，按网络图计算)。

【解】 (1)计算 ET_i，假定 $ET_i=0$，按式(2-2-2) 、式(2-2-3)可得

$$ET_2=ET_1+D_{1-2}=0+2=2$$
$$ET_3=ET_2+D_{2-3}=2+2=4$$
$$ET_4=ET_2+D_{2-4}=2+3=5$$
$$ET_5=\max\begin{Bmatrix}ET_3+D_{3-5}\\ET_4+D_{4-5}\end{Bmatrix}=\max\begin{Bmatrix}4+0\\5+0\end{Bmatrix}=5$$
$$ET_6=ET_5+D_{5-6}=5+3=8$$
$$ET_7=\max\begin{Bmatrix}ET_3+D_{3-7}\\EF_6+D_{6-7}\end{Bmatrix}=\max\begin{Bmatrix}4+1\\8+0\end{Bmatrix}=8$$
$$ET_8=\max\begin{Bmatrix}ET_4+D_{4-8}\\ET_6+D_{6-8}\end{Bmatrix}=\max\begin{Bmatrix}5+2\\8+0\end{Bmatrix}=8$$
$$ET_9=\max\begin{Bmatrix}ET_7+D_{7-9}\\ET_8+D_{8-9}\end{Bmatrix}=\max\begin{Bmatrix}8+1\\8+2\end{Bmatrix}=10$$

(2)计算 LT_i，因本计划无规定工期，所以假定 $LT_{10}=ET_{10}=11$，按式(2-2-5)得

$$LT_9=LT_{10}-D_{9-10}=11-1=10$$
$$LT_8=LT_9-D_{8-9}=10-2=8$$
$$LT_7=LT_9-D_{7-9}=10-1=9$$
$$LT_6=\min\begin{Bmatrix}LT_7-D_{6-7}\\LT_8-D_{6-8}\end{Bmatrix}=\min\begin{Bmatrix}9-0\\8-0\end{Bmatrix}=8$$
$$LT_5=LT_6-D_{5-6}=8-3=5$$
$$LT_4=\min\begin{Bmatrix}LT_5-D_{4-5}\\LT_8-D_{5-6}\end{Bmatrix}=\min\begin{Bmatrix}5-0\\8-2\end{Bmatrix}=5$$
$$LT_3=\min\begin{Bmatrix}LT_7-D_{3-7}\\LT_5-D_{3-5}\end{Bmatrix}=\min\begin{Bmatrix}9-1\\5-0\end{Bmatrix}=5$$
$$LT_2=\min\begin{Bmatrix}LT_3-D_{2-3}\\LT_4-D_{2-4}\end{Bmatrix}=\min\begin{Bmatrix}5-2\\5-3\end{Bmatrix}=2$$
$$LT_1=LT_2-D_{1-2}=2-2=0$$

(3)计算工作时间参数 ES_{i-j}、EF_{i-j}、LF_{i-j}和 LS_{i-j}，分别按式(2-2-6)～式(2-2-12)计算得

工作 1－2：$ES_{1-2}=ET_1=0$　　$EF_{1-2}=ES_{1-2}+D_{1-2}=0+2=0$

$LF_{1-2}=LT_2=2$　　$LS_{1-2}=LF_{1-2}-D_{1-2}=2-2=0$

工作 2－3：$ES_{2-3}=ET_2=2$　　$EF_{2-3}=ES_{2-3}+D_{2-3}=2+2=4$

$LF_{2-3}=LT_3=5$　　$LS_{2-3}=LF_{2-3}-D_{2-3}=5-2=3$

工作 2－4：$ES_{2-4}=ET_2=2$　　$EF_{2-4}=ES_{2-4}+D_{2-4}=2+3=5$

$LF_{2-4}=LT_4=5$　　$LS_{2-4}=LF_{2-4}-D_{2-4}=5-3=2$

工作 3－5：$ES_{3-5}=ET_3=4$　　$EF_{3-5}=ES_{3-5}+D_{3-5}=4+0=4$

$LF_{3-5}=LT_5=5$　　$LS_{3-5}=LF_{3-5}-D_{3-5}=5-0=5$

工作 3－7：$ES_{3-7}=ET_3=4$　　$EF_{3-7}=ES_{3-7}+D_{3-7}=4+1=5$

$LF_{3-7}=LT_7=9$　　$LS_{3-7}=LF_{3-7}-D_{3-7}=9-1=8$

工作 4—5：$ES_{4-5}=ET_4=5$　　$EF_{4-5}=ES_{4-5}+D_{4-5}=5+0=5$

$LF_{4-5}=LT_5=5$　　$LS_{4-5}=LF_{4-5}-D_{4-5}=5-0=5$

工作 4—8：$ES_{4-8}=ET_4=5$　　$EF_{4-8}=ES_{4-8}+D_{4-8}=5+2=7$

$LF_{4-8}=LT_8=8$　　$LS_{4-8}=LF_{4-8}-D_{4-8}=8-2=6$

工作 5—6：$ES_{5-6}=ET_5=5$　　$EF_{5-6}=ES_{5-6}+D_{5-6}=5+3=8$

$LF_{5-6}=LT_6=8$　　$LS_{5-6}=LF_{5-6}-D_{5-6}=8-3=5$

工作 6—7：$ES_{6-7}=ET_6=8$　　$EF_{6-7}=ES_{6-7}+D_{6-7}=8+0=8$

$LF_{6-7}=LT_7=9$　　$LS_{6-7}=LF_{6-7}-D_{6-7}=9-0=9$

工作 6—8：$ES_{6-8}=ET_6=8$　　$EF_{6-8}=ES_{6-8}+D_{6-8}=8+0=8$

$LF_{6-8}=LT_8=8$　　$LS_{6-8}=LF_{6-8}-D_{6-8}=8-0=8$

工作 7—9：$ES_{7-9}=ET_7=8$　　$EF_{7-9}=EF_{7-9}+D_{7-9}=8+1=9$

$LF_{7-9}=LT_9=10$　　$LS_{7-9}=FL_{7-9}+D_{7-9}=10-1=9$

工作 8—9：$ES_{8-9}=ET_8=9$　　$EF_{8-9}=ES_{8-9}+D_{8-9}=8+2=10$

$LF_{8-9}=LT_9=10$　　$LS_{8-9}=LF_{8-9}-D_{8-9}=10-2=8$

工作 9—10：$ES_{9-10}=ET_9=10$　　$EF_{9-10}=ES_{9-10}+D_{9-10}=10+1=11$

$LF_{9-10}=LT_{10}=11$　　$LS_{9-10}=LF_{9-10}-D_{9-10}=11-1=10$

(4)计算总时差 TF_{i-j} 和自由时差 FF_{i-j}，根据式(2-2-13)、式(2-2-14)可得

工作 1—2：$TF_{1-2}=LS_{1-2}-ES_{1-2}=2-2=0$

$FF_{1-2}=ET_2-EF_{1-2}=2-2=0$

工作 2—3：$TF_{2-3}=LS_{2-3}-ES_{2-3}=3-2=1$

$FF_{2-3}=ET_3-EF_{2-3}=4-4=0$

工作 2—4：$TF_{2-4}=LS_{2-4}-ES_{2-4}=2-2=0$

$FF_{2-4}=ET_4-EF_{2-4}=5-5=0$

工作 3—5：$TF_{3-5}=LS_{3-5}-ES_{3-5}=5-4=1$

$FF_{3-5}=ET_5-EF_{3-5}=5-4=1$

工作 3—7：$TF_{3-7}=LS_{3-7}-ES_{3-7}=8-4=4$

$FF_{3-7}=ET_7-EF_{3-7}=8-5=3$

工作 4—5：$TF_{4-5}=LS_{4-5}-ES_{4-5}=5-5=0$

$FF_{4-5}=ET_5-EF_{4-5}=5-5=0$

工作 4—8：$TF_{4-8}=LS_{4-8}-ES_{4-8}=6-5=1$

$FF_{4-8}=ET_8-EF_{4-8}=8-7=1$

工作 5—6：$TF_{5-6}=LS_{5-6}-ES_{5-6}=5-5=0$

$FF_{5-6}=ET_6-EF_{5-6}=8-8=0$

工作 6—7：$TF_{6-7}=LS_{6-7}-ES_{6-7}=9-8=1$

$FF_{6-7}=ET_7-EF_{6-7}=8-8=0$

工作 6—8：$TF_{6-8}=LS_{6-8}-ES_{6-8}=8-8=0$

$FF_{6-8}=ET_8-EF_{6-8}=8-8=0$

工作 7—9：$TF_{7-9}=LS_{7-9}-ES_{7-9}=9-8=1$

$FF_{7-9}=ET_9-EF_{7-9}=10-9=1$

工作 8—9：$TF_{8-9}=LS_{8-9}-ES_{8-9}=8-8=0$

$$FF_{8-9}=ET_9-EF_{8-9}=10-10=0$$

工作 9—10：$TF_{9-10}=LS_{9-10}-ES_{9-10}=10-10=0$

$$FF_{9-10}=ET_{10}-EF_{9-10}=11-11=0$$

(5)判断关键工作和关键线路。根据 $TF_{i-j}=0$ 可得，工作 1—2、工作 2—4、虚工作 4—5、工作 5—6、虚工作 6—8、工作 8—9、工作 9—10 为关键工作，由这些关键工作所组成的线路①→②→④→⑤→⑥→⑧→⑨→⑩为关键线路。

(6)确定计划总工期。

$$T=ET_n=LT_n=11$$

2. 图上计算法

图上计算法简称图算法，是指按照各项时间参数计算公式的程序，直接在网络图上计算时间参数的方法。由于计算过程在图上直接进行，无须列计算公式，既快又不易出错，计算结果直接标注在网络图上，一目了然，同时也便于检查和修改，因此比较常用。

(1)各种时间参数在图上的表示方法。节点时间参数通常标注在节点的上方或下方，其标注方法如图 2-2-28(a)所示。工作时间参数通常标注在工作箭线的上方或左侧，如图 2-2-28 (b)所示。

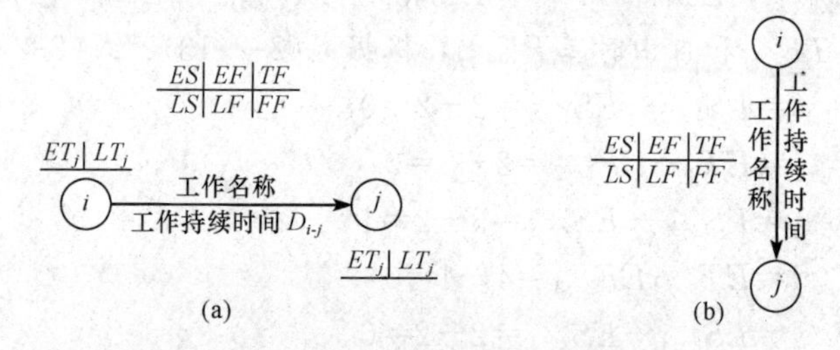

图 2-2-28　双代号网络图时间参数标注方法

(a)节点时间参数的标注；(b)工作时间参数的标注

(2)计算方法。

1)计算节点最早时间(ET)。与分析计算法一样，从起点节点顺箭头方向逐节点计算，起点节点的最早时间规定为 0，其他节点的最早时间可采用“沿线累加、逢圈取大”的计算方法。也就是从网络的起点节点开始，沿着每条线路将各工作的作业时间累加起来，在每一个圆圈(即节点)处选取到达该圆圈的各条线路累计时间的最大值，这个最大值就是该节点最早的开始时间。终点节点的最早时间是网络图的计划工期，为醒目起见，将计划工期标在终点节点边的方框中。

2)计算节点最迟时间(LT)。与分析计算法一样，从终点节点逆箭头方向逐节点计算，终点节点最迟时间等于网络图的计划工期，其他节点的最迟时间可采用“逆线累减、逢圈取小”的计算方法。也就是从网络图的终点节点开始逆着每条线路将计划总工期依次减去各工作的作业时间，在每一圆圈处取其后续线路累减时间的最小值，就是该节点的最迟时间。

3)工作时间参数与时差的计算方法与顺序和分析计算法相同，计算时将计算结果填入图中相应位置即可。

(3)图上计算法案例。

【例 2-2-5】 试按图上计算法计算图 2-2-29 所示双代号网络计划的各项时间参数。

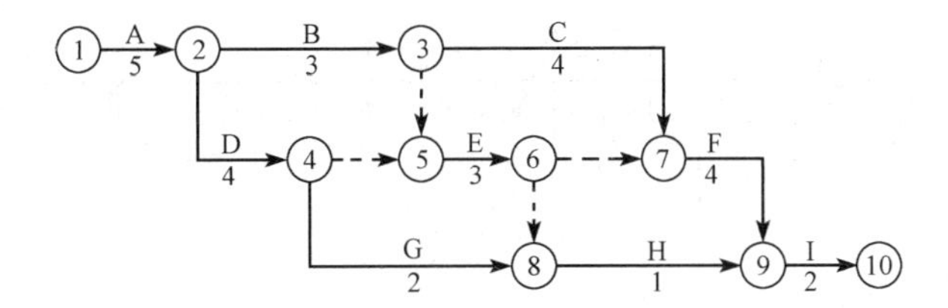

图 2-2-29　双代号网络图

【解】 (1)画出各项时间参数计算图例，并标注在网络图上。

(2)计算节点时间参数。

①节点最早时间 ET。假定 $ET_1=0$，利用式(2-2-2)和式(2-2-3)，按节点编号递增顺序，从前向后计算，并随时将计算结果标注在图例中 ET 所示位置。

②节点最迟时间 LT。假定 $LT_{10}=ET_{10}=11$，利用式(2-2-4)和式(2-2-5)，按节点编号递减顺序，由后向前计算，并随时将计算结果标注在图例中 LT 所示位置。

③工作时间参数。工作时间参数可根据时间参数，分别利用式(2-2-6)～式(2-2-12)计算出来，并分别标在图例中相应位置。

(3)确定计划总工期，标在图 2-2-30 上。

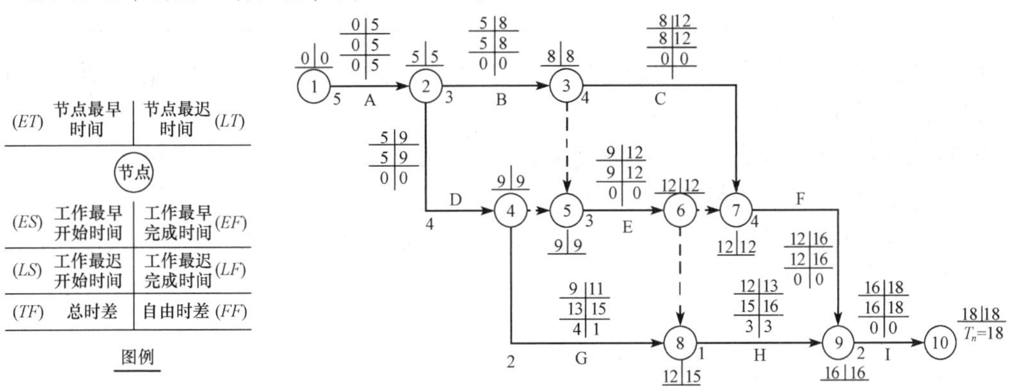

图 2-2-30　双代号网络图时间参数的计算

3. 表上计算法

表上计算法简称表算法，是指采用各项时间参数计算表格，按照时间参数相应计算公式和程序，直接在表格上进行时间参数计算的方法。表上计算法的规律性很强，其计算过程很容易用算法语言进行描述，它是由手算法向电算法过渡的一种方法。

现以图 2-2-31 所示的网络计划为例，说明表上计算法(表 2-2-9)的步骤。

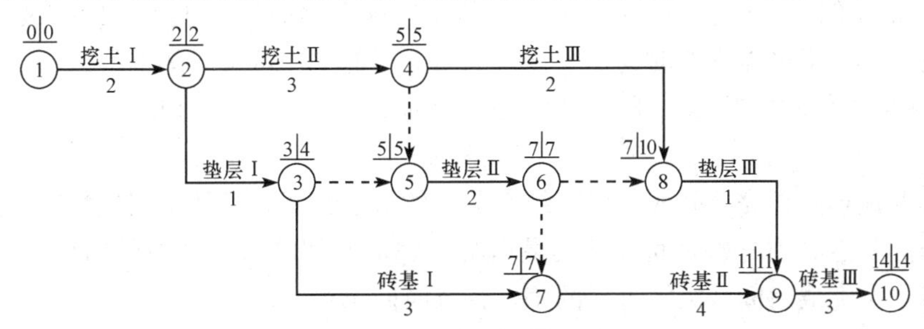

图 2-2-31　网络图节点时间参数的计算

表 2-2-9　表上计算法

节点号码	ET_i	LT_i	工作代码	D_{i-j}	ES_{i-j}	EF_{i-j}	LS_{i-j}	LF_{i-j}	TF_{i-j}	FF_{i-j}
1	0	0	1—2	2	0	2	0	2	0	0
2	2	2	2—3	1	2	3	3	4	1	0
			2—4	3	2	5	2	5	0	0
3	3	4	3—5	0	3	3	5	5	2	2
			3—7	3	3	6	4	7	1	1
4	5	5	4—5	0	5	5	5	5	0	0
			4—8	2	5	7	8	10	3	0
5	5	5	5—6	2	5	7	5	7	0	0
6	7	7	6—7	0	7	7	7	7	0	0
			6—8	0	7	7	10	10	3	0
7	7	7	7—9	4	7	11	7	11	0	0
8	7	10	8—9	1	7	8	10	11	3	3
9	11	11	9—10	3	11	14	11	14	0	0
10	14	14								

(1)将网络图各项填入表中的相应栏目：将节点号码填入第一栏，将工作代码填入第四栏，将工作的持续时间填入第五栏。

(2)自上而下计算各节点的最早时间 ET_i，填入第二栏。

1)设起点节点的最早时间为 D。

2)其后各节点的最早时间的计算方法是，找出以此节点为尾节点的所有工作，计算这些工作的开始节点与本工作持续时间之和，取其中最大者为该节点的最早时间。

(3)自下而上计算各节点的最迟时间 LT_i，填入第三栏内。

1)设终点节点的最迟时间等于其最早时间，即 $LT_n=ET_n$。

2)前面各节点的最迟时间的计算方法是：找出以该节点为开始节点的所有工作，计算这些工作的尾节点的最迟时间与本工作的持续时间之差，取其中最小者为该节点的最迟时间。

(4)计算各工作的最早可能开始时间 ES_{i-j} 及最早可能完成时间 EF_{i-j}，分别填入第六、第七栏。

1)工作 $i—j$ 的最早可能开始时间等于其开始节点的最早时间，可从第二栏相应节点中查出。

2)工作 $i—j$ 的最早可能完成时间等于其最早可能开始时间加上工作的持续时间，可以从第六栏的工作最早可能开始时间加上该行的第五栏的工作持续时间求得。

(5)计算各工作的最迟必须开始时间 LS_{i-j} 和最迟必须完成时间 LF_{i-j}，分别填入第八、第九栏。

1)工作的最迟必须完成时间等于其结束节点的最迟时间，可从第三栏相应节点中找出。

2)工作的最迟必须开始时间等于其最迟必须完成时间减去工作持续时间，可用第九栏的工作最迟必须完成时间减去第五栏的工作持续时间求得。

(6)计算工作的总时差 TF_{i-j}，填入第十栏。

工作的总时差等于其最迟必须开始时间减去最早可能开始时间，可将第八栏的 LS_{i-j} 减去对应第六栏的 ES_{i-j} 而得。

(7)计算各工作的自由时差 FF_{i-j}，填入第十一栏。

工作的自由时差等于其紧后工作的最早可能开始时间 ES_{j-k} 减去本工作的最早可能完成时间 EF_{i-j}。

二、单代号网络图时间参数的计算

由于单代号网络图的节点代表工作，所以单代号网络计划没有节点时间参数而只有工作时间参数和工作时差，即工作 i 的最早开始时间(ES_i)、最早完成时间(EF_i)、最迟开始时间(LS_i)、最迟完成时间(LF_i)、总时差(TF_i)和自由时差(FF_i)。单代号网络计划的时间参数计算的方法和顺序与双代号网络计划的工作时间参数相同，因此，单代号网络计划的时间参数计算应在确定工作持续时间之后进行。

1. 分析计算法

(1)工作最早可能开始时间和最早可能结束时间的计算。

1)工作 i 的最早可能开始时间 ES_i 应从网络计划的起点节点开始，顺着箭线方向依次逐项计算。

2)起点节点 i 的最早开始时间 ES_i 如无规定，其值应等于零，即

$$ES_i = 0 \qquad (i=1) \tag{2-2-16}$$

3)各项工作最早可能开始时间和最早可能结束时间的计算公式为

$$\left.\begin{aligned} ES_j &= \max\{MS_i + D_i\} = \max\{EF_i\} \\ EF_j &= ES_j + D_j \end{aligned}\right\} \tag{2-2-17}$$

式中 ES_j——工作 j 的最早可能开始时间；

EF_j——工作 j 的最早可能结束时间；

D_j——工作 j 的持续时间；

ES_i——工作 j 的紧前工作 i 的最早可能开始时间；

EF_i——工作 j 的紧前工作 i 的最早可能结束时间；

D_i——工作 j 的紧前工作 i 的持续时间。

(2)相邻两项工作之间时间间隔的计算。相邻两项工作之间存在着时间间隔，i 工作与 j 工作的时间间隔记为 $LAG_{i,j}$。时间间隔指相邻两项工作之间，后项工作的最早开始时间与前项工作的最早完成时间之差，其计算公式为

$$LAG_{i,j} = ES_j - EF_i \tag{2-2-18}$$

式中 $LAG_{i,j}$——工作 i 与其紧后工作 j 之间的时间间隔；

ES_j——工作 i 的紧后工作 j 的最早可能开始时间；

EF_i——工作 i 的最早完成时间。

(3)工作总时差的计算。工作总时差的计算应从网络计划的终点节点开始，逆着箭线方向按节点编号从大到小的顺序依次进行。

1)网络计划终点节点 n 所代表的工作总时差(TF_n)应等于计划工期 T_p 与计算工期 T_c 之差，即

$$TF_n = T_p - T_c \tag{2-2-19}$$

当计划工期等于计算工期时，该工作的总时差为零。

2)其他工作的总时差应等于本工作与其紧后工作之间的时间间隔加该紧后工作的总时差所得之和的最小值，即

$$TF_i=\min\{LAG_{i,j}+TF_j\} \tag{2-2-20}$$

式中 TF_i——工作 i 的总时差；

$LAG_{i,j}$——工作 i 与紧后工作 j 之间的时间间隔；

TF_j——工作 i 的紧后工作 j 的总时差。

(4)自由时差的计算。

工作 i 的自由时差 FF_i 的计算应符合下列规定：

1)终点节点所代表的工作 n 的自由时差 FF_n 应为

$$FF_n=T_p-EF_n \tag{2-2-21}$$

式中 FF_n——终点节点 n 所代表的工作的自由时差；

T_p——网络计划的计算工期；

EF_n——终点节点 n 所代表的工作的最早完成时间(即计算工期)。

2)其他工作 i 的自由时差 FF_i 应为

$$FF_i=\min\{LAG_{i,j}\} \tag{2-2-22}$$

(5)工作最迟完成时间的计算。

1)工作 i 的最迟完成时间 LF_i 应从网络计划的终点节点开始，逆着箭线方向依次逐项计算。当部分工作分期完成时，有关工作的最迟完成时间应从分期完成的节点开始，逆向逐项计算。

2)终点节点所代表的工作 n 的最迟完成时间 LF_n，应按网络计划的计划工期确定，即

$$LF_n=T_p \tag{2-2-23}$$

3)其他工作 i 的最迟完成时间 LF_i 应为

$$LF_i=\min\{LS_j\} \tag{2-2-24}$$

$$LF_i=EF_i+TF_i \tag{2-2-25}$$

式中 LF_i——工作 j 的紧前工作 i 的最迟完成时间；

LS_j——工作 i 的紧后工作 j 的最迟开始时间；

EF_i——工作 i 的最早完成时间；

TF_i——工作 i 的总时差。

(6)工作最迟开始时间的计算。工作 i 的最迟开始时间的计算公式为

$$LS_i=LF_i-D_i \tag{2-2-26}$$

式中 LS_i——工作 i 的最迟开始时间；

LF_i——工作 i 的最迟完成时间；

D_i——工作 i 的持续时间。

(7)关键工作和关键线路的确定。

1)单代号网络图关键工作的确定同双代号网络图。

2)利用关键工作确定关键线路。如前所述，总时差最小的工作为关键工作。将这些关键工作相连，并保证相邻两项关键工作之间的时间间隔为零而构成的线路就是关键线路。

3)利用相邻两项工作之间的时间间隔确定关键线路。从网络计划的终点节点开始，逆着箭线方向依次找出相邻两项工作之间时间间隔为零的线路就是关键线路。

(8)利用分析计算法计算单代号网络图时间参数案例。

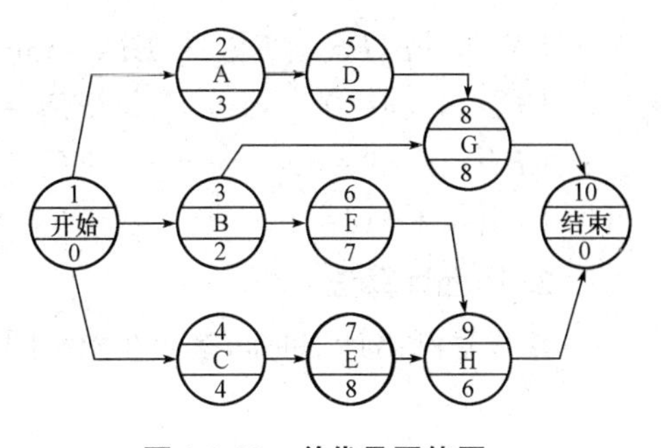

图 2-2-32 单代号网络图

【例 2-2-6】 试用分析计算法计算图 2-2-32 所示单代号网络图的时间参数。

【解】 (1)工作最早开始时间与结束时间的计算。

1)起始节点：它等价于一个作业时间为零的工作，所以

$ES_1=0$，$EF_1=0$

2)中间节点：

$\begin{cases} ES_2 = EF_1 = 0 \\ EF_2 = 0+3 = 3 \end{cases}$ $\begin{cases} ES_3 = EF_1 = 0 \\ EF_3 = 0+2 = 2 \end{cases}$

$\begin{cases} ES_4 = EF_1 = 0 \\ EF_4 = 0+4 = 4 \end{cases}$ $\begin{cases} ES_5 = EF_2 = 3 \\ EF_5 = 3+5 = 8 \end{cases}$

$\begin{cases} ES_6 = EF_3 = 2 \\ EF_6 = 2+7 = 9 \end{cases}$ $\begin{cases} ES_7 = EF_4 = 4 \\ EF_7 = 4+8 = 12 \end{cases}$

$\begin{cases} ES_8 = \max\{EF_5, EF_3\} = \max\{8,2\} = 8 \\ EF_8 = 8+8 = 16 \end{cases}$

$\begin{cases} ES_9 = \max\{EF_6, EF_7\} = \max\{9,12\} = 12 \\ EF_9 = 12+6 = 18 \end{cases}$

3)终止节点：它等价于一个作业时间为零的工作，所以

$ES_{10} = EF_{10} = \max\{EF_8, EF_9\} = \max\{16,18\} = 18$

(2)工作最迟开始时间与结束时间的计算。

1)终止节点：如无指令工期，则为工作周期，即

$LF_{10} = EF_{10} = 18; LS_{10} = LF_{10} - D_{10} = 18$

2)中间节点：

$\begin{cases} LF_9 = LS_{10} = 18 \\ LS_9 = 18-6 = 12 \end{cases}$ $\begin{cases} LF_8 = LS_{10} = 18 \\ LS_8 = 18-8 = 10 \end{cases}$

$\begin{cases} LF_7 = LS_9 = 12 \\ LS_7 = 12-8 = 4 \end{cases}$ $\begin{cases} LF_6 = LS_9 = 12 \\ LS_6 = 12-7 = 5 \end{cases}$

$\begin{cases} LF_5 = LS_8 = 10 \\ LS_5 = 10-5 = 5 \end{cases}$ $\begin{cases} LF_4 = LS_7 = 4 \\ LS_4 = 4-4 = 0 \end{cases}$

$\begin{cases} LF_3 = \min\{LS_6, LS_8\} = \min\{5,10\} = 5 \\ LS_3 = 5-2 = 3 \end{cases}$

$\begin{cases} LF_2 = LS_5 = 5 \\ LS_2 = 5-3 = 2 \end{cases}$

3)起始节点：$LF_1=LS_1=\min\{2，3，0\}=0$

(3)工作时差的计算。

工作总时差的计算与双代号网络图相同，不再重复。其自由时差的计算如下：

$FF_2=LS_5-EF_2=3-3=0$

$FF_3 = \min\{ES_8, ES_6\} - EF_3 = \min\{8, 2\} - 2 = 0$

$FF_4 = 4 - 4 = 0$　　$FF_5 = 8 - 8 = 0$

$FF_6 = 12 - 9 = 3$　　$FF_7 = 12 - 12 = 0$

$FF_8 = 18 - 16 = 2$　　$FF_9 = 18 - 18 = 0$

2. 图上计算法

单代号网络计划时间参数在网络图上的标注方法如图 2-2-33 所示。

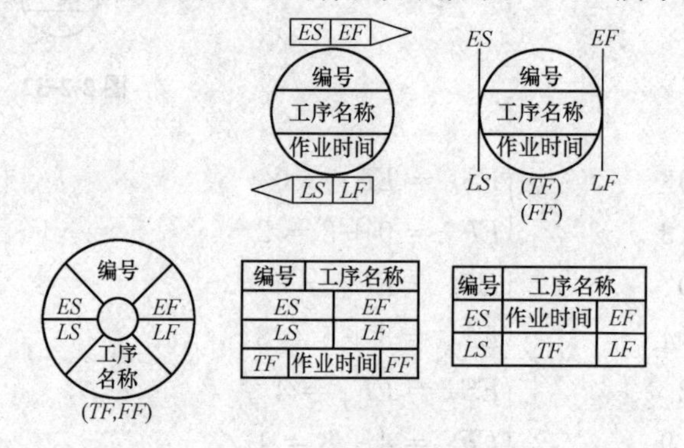

图 2-2-33　单代号网络节点图

ES—最早开始时间；*EF*—最早结束时间；*LS*—最迟开始时间；

LF—最迟结束时间；*TF*—总时差；*FF*—自由时差

现以图 2-2-34 所示网络计划图为例来说明用图上计算法计算单代号网络计划时间参数的步骤。

(1)计算 ES_i 和 EF_i。由起点节点开始，首先假定整个网络计划的开始时间为 0，此处 $ES_i = 0$，然后从左至右按工作(节点)编号递增的顺序，根据式(2-2-16)和式(2-2-17)逐个进行计算，直到终点节点为止，并随时将计算结果填入图中的相应位置。

(2)计算 LF_i 和 LS_i。由终点节点开始，假定终点节点的最迟完成时间 $LF_{10} = EF_{10} = 15$，根据式(2-2-24)～式(2-2-26)从右至左按工作编号递减的顺序逐个计算，直到起点节点为止，并随时将计算结果填入图中的相应位置。

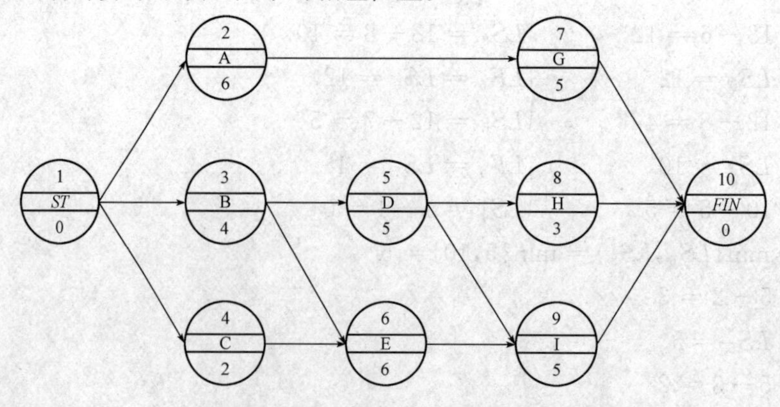

图 2-2-34　单代号网络计划图

(3)计算 TF_i、FF_i。从起点节点开始，根据式(2-2-19)～式(2-2-22)，逐个工作进行计算，并随时将计算结果填入图中的位置。

(4)判断关键工作和关键线路。根据 $TF_i=0$ 进行判断，以粗箭线标出关键线路。

(5)确定计划总工期。本例的计划工期为 15 天，计算结果如图 2-2-35 所示。

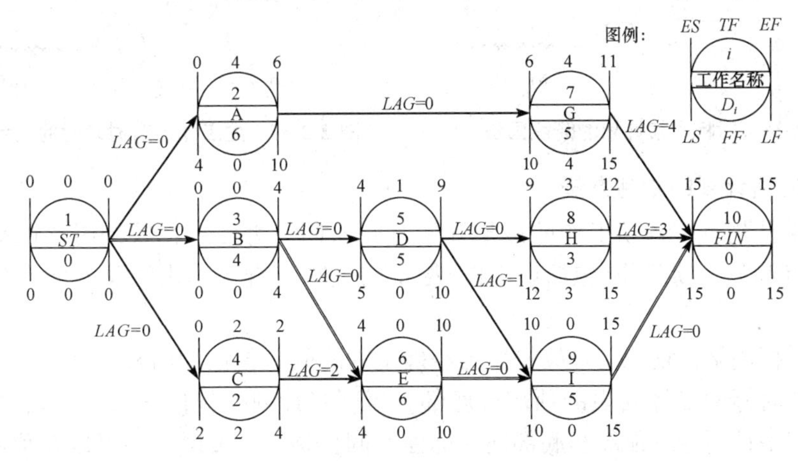

图 2-2-35 单代号网络计划的时间参数计算结果

2.4 双代号时标网络计划

一、双代号时标网络计划的绘制

双代号时标网络计划是综合应用横道图的时间坐标和网络计划原理，在横道图基础上引入网络计划中各工作之间逻辑关系的表达方法。时标网络计划与无时标网络计划相比较，其特点如下：

(1)它兼有网络计划与横道计划两者的优点，能够清楚地表明计划的时间进程。

(2)时标网络计划能在图上直接显示各项工作的开始与完成时间、工作自由时差及关键线路。

(3)时标网络计划在绘制中受到时间坐标的限制，因此不易产生循环回路之类的逻辑错误。

(4)可以利用时标网络计划直接统计资源的需要量，以便进行资源优化和调整。

(5)因为箭线受时标的约束，故绘图不易，修改也较困难，往往要重新绘图。

1. 时标网络计划绘制的一般规定

(1)时标网络计划应以实箭线表示工作，以虚箭线表示虚工作，以波形线表示工作的自由时差。无论哪一种箭线，均应在其末端绘出箭头。

(2) 当工作中有时差时，按图 2-2-36 所示的方式表达，波形线紧接在实箭线的末端；当虚工作中有时差时，按图 2-2-37 所示的方式表达，不得在波形线之后画实箭线。

(3)时标网络计划中所有符号在时间坐标上的水平投影位置，都必须与其时间参数相对应。节点中心必须对准相应的时标位置。虚工作必须以垂直方向的虚箭线表示，有自由时差时加波形线表示。

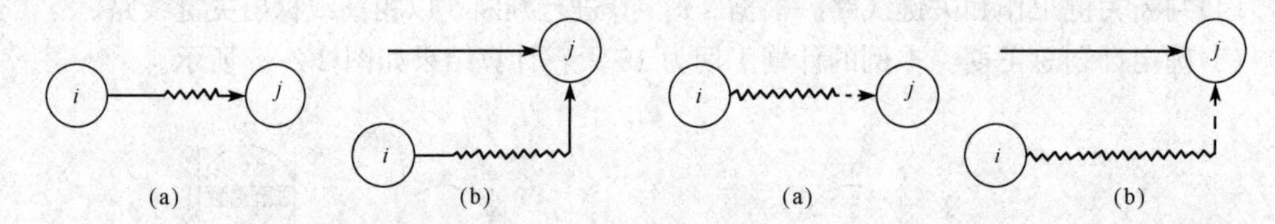

图 2-2-36　时标网络计划的箭线画法　　　图 2-2-37　虚工作中有时差时的表示方法

2. 时标网络计划的绘制方法

时标网络计划宜按各项工作的最早开始时间绘制。为此，在绘制时标网络计划时应使每一个节点和每一项工作(包括虚工作)尽量向左靠，直至不出现从右向左的逆向箭线为止。

在绘制时标网络计划之前，应先按已经确定的时间单位绘制时标网络计划表。时间坐标可以标注在时标网络计划表的顶部或底部。当网络计划的规模比较大，且比较复杂时，可以在时标网络计划表的顶部和底部同时标注时间坐标。必要时，还可以在顶部时间坐标之上或底部时间坐标之下同时加注日历时间。时标网络计划表见表 2-2-10。表中部的刻度线宜为细线。为使图面清晰简洁，此线也可不画或少画。

表 2-2-10　时标网络计划表

日历																
(时间单位)	1	2	3	4	5	6	7	8	9	10	11	12	13	14	15	16
网络计划																
(时间单位)	1	2	3	4	5	6	7	8	9	10	11	12	13	14	15	16

时标网络计划的绘制方法有两种：一种是先计算网络计划的时间参数，再根据时间参数按草图在时标表上进行绘制(即间接绘制法)；另一种是不计算网络计划的时间参数，直接按草图在时标表上编绘(即直接绘制法)。

(1)间接绘制法。现以图 2-2-38 所示双代号网络计划为例来说明用间接绘制法绘制时标网络计划的步骤。

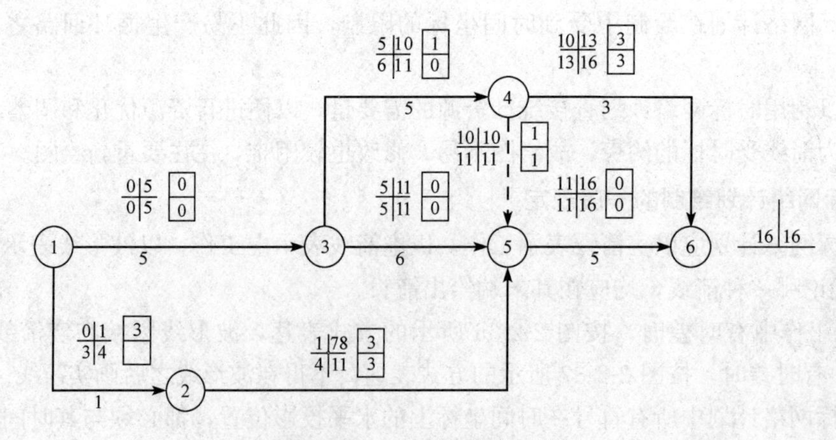

图 2-2-38　双代号网络计划

1)按逻辑关系绘制双代号网络计划草图，如图 2-2-38 所示。

2)计算工作最早时间。

3)绘制时标网络计划，如图 2-2-39 所示。

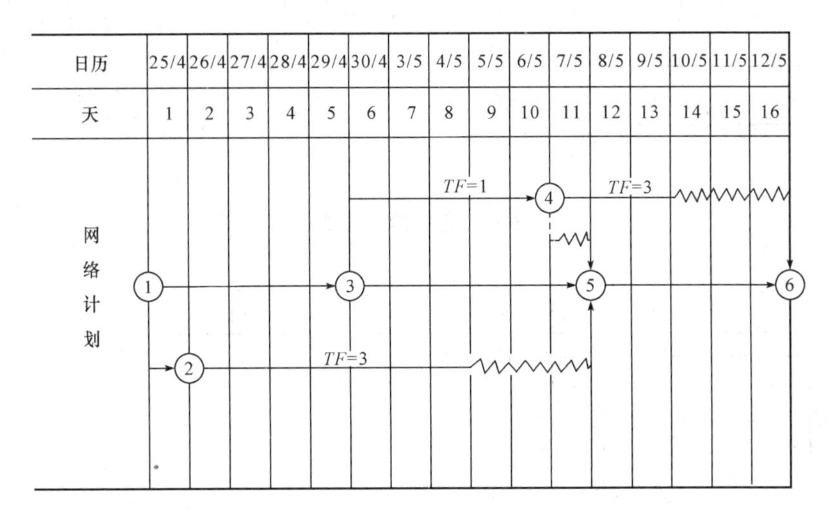

图 2-2-39　时标网络计划

4)在时标表上，按最早开始时间确定每项工作的开始节点位置(图形尽量与草图一致)。

5)按各种工作时间长度绘制相应工作的实线部分，使其在时间坐标上的水平投影长度等于工作时间；虚工作因为不占时间，故只能以垂直虚线表示。

6)用波形线把实线部分与其紧后工作的开始节点连接起来，以表示自由时差。

完成后的时标网络计划如图 2-2-39 所示。

(2)直接绘制法。现以图 2-2-40 所示网络图为例，说明用直接绘制法绘制时标网络计划的步骤。

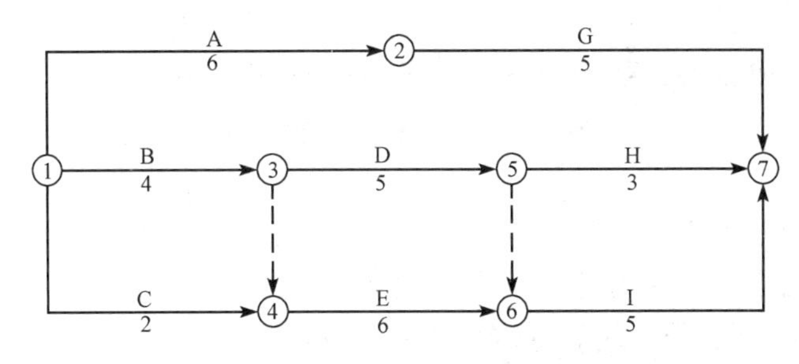

图 2-2-40　双代号网络计划

1)将网络计划的起点节点定位在时标网络计划表的起始刻度线上。如图 2-2-41 所示，节点①就是定位在时标网络计划表的起始刻度线“0”的位置上。

2)按工作的持续时间绘制以网络计划起点节点为开始节点的工作箭线。如图 2-2-41 所示，分别绘出工作箭线 A、B 和 C。

3)除网络计划的起点节点外，其他节点必须在所有以该节点为完成节点的工作箭线均绘出后，定位在这些工作箭线中最迟的箭线末端。当某些工作箭线的长度不足以到达该节点时，需用波形线补足，箭头画在与该节点的连接处。例如在本例中，节点②直接定位在工作箭线 A 的末端；节点③直接定位在工作箭线 B 的末端；节点④的位置需要在绘出虚箭线 3—4 之后，定位在工作箭线 C 和虚箭线 3—4 中最迟的箭线末端，即坐标“4”的位置上。此时，工作箭线 C 的长度不足以到达节点④，因而用波形线补足，如图 2-2-42 所示。

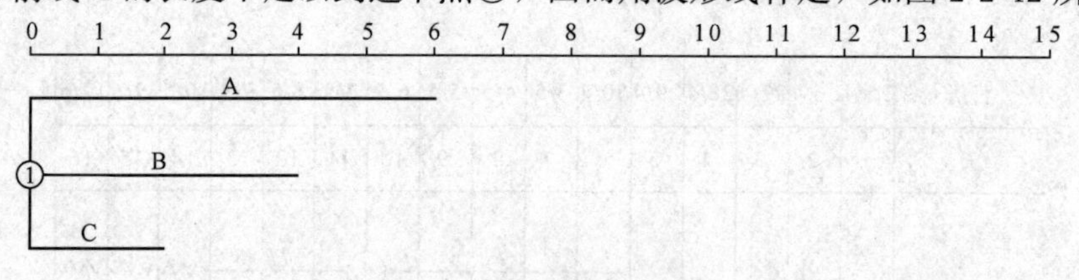

图 2-2-41　直接绘制法第一步

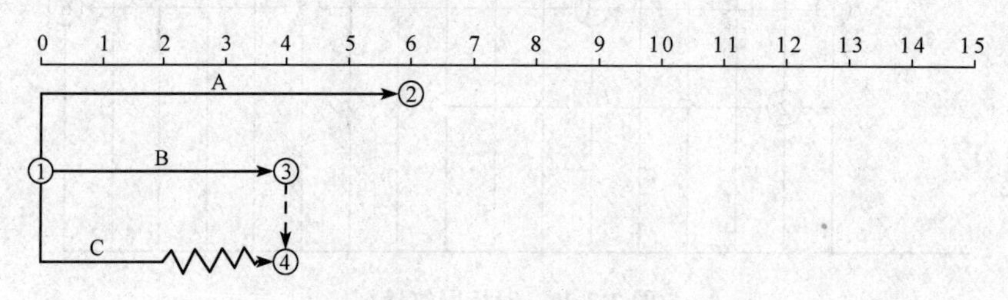

图 2-2-42　直接绘制法第二步

4)当某个节点的位置确定之后，即可绘制以该节点为开始节点的工作箭线。本例中，在图 2-2-42 的基础之上，可以分别以节点②、节点③、节点④为开始节点绘制工作箭线 G、工作箭线 D 和工作箭线 E，如图 2-2-43 所示。

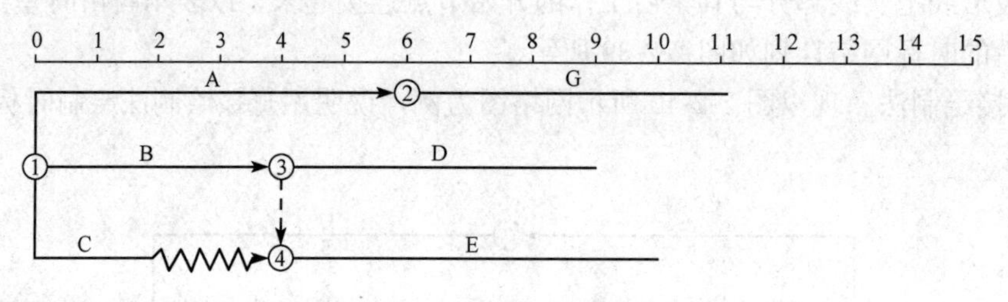

图 2-2-43　直接绘制法第三步

5)利用上述方法从左至右依次确定其他各个节点的位置，直至绘出网络计划的终点节点。本例中，在图 2-2-43 的基础上，可以分别确定节点⑤和节点⑥的位置，并在它们之后分别绘制工作箭线 H 和工作箭线 I，如图 2-2-44 所示。

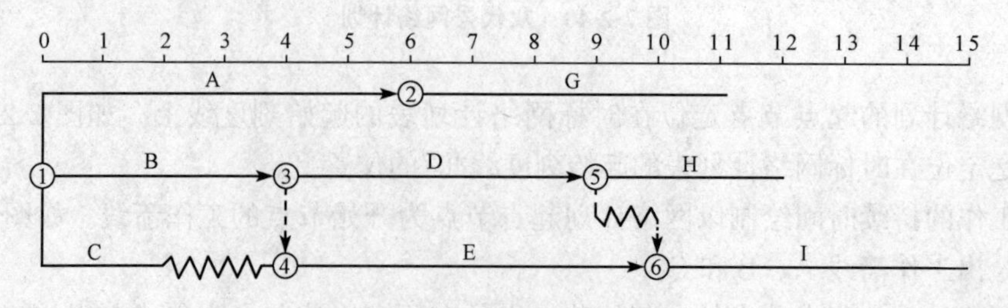

图 2-2-44　直接绘制法第四步

6)根据工作箭线G、工作箭线H和工作箭线I确定终点节点的位置。本例所对应的时标网络计划如图2-2-45所示，图中双箭线表示的线路为关键线路。

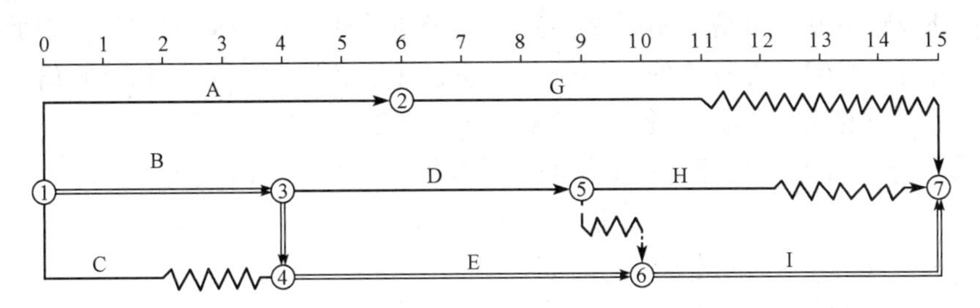

图2-2-45　双代号时标网络计划

二、关键线路的确定和时间参数的计算

1. 关键线路的确定

时标网络计划的关键线路可自终点节点逆箭线方向向起点节点逐次进行判定；自始至终都不出现波形线的线路即关键线路。其原因是如果某条线路自始至终都没有波形线，这条线路就不存在自由时差，也就不存在总时差，自然就没有机动余地，当然就是关键线路。或者说，这条线路上的各工作的最迟开始时间与最早开始时间是相等的，这样的线路特征也只有关键线路才能具备。

2. 时间参数的计算

(1)时标网络计划的计算工期，应是其终点节点与起点节点的时间之差。

(2)时标网络计划每条箭线左端节点所对应的时标值代表工作的最早开始时间ES_{i-j}，箭线实线部分右端或箭线右端节点中心所对应的时标值代表工作的最早完成时间EF_{i-j}。

上述两点的理由：我们是按最早时间绘制时标网络计划的，每一项工作都按照最早开始时间确定其箭尾位置，起点节点定位在时标表的起始刻度线上，表示每一项工作的箭线在时间坐标上的水平投影长度都与其持续时间相对应，因此代表该工作的箭线在时间坐标上的水平投影长度都与其持续时间相对应，代表该工作的箭线末端(箭头)对应的时标值必然是该工作的最早完成时间。终点节点表示所有工作都完成，它所对应的时标值，也就是该网络计划的总工期。

(3)时标网络计划中工作的自由时差(FF)值应为其波形线在坐标轴上的水平投影长度。这是因为双代号时标网络计划的波形线的后面节点所对应的时标值，是波形线所在工作的紧后工作的最早开始时间，波形线的起点所对应的时标值是本工作的最早完成时间。因此，按照自由时差的定义，紧后工作的最早开始时间与本工作的最早完成时间的差(即波形线在坐标轴上的水平投影长度)就是本工作的自由时差。

(4)时标网络计划中工作的总时差应自右向左，在其紧后工作的总时差都被判定后才能判定。其值等于其紧后工作总时差的最小值与本工作自由时差之和，即

$$TF_{i-j}=\min\{TF_{j-k}\}+FF_{i-j} \tag{2-2-27}$$

式中　TF_{i-j}——工作i—j的总时差；

　　　TF_{j-k}——工作i—j的紧后工作$j-k$的总时差。

之所以自右向左计算，是因为总时差受总工期制约，故只有在其紧后工作的总时差确定后才能计算。

总时差是线路时差，也是公用时差，其值大于或等于工作自由时差值。因此，除本工作独用的自由时差必然是总时差的一部分外，还必然包含紧后工作的总时差值。如果本工作有多项紧后工作的总时差值，只有取其最小总时差值才不会影响总工期。

(5)工作的最迟开始时间等于本工作的最早开始时间与其总时差之和，即

$$LS_{i-j}=ES_{i-j}+TF_{i-j} \tag{2-2-28}$$

式中 LS_{i-j}——工作 i—j 的最迟开始时间；

ES_{i-j}——工作 i—j 的最早开始时间；

TF_{i-j}——工作 i—j 的总时差。

(6)工作的最迟完成时间等于本工作的最早完成时间与其总时差之和，即

$$LF_{i-j}=F_{i-j}+TF_{i-j} \tag{2-2-29}$$

式中 LF_{i-j}——工作 i—j 的最迟完成时间；

EF_{i-j}——工作 i—j 的最早完成时间；

TF_{i-j}——工作 i—j 的总时差。

2.5 流水网络计划

一、流水网络计划的基本概念

1. 流水箭线

将一般双代号网络计划中同一施工过程的某种若干个流水段的若干条箭线，合并成一条"流水箭线"。流水箭线根据流水施工组织的需要，可分为"连续流水箭线"和"间断流水箭线"。其中，"连续流水箭线"表示该施工过程在各段上的施工是连续的，用粗实线表示，其画法如图 2-2-46 所示。"间断流水箭线"表示该施工过程在各施工段上的施工有间断，其画法如图 2-2-47 所示。

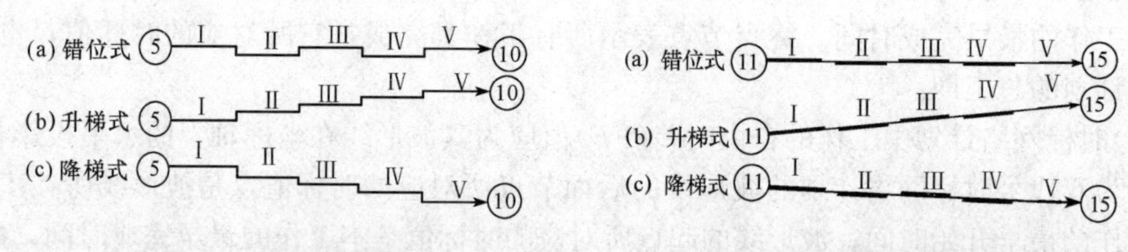

图 2-2-46 连续流水箭线　　图 2-2-47 间断流水箭线

流水施工的这种形式，既表示了同一施工过程的施工段数目及其流水施工的组织性质，又去掉了许多中间节点和由此而增加的许多虚箭线，从而大大简化了网络图的表达。为了表达该施工过程的代号，在流水箭线的箭尾和箭头处也画两个图形节点，编上号码。

2. 时距箭线

时距箭线是用来表达两个相邻施工过程之间逻辑上和时间上的相互制约关系的箭线。它既有逻辑制约关系的功能，又有时间的延续长度，但不包含施工内容和资源消耗。时距

箭线均用细实线表示。流水网络计划图中的时距箭线分为以下四种：

(1)开始时距 $K_{i,j+1}$。开始时距是指两个相邻的施工过程先后投入第一施工段的时间间隔。它表示出了相邻两施工过程之间逻辑连接的作用，如图 2-2-48 所示。

(2)结束时距 $J_{i,i+1}$。结束时距是指两个相邻的施工过程先后退出最后一个施工段的时间间隔。它制约两个相邻施工过程先后结束时间的逻辑关系，如图 2-2-48 所示。

(3)间歇时距 $N_{i,i+1}$。间歇时距是指两个相邻施工过程前一个结束到后一个开始之间的间歇时间，一般有技术间隔或组织间歇时间，如图 2-2-49 所示。

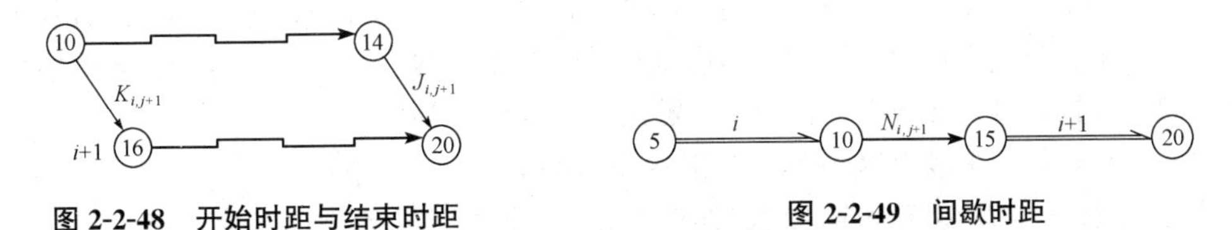

图 2-2-48　开始时距与结束时距　　**图 2-2-49　间歇时距**

(4)跨控时距。跨控时距是指从某一施工过程的开始，跨越若干个施工过程之后，到某一施工过程结束之间的时间，一般指若干个施工过程的工期控制时间。

3. 案例

【例 2-2-7】 某基础工程，有挖土、垫层、砌基础、回填土四道工序，划分为两个施工段，其流水网络图如图 2-2-50 所示。

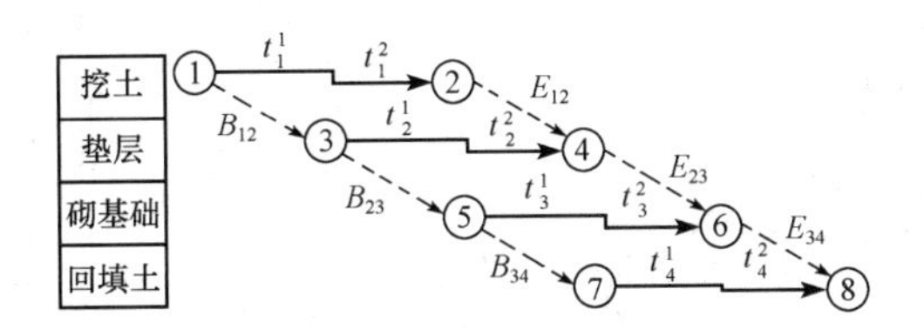

图 2-2-50　某基础工程的流水网络图

二、流水网络块与整体网络其他部分的连接

流水网络只用于整个施工网络计划中有关流水作业的某个局部，属于其组成部分。因此，必须正确处理流水网络同整体网络计划中非流水作业箭杆的连接。

(1)流水网络块之间的连接。对于流水网络块，可按它们相互之间施工工艺上的先后关系在流水箭线的开始或完成节点处连接，也可通过某些不参加流水施工的非流水箭线或虚箭线连接，如图 2-2-51 所示。

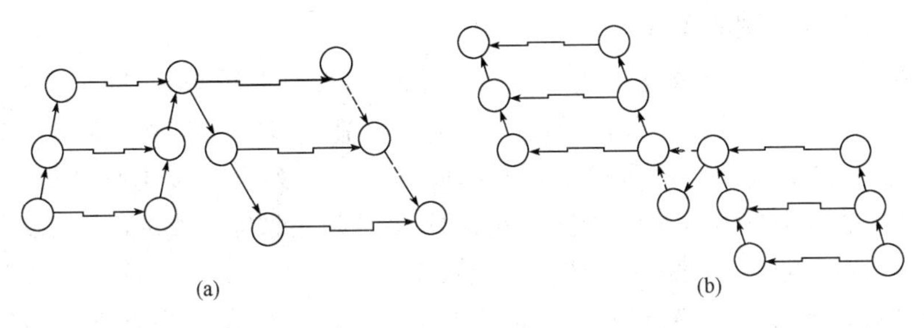

图 2-2-51　流水网络块之间的连接

(2)流水网络块外部节点与非流水箭线的连接。由于流水网络块的外部节点是该施工过程的起始节点或结束节点。它与非流水箭线的连接点完全可按照一般双代号网络图的规则进行绘制，如图 2-2-52 所示。

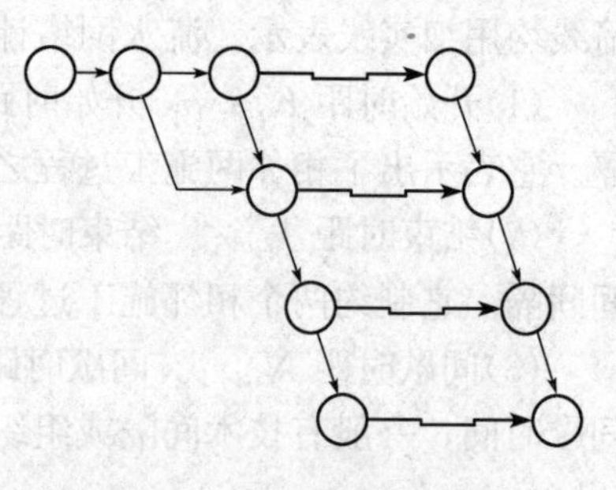

图 2-2-52　流水网络块外部节点与非流水箭线的连接

(3)流水网络块内部节点与非流水箭线的连接。若某一施工过程的某施工段的开始受外部施工过程的制约，则该施工段的开始节点必须与外部施工过程相连接，但由于在流水网络中已省略了施工段之间的中间节点，这时可在其端部绘出其节点，称为“进点”，用进点与外部施工过程相连接。同样，若外部施工过程受到某施工段的制约，则用“出点”与外部施工过程相连接，如图 2-2-53 所示。

(4)流水网络块内部逻辑箭线的连接。在流水网络块内部，某些在工艺上或组织上有逻辑联系的流水箭线，可以用虚线将它们连接起来，如图 2-2-54 所示。

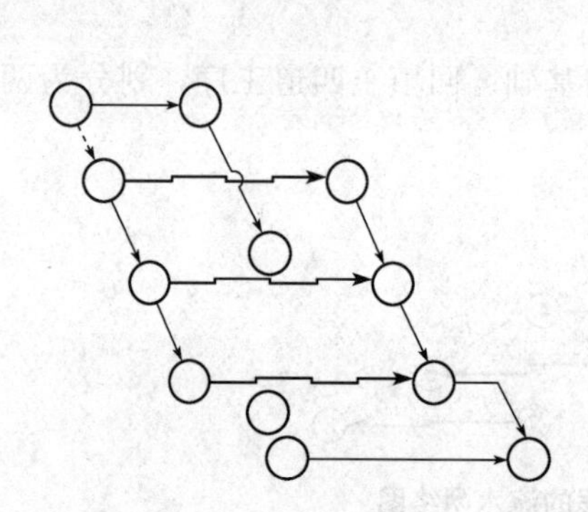

图 2-2-53　流水网络块内部节点与非流水箭线的连接

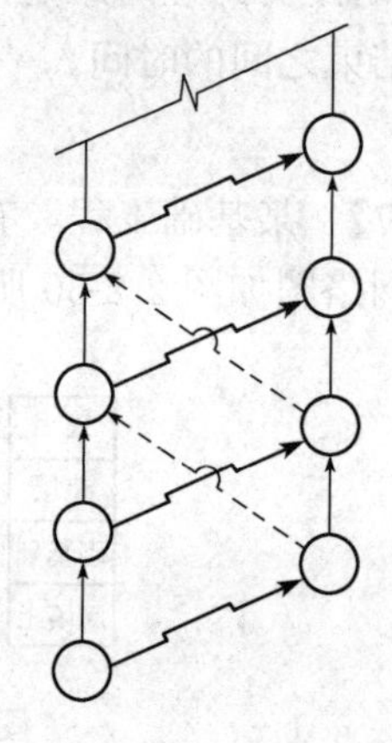

图 2-2-54　流水网络块内部逻辑箭线的连接

三、流水网络计划时间参数的计算

流水网络计划时间参数计算的内容与一般网络基本一致，所依据的计算原理也基本相同，但应注意：流水计算部分的时间参数计算按流水作业方法进行，非流水箭线时间参数的计算与一般网络图相同。

四、单代号流水网络计划

1. 单代号流水网络图的画法

(1)节点的形式。节点的表达形式与前面所述各种网络图的节点不同，它需要在节点中标注出分段数与每段作业持续时间的情况，这是计算流水步距的基础。如果每段作业时间相同，则用每段作业时间乘以段数表示，否则应顺序分段列出每段作业时间，如图 2-2-55 (a)、(b)所示。节点上部为代号，中间是每段作业时间与段数，如 A 表示每段作业时间是 2 天，分四段；B 的各段时间不相同，也分四段(5，3，4，4)；下部是工作的作业延续时间。虚拟的起点节点或终点节点中间不必分成多格，仅在其中标上“开始”或“结束”即可。

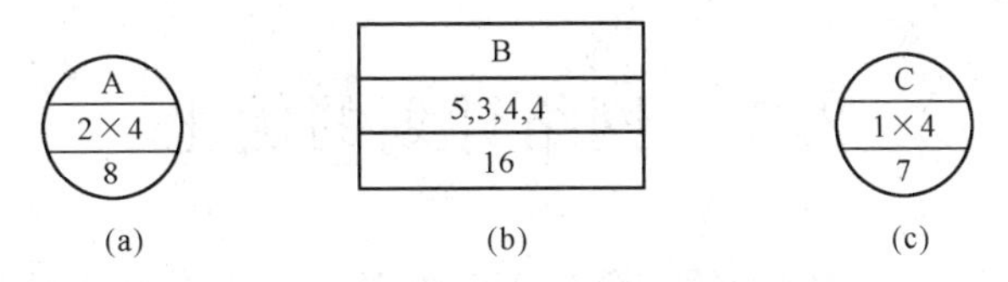

图 2-2-55　节点形式与工作持续时间表示方法

(2)工作持续时间的表示方法。为了简化，把处在流水工作间而有规则地间断施工的工作也作为流水的工作加入到流水线中。这样，工作的时间不仅包括实际作业时间，也计入了间歇时间，即从开工直至完成的全部作业时间，称为“延续时间”。如图 2-2-55(c)所示，“1×4”表示工作分为四段，每段作业时间为 1 天，但因为是工作 1 天停歇 1 天地进行的，故从开始到完成共费时 7 天。其中有 3 天间歇。

(3)流水搭接关系的表示方法。凡划分施工段按流水作业原理组织施工的，工作间的流水搭接关系都用点画箭线连接表示，并在箭线下方或左方注明流水步距；图中的非流水各工作的逻辑关系则仍用实箭线表示，如图 2-2-56 所示。

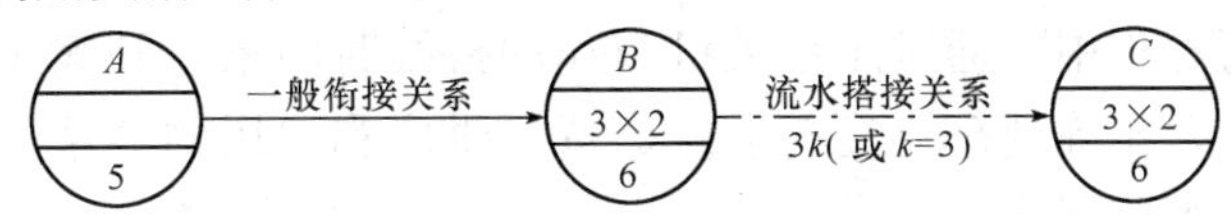

图 2-2-56　流水搭接关系示意

2. 单代号流水网络计划时间参数的计算

单代号流水作业网络计划时间参数的计算同搭接网络计划时间参数的计算方法一样。

(1)工作最早开始时间与完成时间的计算。计算从起点节点开始，由前向后逐个节点进行直至终点节点为止。起点节点的最早开始时间为零。其他工作节点的最早开始时间是在各紧前工作的最早开始时间加流水步距的结果中取最大值，即

$$ES_j = \max\{ES_i + K_{i-j}\} \tag{2-2-30}$$

$$EF_j = ES_j + D_j \tag{2-2-31}$$

式中　K_{i-j}——工作 i 与其紧后工作 j 之间的流水步距；

　　D_j——工作 j 的作业持续时间。

当同多个紧前工作存在不同的关系时，应分别计算后取最大值。

(2)工作的最迟开始时间与完成时间的计算。计算从终点节点开始逆箭线方向进行直到起点节点为止。

终点节点的最迟完成时间就是计划总工期，若有规定总工期时则采用规定总工期。其他节点的最迟开始时间等于各紧后工作的最迟开始时间减去相应的流水步距之差的最小值，即

$$LS_i = \min\{LS_i - K_{i-j}\} \tag{2-2-32}$$

$$LF_i = LS_i + D_i \tag{2-2-33}$$

式中符号意义同前。

(3)计算工作总时差并确定关键线路。总时差的计算与所有已介绍的网络计划方法相同，都是用最迟开始时间减去最早开始时间求得。

总时差为零的工作都是关键工作，从起点节点开始顺序连接关键工作直至终点节点即关键线路，可用粗线(双线或红线)表明。

2.6 网络计划的优化

网络计划的优化是指在一定的约束条件下，按既定目标对网络计划进行不断改进，以寻求满意方案的过程。

网络计划的优化目标应按计划任务的需要和条件选定，包括工期目标、资源目标和费用目标。根据优化目标的不同，网络计划的优化可分为工期优化、费用优化和资源优化。

一、工期优化

网络计划的工期优化，就是指当计算工期不满足要求工期时，通过压缩关键工作的持续时间来满足工期要求的过程。但在优化过程中不能将关键工作压缩成为非关键工作；优化过程中出现多条关键线路时，必须同时压缩各条关键线路的持续时间，否则不能有效地缩短工期。

网络计划在执行过程中，通过压缩关键工作的持续时间来达到缩短工期的目的，必须考虑实际情况和可能，正确处理进度与质量、资源供应和费用的关系。选择缩短持续时间的关键工作宜考虑下列因素：

(1)缩短持续时间对质量和安全影响不大的工作。

(2)有充足备用资源的工作。

(3)缩短持续时间所需增加的费用最少的工作。

1. 工期优化的步骤

(1)计算网络计划时间参数，确定关键工作与关键线路。

(2)根据计划工期，确定应缩短时间，即

$$\Delta T = T_c - T_r \tag{2-2-34}$$

式中 T_c——网络计划的计算工期；

T_r——要求工期。

(3)把选择的关键工作压缩到最短的持续时间，重新计算工期，找出关键线路。此时，必须注意以下两点才能达到缩短工期的目的：一是不能把关键工作变成非关键工作；二是出现多条关键线路时，其总的持续时间应相等。

(4)若计算工期仍超过计划工期，则重复上述步骤，直至满足工期要求或工期已不可能再压缩时为止。

(5)当所有关键工作的持续时间都压缩到极限，工期仍不能满足要求时，应对计划的原技术方案、组织方案进行调整或对要求工期重新审定。

2. 工期优化的计算方法

由于在优化过程中，不一定需要全部时间参数值，只需寻求出关键线路，为此介绍关键线路直接寻求法之一的标号法。根据计算节点最早时间的原理，设网络计划起始节点①的标号值为 0，即 $b_1=0$；中间节点 j 的标号值等于该节点的所有内向工作(即指向该节点的工作)的开始节点 i 的标号值 b_i 与该工作的持续时间 $D_{i,j}$ 之和的最大值，即

$$b_j = \max\{b_i + D_{i,j}\} \tag{2-2-35}$$

能求得最大值的节点 i 为节点 j 的源节点，将源节点及 b_j 标注于节点上，直至最后一个节点。从网络计划终点开始，自右向左按源节点寻求关键线路，终点节点的标号值即网络计划的计算工期。

3. 工期优化应用案例

【例 2-2-8】 已知网络计划如图 2-2-57 所示，当要求工期为 40 天时，试进行优化。

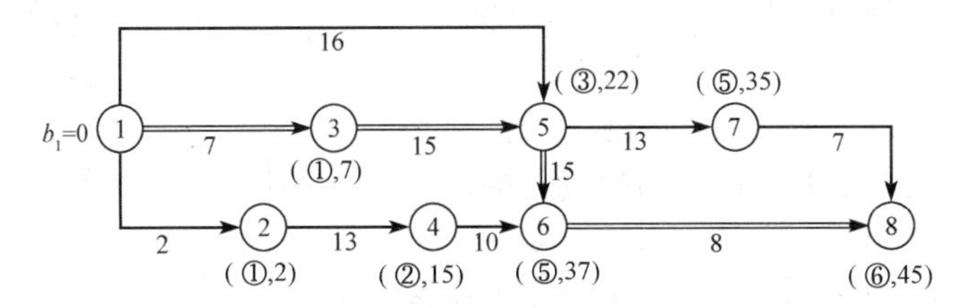

图 2-2-57 优化前的网络计划

【解】 (1)用标号法确定关键线路及正常工期。

(2)计算应缩短的时间为

$$\Delta T = T_c - T_r = 45 - 40 = 5(\text{天})$$

(3)缩短关键工作的持续时间。先将⑤→⑥缩短 5 天，由 15 天缩至 10 天，用标号法计算，计算工期为 42 天，如图 2-2-58 所示，总工期仍有 42 天，故⑤→⑥工作只需缩短 3 天，其网络图用标号法计算，如图 2-2-59 所示，可知有两条关键线路，两条线路上均需缩短 42－40＝2(天)。

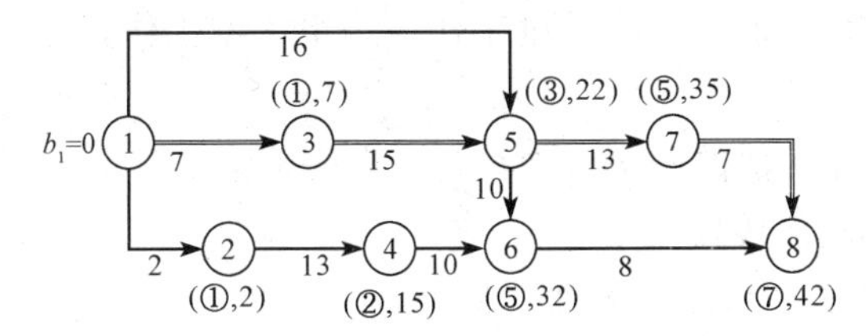

图 2-2-58 第一次优化后的网络计划

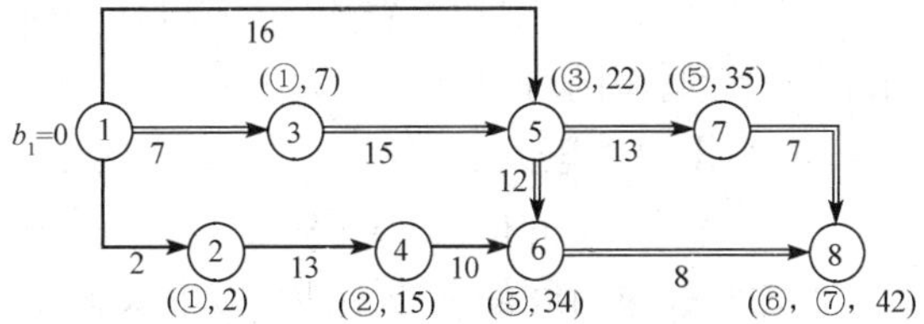

图 2-2-59 第二次优化后的网络计划

(4)进一步缩短关键工作的持续时间。选③→⑤工作缩短 2 天，由 15 天缩至 13 天，则两条线路均缩短 2 天，用标号法计算后得工期为 40 天，满足要求，如图 2-2-60 所示。

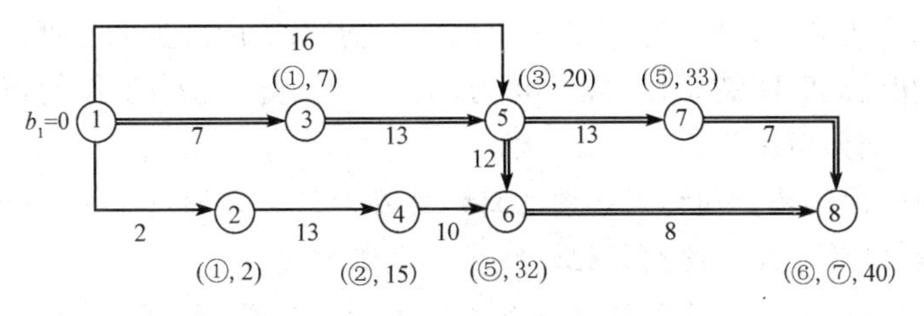

图 2-2-60 优化后的网络计划

二、费用优化

费用优化是以满足工期要求的施工费用最低为目标的施工计划方案的调整过程。通常在寻求网络计划的最佳工期大于规定工期或执行计划需要加快施工进度时，需要进行工期与成本优化。这两方面的优化就是费用优化的内容。

网络计划的总费用由直接费用和间接费用组成，它们与时间(工期)之间的关系可以用图 2-2-61 表示出来。如果把两种费用叠加起来，就能够得到一条新的曲线，这就是总成本曲线。总成本曲线的特点是两头高而中间低。从这条曲线最低点的坐标可以找到工程的最低成本及与之相应的最佳工期，同时也能利用它来确定不同工期条件下的相应成本。

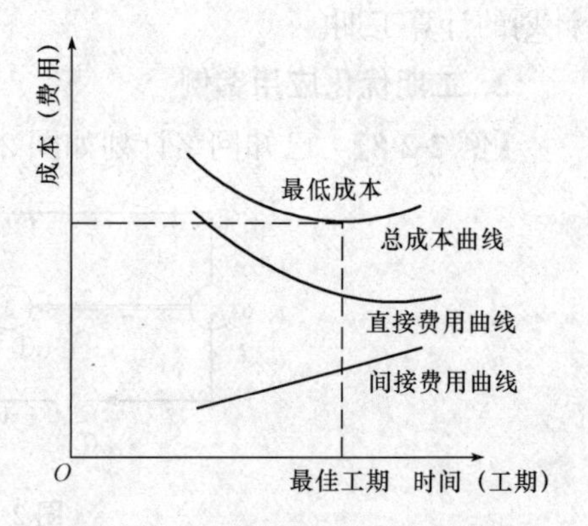

图 2-2-61　工程成本-工期关系曲线

费用优化的步骤如下：

(1)按工作正常持续时间找出关键工作及关键线路。

(2)计算各项工作的费用率。

直接费用率可按式(2-2-36)计算：

$$\Delta C_{i-j}=\frac{CC_{i-j}-CN_{i-j}}{DN_{i-j}-DC_{i-j}} \tag{2-2-36}$$

式中　ΔC_{i-j}——工作 $i-j$ 的直接费用率；

CC_{i-j}——按最短持续时间完成工作 $i-j$ 时所需的直接费用；

CN_{i-j}——按正常持续时间完成工作 $i-j$ 时所需的直接费用；

CN_{i-j}——工作 $i-j$ 的正常持续时间；

DC_{i-j}——工作 $i-j$ 的最短持续时间。

(3)在网络计划中找出费用率(或组合费用率)最低的一项关键工作或一组关键工作，作为缩短持续时间的对象。

(4)当需要缩短关键工作的持续时间时，其缩短值的确定必须符合下列两条原则：

1)缩短后工作的持续时间不能小于其最短持续时间。

2)缩短持续时间的工作不能变成非关键工作。

(5)计算相应的费用增加值。

(6)考虑工期变化带来的间接费用及其他损益，在此基础上计算总费用。

(7)重复上述步骤(3)～(6)，直到总费用最低为止。

费用优化案例如下。

【例 2-2-9】 已知网络计划如图 2-2-62 所示。试求出费用最少的工期。图中箭线上方为工作的正常费用和最短时间的费用(以千元为单位)，箭线下方为工作的正常持续时间和最短持续时间。已知间接费用率为 120 元/天。

【解】 (1)简化网络图。简化网络图的目的是在缩短工期的过程中，删去那些不能变成关键工作的非关键工作，使网络图简化，减少计算工作量。

首先按持续时间计算，找出关键线路及关键工作，如图 2-2-63 所示。

其次，从图 2-2-63 看，关键线路为 1—3—4—6，关键工作为 1—3、3—4、4—6。用最短的持续时间置换那些关键工作的正常持续时间，重新计算，找出关键线路及关键工作。重复本步骤，直至不能增加新的关键线路为止。

经计算，图 2-2-63 中的工作 2—4 不能转变为关键工作，故删去它，重新整理成新的网络计划，如图 2-2-64 所示。

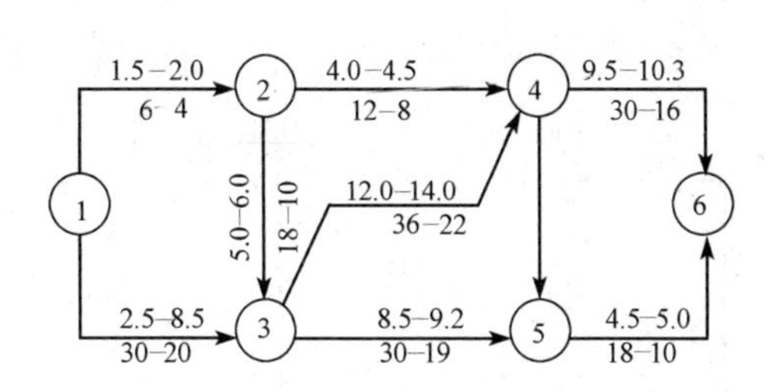

图 2-2-62 待优化的网络计划

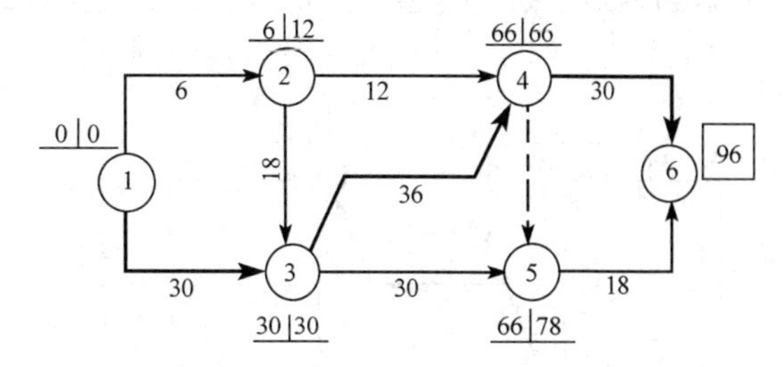

图 2-2-63 按正常持续时间计算的网络计划

(2)计算各工作费用率。按式(2-2-36)计算工作 1—2 的费用率 ΔC_{1-2} 为

$$\Delta C_{1-2}=\frac{CC_{1-2}-CN_{1-2}}{DN_{1-2}-DC_{1-2}}=\frac{2\ 000-1\ 500}{6-4}=250(\text{元}/\text{天})$$

其他工作费用率均按式(2-2-36)计算，将它们标注在图 2-2-64 中的箭线上方。

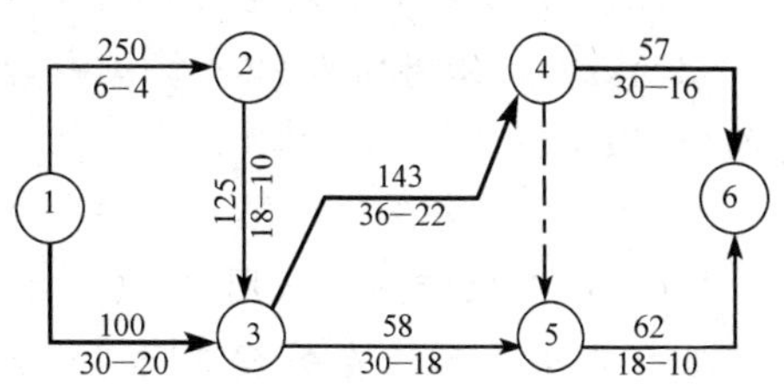

图 2-2-64 新的网络计划

(3)找出关键线路上工作费用率最低的关键工作。在图 2-2-65 中，关键线路为 1—3—4—6，工作费用率最低的关键工作是 4—6。

(4)确定缩短时间大小的原则是原关键线路不能变为非关键线路。

已知关键工作 4—6 的持续时间可缩短 14 天，由于工作 5—6 的总时差只有 12 天(96—18—66=12)，因此，第一次缩短只能是 12 天，工作 4—6 的持续时间应改为 18 天，如图 2-2-66 所示。计算第一次缩短工期后增加费用 C_1 为

$$C_1=57\times12=684(\text{元})$$

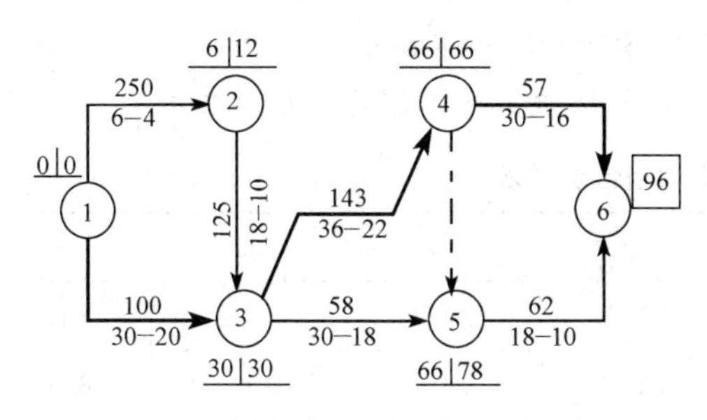

图 2-2-65 按新的网络计划确定关键线路

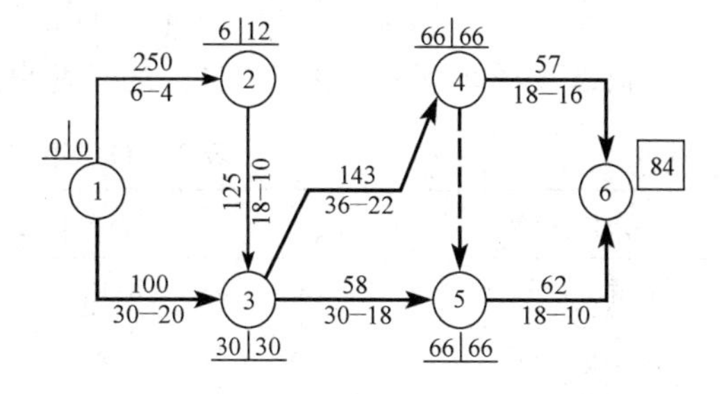

图 2-2-66 第一次工期缩短的网络计划

通过第一次缩短，在图 2-2-66 中关键线路变成两条，即 1—3—4—6 和 1—3—4—5—6。如果使该图的工期再缩短，必须同时缩短条两关键线路上的时间。为了减少计算次数，关键工作 1—3、4—6 及 5—6 都缩短时间，工作 5—6 的持续时间只能允许再缩短 2 天，故该工作的持续时间缩短 2 天。工作 1—3 的持续时间可允许缩短 10 天，但考虑工作1—2 和 2—3 的总时差有 6 天(12—0—6=6 或 30—18—6=6)，因此工作 1—3 的持续时间缩短 6 天，共计缩短 8 天，缩短后的网络计划如图 2-2-67 所示。计算第二次缩短工期后增加的费用 C_2 为

$$C_2=C_1+100\times6+(57+62)\times2=684+600+238=1\ 522(\text{元})$$

(5)第三次缩短。从图 2-2-67 上看，工作 4—6 的持续时间不能再缩短，工作费用率用∞表示，关键工作 3—4 的持续时间缩短 6 天，因工作 3—5 的总时差为 6 天(60—30—24=6)，

缩短后的网络计划如图 2-2-68 所示。第三次缩短工期后增加的费用 C_3 为

$$C_3=C_2+143\times6=1\ 522+858=2\ 380(元)$$

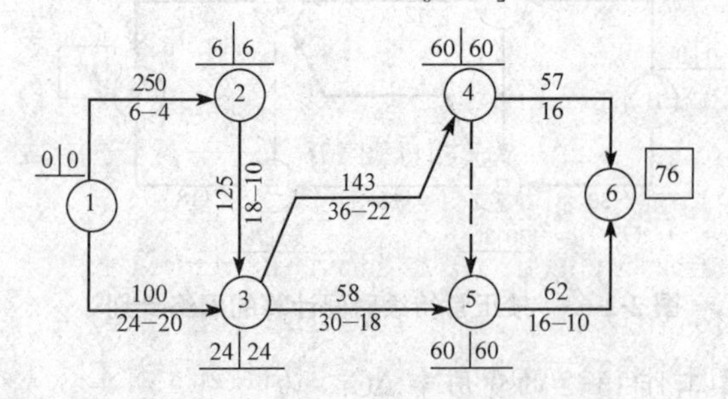

图 2-2-67　第二次工期缩短的网络计划

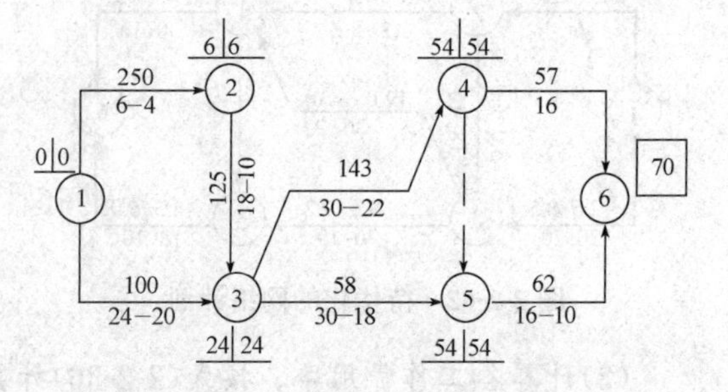

图 2-2-68　第三次工期缩短的网络计划

(6)第四次缩短。从图 2-2-68 上看，缩短工作 3—4 和 3—5 的持续时间 8 天，因为工作 3—4的最短持续时间为 22 天，缩短后的网络计划如图 2-2-69 所示。第四次缩短工期后增加的费用 C_4 为

$$C_4=C_3+(143+58)\times8=2\ 380+201\times8=3\ 988(元)$$

(7)第五次缩短。从图 2-2-69 上看，关键线路有 4 条，只能在关键工作 1—2、1—3、2—3中选择，只有缩短工作 1—3 和 2—3(工作费用率为 125＋100)的持续时间 4 天。工作 1—2的持续时间已达到最短，不能再缩短，经过五次缩短工期，不能再减少了，不同工期增加直接费用计算结束。第五次缩短工期后增加的费用 C_5 为

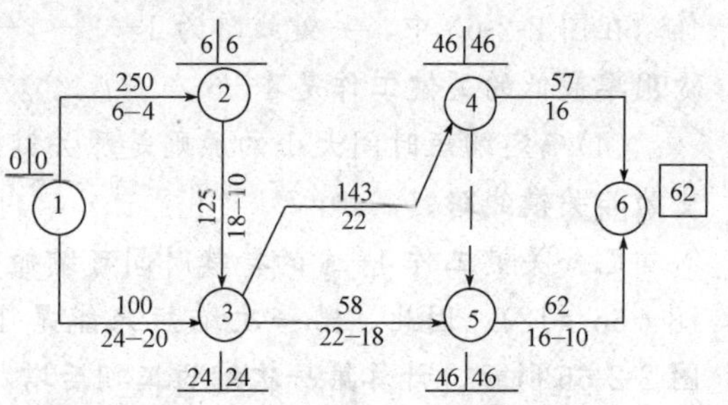

图 2-2-69　第三次工期缩短的网络计划

$$C_5=C_4+(125+100)\times4=3\ 988+900=4\ 888(元)$$

不同工期增加费用见表 2-2-11，选择其中组合费用最低的工期作为最佳方案。

表 2-2-11　不同工期组合费用表

不同工期/天	96	84	76	70	62	58
增加直接费用/元	0	684	1 522	2 380	3 988	4 888
直接费用/元	11 520	10 080	9 120	8 400	7 440	6 960
合计费用/元	11 520	10 764	10 642	10 780	11 428	11 848

从表 2-2-11 中可知，工期 76 天所增加费用最少，为 10 642 元。费用最低方案如图 2-2-70 所示。

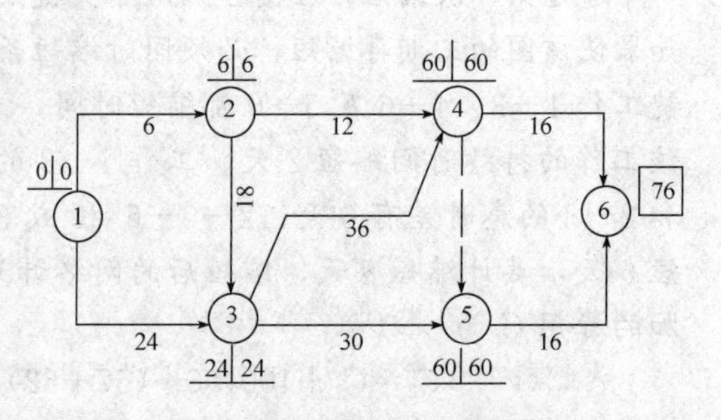

图 2-2-70　费用最低的网络计划

三、资源优化

一个部门或单位在一定时间内所能提供的各种资源(劳动力、机械及材料等)是有一定限度的，这就产生了如何经济而有效地利用这些资源的问题。资源计划安排有两种情况：一种

情况是网络计划所需要的资源受到限制，如果不增加资源数量(例如劳动力)，就会迫使工程的工期延长，资源优化的目的是使工期延长最少，即“资源有限，工期最短”；另一种情况是在一定时间内如何安排各工作的活动时间，使可供使用的资源均衡地消耗，即“工期固定，资源均衡”。以下介绍“资源有限，工期最短”的优化步骤和实例。

1.“资源有限，工期最短”的优化步骤

(1)进行“资源有限，工期最短”的优化，宜对“时间单位”作资源检查，当出现第 t 个时间单位资源需用量 R_t 大于资源限量 R_a 时，应进行计划调整。

调整计划时，应对资源冲突的诸工作作新的顺序安排。顺序安排的选择标准是“工期延长，时间最短”，其值应按下列公式计算：

1)对双代号网络计划。

$$\Delta D_{m'-n',i-j}=\min\{\Delta D_{m-n,i-j}\} \tag{2-2-37}$$

$$\Delta D_{m-n,i-j}=EF_{m-n}-LS_{i-j} \tag{2-2-38}$$

式中 $\Delta D_{m'-n',i'-j'}$——在各种顺序安排中，最佳顺序安排所对应的工期延长时间的最小值，它要求将 $LS_{i'-j'}$ 最大的工作 $i'-j'$ 安排在 $EF_{m'-n'}$ 最小的工作 $m'-n'$ 之后进行；

$\Delta D_{m-n,i-j}$——在资源冲突的诸工作中，工作 $i-j$ 安排在工作 $m-n$ 之后进行，工期所延长的时间。

2)对单代号网络计划。

$$\Delta D_{m',i'}=\min\{\Delta D_{m,i}\} \tag{2-2-39}$$

$$\Delta D_{m,i}=EF_m-LS_i \tag{2-2-40}$$

式中 $\Delta D_{m',i'}$——在各种顺序安排中，最佳顺序安排所对应的工期延长时间的最小值；

$\Delta D_{m,i}$——在资源冲突的各工作中，工作 i 安排在工作 m 之后进行，工期所延长的时间。

(2)进行“资源有限，工期最短”的优化，应按下述规定步骤调整工作的最早开始时间：

1)计算网络计划每“时间单位”的资源需用量。

2)从计划开始日期起，逐个检查每个时间单位资源需用量是否超过资源限量，如果在整个工期内每个“时间单位”均能满足资源限量的要求，可行优化方案就编制完成了。否则必须进行计划调整。

3)分析超过资源限量的时段(每“时间单位”资源需用量相同的时间区段)，按式(2-2-37)计算 $\Delta D_{m'-n',i'-j'}$ 的值或按式(2-2-39)计算 $\Delta D_{m',i'}$ 的值，依据它们确定新的安排顺序。

4)对调整后的网络计划安排重新计算每个时间单位的资源需用量。

5)重复上述步骤 2)～4)，直至网络计划整个工期范围内每个时间单位的资源需用量均满足资源限量为止。

2. 优化应用案例

【例 2-2-10】 已知某工程双代号网络计划如图 2-2-71 所示，图中箭线上方数字为工作的资源强度，箭线下方数字为工作的持续时间。假定资源限量 $R_a=12$，试对其进行“资源有限，工期最短”的优化。

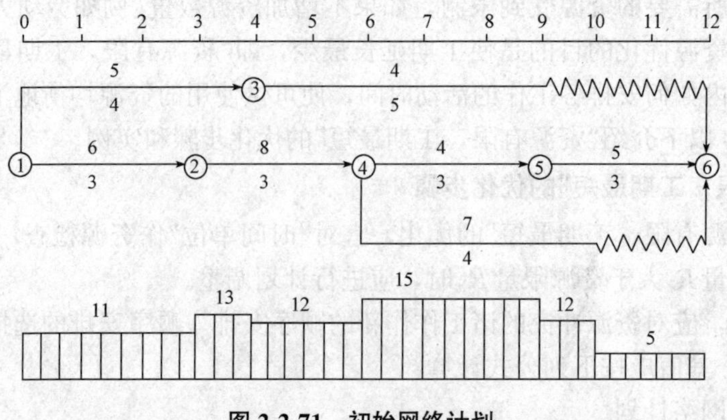

图 2-2-71　初始网络计划

【解】 该网络计划"资源有限，工期最短"的优化可按以下步骤进行：

(1)计算网络计划中每个时间单位的资源需用量，绘出资源需用量动态曲线，如图 2-2-71 下方曲线所示。

(2)从计划开始日期起，经检查发现第二个时段[3，4]存在资源冲突，即资源需用量超过资源限量，故应首先调整该时段。

(3)在时段［3，4］中有工作 1—3 和工作 2—4 两项工作平行作业，利用式(2-2-37)、式(2-2-38)计算 ΔD 值，其结果见表 2-2-12。

表 2-2-12　ΔD 值计算表

工作序号	工作代号	最早完成时间	最迟开始时间	$\Delta D_{1,2}$	$\Delta D_{2,1}$
1	1—3	4	3	1	—
2	2—4	6	3	—	3

由表 2-2-12 可知，$\Delta D_{1,2}=0$ 最小，说明将第 2 号工作(工作 2—4)安排在第 1 号工作之后进行，工期延长最短，只延长 1。因此，将工作 2—4 安排在工作 1—3 之后进行，调整后的网络计划如图 2-2-72 所示。

(4)重新计算调整后的网络计划每个时间单位的资源需用量，绘出资源需用量动态曲线，如图 2-2-72 下方曲线所示。从图中可知，在第四个时段［7，9］存在资源冲突，故应调整该时段。

(5)在时段[7，9]中有工作 3—6 、工作 4—5 和工作 4—6 三项工作平行作业，利用式(2-2-37)、式(2-2-38)计算 ΔD 值，其结果见表 2-2-13。

由表 2-2-13 可知，$\Delta D_{1,3}=0$ 最小，说明将第 3 号工作（工作 4—6)安排在第 1 号工作(工作 3—6)之后进行，工期不延长。因此，将工作 4—6 安排在工作 3—6 之后进行，调整后的网络计划如图 2-2-73 所示。

(6)重新计算调整后的网络计划每个时间单位的资源需用量，绘出资源需用量动态曲线，如图 2-2-73 下方曲线所示。由于此时整个工期范围内的资源需用量均未超过资源限量，故图 2-2-73 所示方案为最优方案，其最短工期为 13。

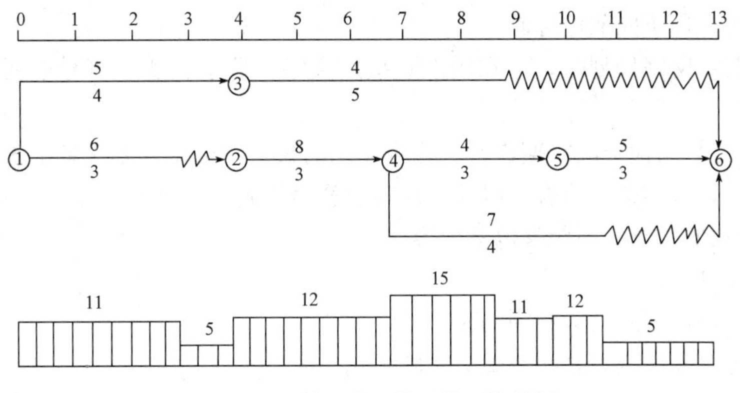

图 2-2-72　第一次调整后的网络计划

表 2-2-13　ΔD 值计算表

工作序号	工作代号	最早完成时间	最迟开始时间	$\Delta D_{1,2}$	$\Delta D_{1,3}$	$\Delta D_{2,1}$	$\Delta D_{2,3}$	$\Delta D_{3,1}$	$\Delta D_{3,2}$
1	3—6	9	8	2	0	—	—	—	—
2	4—5	10	7	—	—	2	1	—	—
3	4—6	11	9	—	—	—	—	3	4

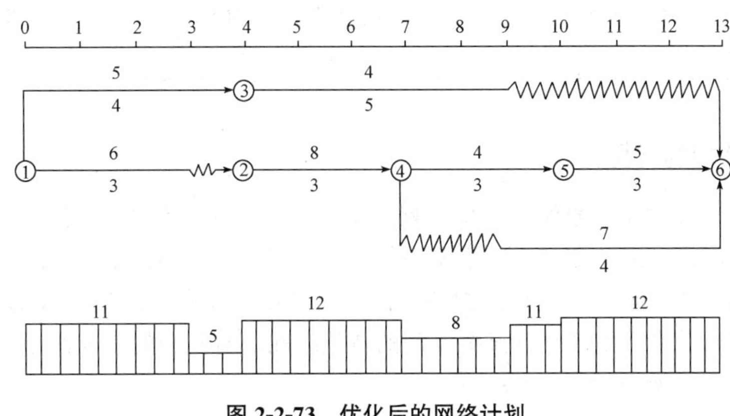

图 2-2-73　优化后的网络计划

2.7　网络计划控制

网络计划控制主要包括网络计划的检查和网络计划的调整两个方面。

一、网络计划的检查

(1)检查网络计划首先必须收集网络计划的实际执行情况，并进行记录。

当采用时标网络计划时，应绘制实际进度前锋线记录计划实际执行情况。前锋线应自上而下地从计划检查的时间刻度出发，用直线段依次连接各项工作的实际进度前锋点，最后到达计划检查的时间刻度为止，形成折线。前锋线可用彩色线标画；不同检查时刻绘制的相邻前锋线可采用不同颜色标画。

当采用无时标网络计划时，可在图上直接用文字、数字、适当符号或列表记录计划实际执行情况。

(2)对网络计划的检查应定期进行。检查周期的长短应根据计划工期的长短和管理的需要确定。必要时，可作应急检查，以便采取应急调整措施。

(3)网络计划的检查必须包括以下内容：

1)关键工作进度。

2)非关键工作进度及尚可利用的时差。

3)实际进度对各项工作之间逻辑关系的影响。

4)费用资料分析。

(4)对网络计划执行情况的检查结果，应进行以下分析判断：

1)对时标网络计划，宜利用已画出的实际进度前锋线，分析计划的执行情况及其发展趋势，对未来的进度情况作出预测判断，找出偏离计划目标的原因及可供挖掘的潜力所在。

2)对无时标网络计划，宜在表 2-2-14 中记录情况，对计划中的未完成工作进行分析判断。

表 2-2-14　网络计划检查结果分析表

工作编号	工作名称	检查时尚需作业天数	按计划最迟完成前尚有天数	总时差		自由时差		情况分析
				原有	目前尚有	原有	目前尚有	

二、网络计划的调整

网络计划的调整时间一般应与网络计划的检查时间一致，根据计划检查结果可进行定期调整或在必要时进行应急调整、特别调整等，一般以定期调整为主。

网络计划的调整内容主要包括：调整关键线路长度，调整非关键工作时差，增、减工作项目，调整逻辑关系，重新估计某些工作的持续时间，对资源的投入作相应调整等。

1. 关键线路长度的调整

调整关键线路的长度，可针对不同情况选用下列不同的方法：

(1)对关键线路的实际进度比计划进度提前的情况，当不拟提前工期时，应选择资源占用量大或直接费用高的后续关键工作，适当延长其持续时间，以降低其资源强度或费用；当要提前完成计划时，应将计划的未完成部分作为一个新计划，重新确定关键工作的持续时间，按新计划实施。

(2)对关键线路的实际进度比计划进度延误的情况，应在未完成的关键工作中，选择资源强度小或费用低的关键工作，缩短其持续时间，并把计划的未完成部分作为一个新计划，按工期优化方法进行调整。

2. 非关键工作时差的调整

非关键工作时差的调整应在其时差的范围内进行。每次调整均必须重新计算时间参数，观察该调整对计划全局的影响。调整方法可采用下列任意一种方法：

(1)将工作在其最早开始时间与其最迟完成时间范围内移动。

(2)延长工作持续时间。

(3)缩短工作持续时间。

3. 增、减工作项目

增、减工作项目时，应符合下列规定：

(1)不打乱原网络计划的逻辑关系，只对局部逻辑关系进行调整。

(2)重新计算时间参数，分析其对原网络计划的影响。当其对工期有影响时，应采取措施，保证计划工期不变。

4. 其他方面的调整

(1)调整逻辑关系。逻辑关系的调整只有当实际情况要求改变施工方法或组织方法时才可进行。调整时应避免影响原定计划工期和其他工作顺利进行。

(2)重新估计某些工作的持续时间。当发现某些工作的原持续时间有误或实现条件不充分时，应重新估算其持续时间，并重新计算时间参数。

(3)对资源的投入作相应调整。当资源供应发生异常时，应采用资源优化方法对计划进行调整或采取应急措施，使其对工期的影响最小。

第三篇 学习情境

知识目标

熟悉分部分项工程施工组织设计的内容和编制方法；掌握单位工程施工组织设计的编制程序及技术经济评价方法；掌握建设项目施工组织设计的编制内容及建设项目施工总进度计划的编制方法。

学习情境 1　分部分项工程施工组织设计

能力描述

能编制分部分项工程施工组织设计，以及分部分项工程安全专项方案。

目标描述

掌握分部分项工程施工组织设计的内容、编制方法；掌握专项施工方案的编制程序及法律责任；掌握分部分项施工组织设计的评价指标。

1.1　任务描述

一、工作任务

编制本工程钢结构吊装工程施工组织设计，其车间平面图如图 3-1-1 所示。

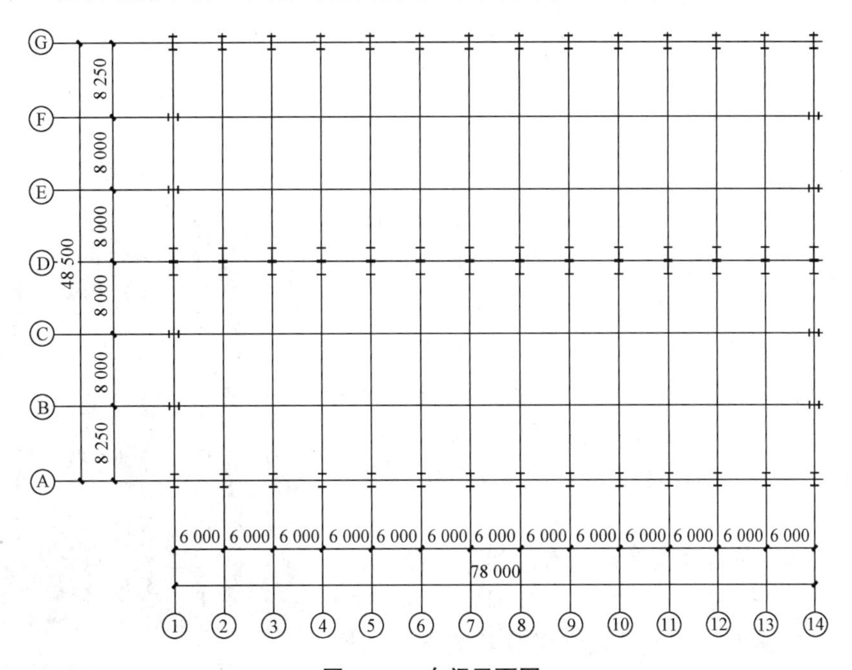

图 3-1-1　车间平面图

(1)本工程的室内地坪设计标高±0.000 m 相当于绝对标高 4.200 m。厂房屋檐高度为 15.1 m，屋面采用 0.5 mm 厚 V820 彩钢板、50 mm 厚玻璃纤维保温棉带铝箔、C 型檩条、钢梁(屋面防水为Ⅲ级)，防火设计排烟系统选用易熔材料采光带。钢结构屋面的整体年限为 25 年，本建筑耐火等级为二级，生产类别为丁类。

(2)厂房上部结构为轻钢结构，采用门式刚架，彩钢夹芯钢板屋面与围护墙。柱网布置尺寸为：单层双跨，每跨 24.25 m，横向柱距为 6 m，内设两台 Q=100 kN、两台 Q=200 kN 地面操作电动单梁桥式起重机。

(3)钢柱与钢梁均为焊接 H 型钢，钢构件的连接以螺栓为主。高强螺栓(摩擦型)应采用现行国家标准中规定的 10.9S 螺栓。

(4)钢结构的施工图设计、各构件工厂化制作已经完成，需进行现场吊装。

开工日期：2017 年 5 月 1 日。

竣工日期：2017 年 6 月 15 日。

二、可选工作手段

(1)工程施工图纸。

(2)工程的现场及周边环境条件。

(3)国家部委、省市及当地有关施工技术规范与工程验收标准。

(4)建设单位、总包方对工程管理的要求。

(5)《钢结构工程施工质量验收标准》(GB 50205—2020)。

(6)《涂覆涂料前钢材表面处理　表面清洁度的目视评定》(GB/T 18570)。

1.2　案例示范

一、案例描述

1. 工作任务

金厦技术学院拟在学院内新建高层住宅楼，该建筑物设计地上 30 层，地下 2 层，为钢筋混凝土剪力墙结构，平面呈矩形，东西轴线间距 71.4 m，南北轴线间距 17.5 m，基坑开挖面积约 1 500 m²，本工程地基基础采用钢筋混凝土灌注桩，设计桩径为 700 mm。室外自然地坪标高为−1.20 m，基础垫层标高为−7.80 m，基坑开挖深度为施工场地地下 6.6 m。住宅楼效果图如图 3-1-2 所示。

图 3-1-2　住宅楼效果图

新建建筑物东侧外墙皮距离已有的建工系楼(三层砖混结构)仅 2.6 m(东北侧约 10 m 范围)；支护结构需紧贴旧建筑物施工，且 1 号教学楼对基坑支护结构产生较大附加荷载。

新建建筑物南侧外墙皮距离已有 2 号教学楼(四层结构)12 m，其不会对基坑支护结构产生附加荷载，只要止水结构可靠，基坑开挖对该建筑物不会产生影响，但基坑开挖和支护结构施工将对该建筑物北侧交通道路产生破坏。

新建建筑物西侧外墙皮距离已有28号教工住宅楼(地上6层、地下1层)9 m，住宅楼基础底埋深1.7 m，不会对基坑支护结构产生附加荷载，但必须设计一道可靠的止水帷幕，才能保证该建筑物的安全。

其地质概况自上而下可分为：

(1)杂填土：其下部分为一层素填土，杂色，夹有碎砖、炉渣等杂物，呈松散状态，厚度为2～2.75 m，层底埋深2～2.75 m。

(2)粉土夹粉质黏土，褐黄色，饱和，呈软塑～可塑状态，层厚2.6～5.8 m，层底埋深5～7.8 m。

(3)粉细砂：黄色～灰黄色，呈松散状态，层厚3.7～6.7 m，层底埋深11～12.5 m。

(4)粉土：褐黄色，呈可塑状态，层厚2.1～5.5 m，层底埋深14.6～16.8 m。

(5)粉质黏土：灰黑色，含少量的粉细砂，层厚1.7～3.5 m，层底埋深16.5～20.3 m。

(6)中砂：灰黑色，饱和，呈中密状态，层厚3.9～8.9 m，层底埋深22.6～26.4 m。

(7)砾砂。

(8)粉质黏土。

根据基坑周围环境实际情况，按照国家有关法规、规程编制其基坑支护专项方案。基坑支护参数见表3-1-1。

表3-1-1　基坑支护设计参数

地层类型	黏聚力 c/kPa	内摩擦角 φ/(°)	重度 γ/(kN·m^{-3})	厚度/m
杂填土	13	11	18.5	2.4
粉土夹粉质黏土	13	11	18.5	3.6
粉细砂	0	21	19.4	5.8
粉土	11	9	20.0	3.8
粉质黏土	20	15	20.0	2.4
中砂	0	28	20.0	6.8

2. 可选工作手段

(1)《中华人民共和国建筑法》。

(2)《中华人民共和国安全生产法》。

(3)《建设工程安全生产管理条例》。

(4)《建筑施工安全检查标准》(JGJ 59—2011)

(5)现行国家行业施工技术标准、规范、规程。

(6)《建筑施工组织设计规范》(GB/T 50502—2009)。

(7)建设单位、总包方对工程管理的要求。

二、案例分析与实施

1. 工程分析

(1)根据其基坑支护、降水工程实际情况(挖土深度6.6 m)，该工程属于危险性较大的分部分项工程，且为超过一定规模的危险性较大的分部分项工程，所以必须单独编制安全专项施工方案。

(2)编制安全专项施工方案的内容包括：工程概况、编制依据(相关法律、法规、规范性文件、标准、规范及图纸等)、施工工序及施工方法、计算书及相关图纸、施工危险因素分析、安全措施、重大施工步骤安全预案等。

(3)《建筑基坑支护技术规程》(JGJ 120—2012)规定基坑侧壁安全等级及重要性系数见表3-1-2。

表 3-1-2　基坑侧壁安全等级及重要性系数

安全等级	破坏后果	γ_0
一级	支护结构失效、土体过大变形对基坑周边环境或主体结构施工安全的影响很严重	1.10
二级	支护结构失效、土体过大变形对基坑周边环境或主体结构施工安全的影响严重	1.00
三级	支护结构失效、土体过大变形对基坑周边环境或主体结构施工安全的影响不严重	0.90

所以，本工程东侧基坑结构安全度达到一级，其余侧基坑支护结构安全度达到二级。

2. 工程实施

金厦技术学院高层住宅楼基坑支护专项方案

第一章　工程概况

金厦技术学院拟在学院内新建高层住宅楼，该建筑物设计地上30层，地下2层，为钢筋混凝土剪力墙结构，平面呈矩形，东西轴线间距71.4 m，南北轴线间距17.5 m，基坑开挖面积约1 500 m^2，本工程地基基础采用钢筋混凝土灌注桩，设计桩径为700 mm。室外自然地坪标高为-1.20 m，基础垫层标高为-7.80 m，基坑开挖深度为施工场地地下6.6 m。

新建建筑物东侧外墙皮距离建工系教学楼(三层砖混结构)仅2.6 m(东北侧约10 m范围)；支护结构需紧贴旧建筑物施工，且建工系教学楼对基坑支护结构产生较大附加荷载。

新建建筑物南侧外墙皮距离学院主楼(四层结构)12 m，学院主楼不会对基坑支护结构产生附加荷载，只要止水结构可靠，基坑开挖对该建筑物不会产生影响，但基坑开挖和支护结构施工将对该建筑物北侧交通道路产生破坏。

新建建筑物西侧外墙皮距离28号教工住宅楼(地上6层、地下1层)9 m，住宅楼基础底埋深1.7 m，不会对基坑支护结构产生附加荷载，但必须设计一道可靠的止水帷幕，才能保证该建筑物的安全。

第二章　工程地质概况

根据《金厦技术学院高层住宅楼岩土工程勘察报告》，本场地地层自上而下可分为：

(1)杂填土：其下部分为一层素填土，杂色，夹有碎砖、炉渣等杂物，呈松散状态，厚度为2～2.75 m，层底埋深2～2.75 m。

(2)粉土夹粉质黏土，褐黄色，饱和，呈软塑～可塑状态，层厚2.6～5.8 m，层底埋深5～7.8 m。

(3)粉细砂：黄色～灰黄色，呈松散状态，层厚3.7～6.7 m，层底埋深11～12.5 m。

(4)粉土：褐黄色，呈可塑状态，层厚2.1～5.5 m，层底埋深14.6～16.8 m。

(5)粉质黏土：灰黑色，含少量的粉细砂，层厚1.7～3.5 m，层底埋深16.5～20.3 m。

(6)中砂：灰黑色，饱和，呈中密状态，层厚3.9～8.9 m，层底埋深22.6～26.4 m。

(7)砾砂。

(8)粉质黏土。

第三章　编制依据

(1)《中华人民共和国建筑法》。

(2)《中华人民共和国安全生产法》。

(3)《建设工程安全生产管理条例》。

(4)《建筑施工安全检查标准》(JGJ 59—2011)。

(5)《建筑基坑支护技术规程》(JGJ 120—2012)。

(6)其他现行施工技术标准、规范、规程。

(7)《建筑施工组织设计规范》(GB/T 50502—2009)。

第四章　基坑支护方案

根据基坑周围环境情况，按《建筑基坑支护技术规程》(JGJ 120—2012)(以下简称《规程》)规定本工程东侧基坑结构安全度达到一级，其余侧基坑支护结构安全度达到二级。

因本基坑工程周围环境复杂，基坑支护结构变形要求严格，设计支护结构南侧、西侧和北侧采用格栅深层搅拌水泥挡土墙；东侧采用钢筋混凝土悬臂桩加支护结构。现场情况和具体做法如下：

(1)本工程基础底标高为－7.8 m，基坑周边场地标高为－0.5～1.2 m，基坑开挖深度为 6.6～7.3 m(西侧地面标高为－0.5 m，基坑深度为 7.3 m)；场地地下水水位埋深为 2.7～2.8 m。

(2)基坑南、西两侧局部卸载，卸载宽度为 3 m，卸载深度分别为 2.5 m 和 1.5 m；采用深层搅拌格栅挡土墙结构；挡土墙顶标高分别为－3.70 m 和－2.0 m，宽度分别为 2.4 m 和 3.3 m。

(3)基坑北侧采用墙顶卸载坑内放坡形式，挡土墙顶标高为－3.7 m，设三排套打深层搅拌桩，墙宽 1.2 m。

(4)深层搅拌桩桩径为 500 mm，桩间距、排距为 350 mm，南、北两侧桩长为 11 m，西侧为 12.7 m，水泥用量为 60 kg/m，采用 32.5 级矿渣硅酸盐水泥。

(5)基坑东侧采用钢筋混凝土灌注桩加钢管支撑支护方法，灌注桩桩径为 800 mm，桩间距为 1 300 mm，桩长为 15 m，桩顶标高为－2.70 m，桩顶设 900 mm×500 mm 钢筋混凝土冠梁，冠梁内侧设两道钢管斜支撑，钢管选用 ϕ400×10，钢管支撑与冠梁预埋的 15 mm 厚钢板焊接连接，冠梁和灌注桩的混凝土强度等级为 C30。

(6)基坑东侧灌注桩之间设高压旋喷止水桩，桩径为 600 mm，桩间距为 0.4 m，桩长为 12 m，桩顶标高为－2.70 m，水泥喷浆量为 250 kg/m，桩数为 68 根。水泥浆中需掺入早强减水剂，掺量按水泥用量的 1.5%计算。

(7)场地降水采用大口径管井降水法，降水井井深 15 m，井距为 12～15 m，井数为 8 眼，井位设置应尽量均匀，但应避开基础梁、柱、墙部位，图中井位布置仅供参考；基坑外围设 6 眼回灌井，井深 10 m。

本基坑支护结构设计参数选择工程地质报告提供的参数，南侧、西侧施工荷载按 15 kPa考虑；北侧三层建筑物荷载按 60 kPa 考虑。

(8)基坑南侧、西侧及北侧三侧支护方案。基坑南、西、北侧采用深层搅拌格栅水泥挡土墙，并兼作止水帷幕，挡土墙厚度为 3.3 m，桩距为 350 mm，排距为 350 mm，桩长为 11 m，水泥掺入量≥60 kg/m，两喷四搅，南、北侧挡土墙起拱高度为 2.5 m，西侧挡土墙起拱高度为 1.5 m。

(9)基坑东侧支护方案。东侧基坑支护采用钢筋混凝土灌注桩，桩顶设冠梁及钢筋混凝土支撑系统，钢筋混凝土灌注桩桩径为700 mm，桩长为17 m，混凝土强度等级为C30，钢筋混凝土冠梁 $b\times h=800\ \mathrm{mm}\times 400\ \mathrm{mm}$，支撑系统 $b\times h=400\ \mathrm{mm}\times 600\ \mathrm{mm}$，冠梁及支撑混凝土强度等级为C30。东侧止水分两种形式，靠近教学楼区域在每个灌注桩间设三根高压旋喷桩止水，两种挡土结构接头部位需设置高压旋喷桩进行连接。桩径为600 mm，桩长为11 m，水泥掺入量为250 kg/m，其余部分采用双排深层搅拌水泥土桩进行止水，桩距为350 mm，排距为350 mm，桩径为500 mm，桩长为11 m，水泥掺量≥60 kg/m。基坑支护平面图和基坑开挖施工现场图如图3-1-3和图3-1-4所示。

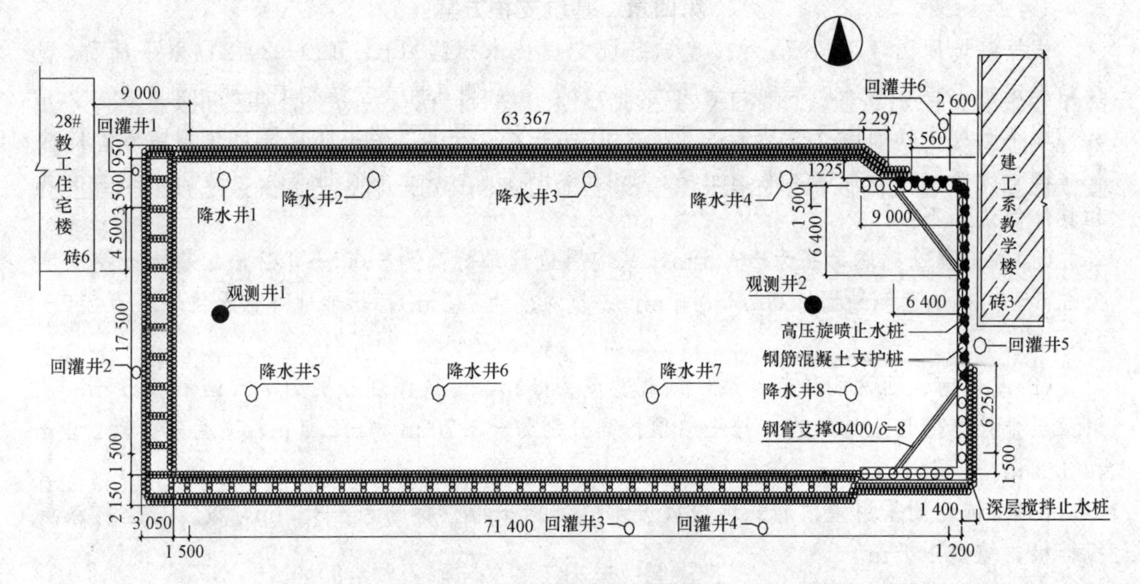

图 3-1-3　基坑支护平面图

图 3-1-4　基坑开挖施工现场图

第五章　基坑支护施工顺序及施工方法

基坑支护整体施工顺序：东侧支护钢筋混凝土灌注桩支撑系统→基坑南侧深层搅拌格栅水泥挡土墙→基坑西侧深层搅拌格栅水泥挡土墙→基坑北侧深层搅拌格栅水泥挡土墙。

1. 深层搅拌格栅水泥挡土墙的施工工艺及方法

(1)机械选择。为提高水泥土桩墙的整体性，减少搭接接缝，加快施工进度，桩机选用4钻头深层搅拌水泥桩机。

(2)施工工艺。

施工流程：放线定位→桩机就位→预搅下沉→制备水泥浆→提升喷浆搅拌→沉钻复搅→沉钻清洗→移位。

1)放线定位。根据建筑红线和楼座控制线用全站仪放线定出每个桩位，并做好标识。

2)桩机就位。调整液压支腿，使钻尖对准桩位点，因采用4钻头桩机，所以就位对点时需保证4个钻头同时对准桩位点。就位完毕，机身保持水平，钻杆保持垂直。

3)预搅下沉。桩机启动，4个钻头沿导向架切土下沉钻进，钻进速度由电机电流控制。

4)制备水泥浆。下钻同时按水胶比0.5制备水泥浆。

5)提升喷浆搅拌。钻头钻进至设计桩墙底标高，开启灰浆泵将水泥浆自钻头的喷孔中压入地基土中，边喷浆、边旋转、边提升钻头，使水泥浆和桩孔内土体混合。

6)沉钻复搅。钻头提升至设计桩墙顶标高，将钻头再次旋转下钻至设计桩墙底标高，再喷浆搅拌提升，使水泥浆与土体充分混合，直至提升至设计桩墙顶标高。

7)沉钻清洗。清洗管内残存水泥浆。

8)移位。桩机移至下一桩位，进行下一轮施工。

(3)施工注意事项。

1)彻底清理旧基础。用挖掘机彻底挖除拆迁房屋的旧基础。

2)控制机架垂直度。机架垂直度决定成桩垂直度，垂直度偏差需控制在1%以内。

3)工艺试桩。施工前做试桩，通过试桩调整施工工艺参数。

4)成桩速度。控制下沉速度在0.8 m/min以内，将喷浆提升速度控制在0.5 m/min以内，将沉钻复搅速度控制在0.8 m/min以内。严格控制喷浆速率与喷浆提升速度的关系，确保水泥浆沿桩墙均匀分布，保证在提升的同时开始喷浆，在提升至桩墙顶时喷浆完毕。

5)两次喷浆、三次搅拌。喷浆两次、搅拌三次，使水泥浆沿桩墙全长与土体充分均匀混合。

6)防止断桩。施工中若发生意外中断注浆或提升过快现象，立即停止施工，重新下钻至停浆面以下0.5 m的位置，重新喷浆提升，保证桩身完整，防止断桩。

7)邻桩施工。相邻桩施工间隔不超过24 h。若停歇时间超过25 h，采用补桩加强。

8)试验：每1台班取1组试块试验强度。水泥土桩施工7 d后采用钻芯取样检查成桩质量。

9)检测位移情况：施工完毕，沿基坑上口布置位移检查点，监测水泥土桩墙位移情况。

2. 钢筋混凝土灌注桩、冠梁及钢筋混凝土支撑系统的施工工艺及方法

(1)机械选择：zkl700螺旋钻孔机(桩架形式履带吊)。

(2)施工工艺：测量放线及高程控制→设备安装调试→埋设护筒→泥浆池准备→钻孔→清孔→安放钢筋笼→混凝土浇筑→凿桩头→冠梁及钢筋混凝土支撑施工。

1)测量放线及高程控制。采用全站仪坐标控制的方法确定桩位平面位置。高程测量由建设方提供基准点，用水准仪测定各桩孔的井口标高，并在钻机上挂牌记录。

2)设备安装调试。钻机就位前，需将基础垫平填实，钻机按指定位置就位，在技术人员的指导下摆平放稳，保证冲锤垂直对准桩位。钻机安装就位后，应精心调试，确保施工中不发生倾斜、移位等影响施工质量的情况。

3)埋设护筒。护筒采用坚实不漏水的钢护筒，人工配合机械开挖护筒坑，基坑尺寸为护筒直径增加 1 m，基坑挖掘完毕，人工安装护筒，护筒直径比桩径大 200 mm，其位置校核无误后，护筒周围分层回填黏土并夯实，护筒埋设深度为 2～4 m。

4)泥浆池准备。机械开挖泥浆池，用检验合格的黏土制备泥浆。合理规划泥浆池的深度、尺寸及设置位置，以满足环境保护和文明施工的要求。为保护施工范围内的环境卫生、农田，钻孔桩废弃的泥浆应在施工完成后，用汽车或罐车将泥浆池中的泥浆清运到指定的排放地点。

5)钻孔。冲击钻机稳固后其钻头吊钻杆绳应与桩位中心线相互重合，方可开钻，以后每班核对一次位置。

钻孔作业应分班连续进行，经常对钻孔泥浆进行检验，若不符合要求应及时处理改正。同时，要注意岩层变化，及时捞取渣样，认真做好记录，与地质剖面图进行核对。如发现地质条件与设计不符，及时报请监理工程师及主管部门，核对并确认后，报请设计单位等上级主管部门。为提高成孔质量，在成孔过程中应严格控制钻机的钻进速度。

6)清孔。在终孔检查孔深达设计标高，且成孔质量符合图纸要求并经监理工程师同意后，应迅速清孔，清孔方法采用抽渣法。清孔时必须保证孔内水头，提管时避免碰孔壁，防止坍孔。清孔后的泥浆性能指标、沉渣厚度应符合《建筑基坑支护技术规程》(JGJ 120—2012)的要求。清孔后用检孔器测量孔径，检孔器的焊接可在工地进行，监理工程师检验合格后，即可进行钢筋笼的吊装工作。

7)安放钢筋笼。

8)混凝土浇筑。水下混凝土采用导管法进行灌注，导管内径为 30 cm，导管使用前要进行闭水试验(水密、承压、接头抗拉)，合格的导管才能使用，导管应居中稳步沉放，不能接触到钢筋笼，以免导管在提升中将钢筋笼提起，导管可吊挂在钻机顶部滑轮上或用卡具吊在孔口上，导管底部距桩底的距离应符合《建筑基坑支护技术规程》(JGJ 120—2012)的要求，一般为 0.25～0.4 m，本工程采用混凝土罐车对导管漏斗直接卸料的施工方法，首批混凝土导管漏斗容积在 1 m^3 以内即可，当漏斗活门提升打开后，罐车紧跟连续向漏斗中快速卸料，保证首批混凝土容积达 6 m^3 左右，保证埋管深度。向导管内倾倒混凝土宜徐徐进行，防止产生高压气囊。施工中导管内应始终充满混凝土。随着混凝土的不断浇入，及时测量混凝土顶面高度和埋管深度，及时提拔拆除导管，使导管埋入混凝土中的深度保持在 2～6 m。混凝土面检测锤随孔深而定，一般不小于 4 kg。每根导管的水下混凝土浇筑工作，应在该导管首批混凝土初凝前完成。

9)凿桩头。

10)冠梁及钢筋混凝土支撑施工。

第六章　施工作业计划

施工进度计划见表 3-1-3。

表 3-1-3　施工进度计划

施工项目	施工进度/天											
	5	10	15	20	25	30	35	40	45	50	55	60
东侧钢混支护施工	━	━	━	━								
水泥支护施工准备			━	━								
南侧水泥支护施工					━	━	━					
西侧水泥支护施工								━	━			
北侧水泥支护施工										━	━	━

第七章　支护结构的设计与计算

1. 土压力的计算

(1)为了减小墙后土压力，达到挡土结构经济可靠的目的，采取对墙后土进行卸荷是一种最有效的办法，所以对基坑南、北侧统一在地表卸去 1 500 mm 深、3 000 mm 宽的地表土层。

(2)地质勘察报告对场地的第一层土(杂填土)没有给出土的物理力学指标，由于实地开挖时发现第一层土与第二层土没有明显的分界线，所以在计算土压力时，第一层土的物理力学指标取值同第二层土。

(3)基坑支护结构。本工程支护结构采用深层搅拌水泥挡土墙，北、西、南平面形式采用圆弧拱结构，其中东西拱矢高 2.0 m，南北拱矢高 2.5 m。平面图如图 3-1-3 所示。

(4)土压力的计算办法种类较多，在这里选用现行《建筑基坑支护技术规程》(JGJ 120—2012)推荐的办法，这种计算方法的本质是朗金土压力计算原理。据有关资料证实，利用这种计算方法得出的结果与实际有一定的出入，主动土压力偏小，被动土压力偏大，利用这种计算办法计算的结果更加安全。

(5)计算指标取值见表 3-1-4。

表 3-1-4　计算指标取值

地层类型	黏聚力 c/kPa	内摩擦角 φ/(°)	重度 γ/(kN·m^{-3})	厚度/m
杂填土	13	11	18.5	2.4
粉土夹粉质黏土	13	11	18.5	3.6
粉细砂	0	21	19.4	5.8
粉土	11	9	20.0	3.8
粉质黏土	20	15	20.0	2.4

2. 水泥挡土墙的设计与计算

(1)水泥挡土墙设计方案。水泥挡土墙的设计宽度，按照《建筑基坑支护技术规程》(JGJ 120—2012)的规定，当墙体位于黏性土或粉土层中时，按下式计算：

$$b \geqslant \sqrt{\frac{2\times\left(1.2\gamma_0\, h_a \sum E_{ai} - h_p \sum E_{pj}\right)}{\gamma_{cs}(h+h_d)}} = 3.4\ (\mathrm{m})$$

在这里取重要性系数 $\gamma_0=1.0$，$h_a=3.9$ m，$\sum E_{ai}=498$，$h_p=1.62$，$E_{pj}=555.5$ kN，$\gamma_{cs}=19$ kN/m^2，$h=5.1$ m，$h_d=5.4$ m。将以上参数代入上式得出结果 $b\geqslant 3.4$ m，且应该满足 $b\geqslant 0.4h=0.4\times 5.1=2.04$ m，为了符合模数取 $b=3.3$ m，嵌固深度 $h_d=1.15$ m。$h=1.15\times 0.7\times 5.1=4.1$(m)($c$、$\varphi$ 取加权平均值)，这里取 $h_d=5.4$ m，深度取 $H=11.5$ m，这个深度已经穿透粉砂层并深入粉质黏土层 1.0 m，以确保降水质量。

(2)抗倾覆验算。

水泥挡土墙截面抵抗矩 $W=2\times 0.8\times 1.25=2(\text{m}^3)$

水泥挡土墙截面抗弯能力 $M=0.06f_{cs}\times W=0.06\times 2\ 000\times 2=240(\text{kN}\cdot\text{m})$

基坑底处：

倾覆力矩 $M_{倾}=27.8\times 2.8+82.1\times 1.32+37.8\times 0.3=1\ 97.55(\text{kN}\cdot\text{m})$

抗倾覆力矩 $M_{抗}=3.3\times 5.1\times 19\times 1.5+240=719.66(\text{kN}\cdot\text{m})$

抗倾覆安全系数 K=抗倾覆力矩 $M_{抗}$/倾覆力矩 $M_{倾}=3.64>1.3$，该截面符合要求。

基坑底下 2.0 m 处：

倾覆力矩 $M_{抗}=27.8\times 4.8+82.1\times 3.32+37.8\times 2.3+130\times 1=622.95(\text{kN}\cdot\text{m})$

抗倾覆力矩 $M_{倾}=3.3\times 7.1\times 19\times 1.5+104\times 0.8+240=990.96(\text{kN}\cdot\text{m})$

抗倾覆安全系数 K=抗倾覆力矩 $M_{抗}$/倾覆力矩 $M_{倾}=1.59>1.3$，该截面符合要求。

基坑底下 54 m 处：

倾覆力矩 $M_{倾}=27.8\times 8.2+82.1\times 6.75+37.8\times 5.7+351\times 2.7=1\ 945.3(\text{kN}\cdot\text{m})$

抗倾覆力矩 $M_{抗}=3.3\times 10.5+19\times 1.65+555.5\times 2+240=1\ 417(\text{kN}\cdot\text{m})$

抗倾覆安全系数 K=抗倾覆力矩 $M_{抗}$/倾覆力矩 $M_{倾}=1.25<1.3$，该截面不符合要求。

(3)正截面承载力验算。

条件：$1.25\gamma_0\gamma_{cs}z+\dfrac{M}{W}\leqslant f_{cs}$

$z=5.1$ m 时：$1.25\times 1\times 19\times 5.1+(27.88\times 2.8+82.1\times 1.31+37.36\times 0.3)/2=219.54(\text{kPa})<f_{cs}=2\ 000$ kPa

$z=7.1$ m 时：$1.25\times 1\times 19\times 7.1+(27.88\times 4.8+82.1\times 3.31+37.36\times 2.3+130\times 1-104\times 0.81)/2=437(\text{kPa})<f_{cs}=2\ 000$ kPa

$z=10.5$ m 时：$1.25\times 1\times 19\times 10.5+(27.88\times 8.2+82.1\times 6.71+37.36\times 7.7+351\times 2.7-555.5\times 2)/2=701.31(\text{kPa})<f_{cs}=2\ 000$ kPa

(4)整体稳定计算——圆弧滑动简单条分法。

根据圆心 O 点的位置不同计算了三种危险的情况。计算结果均满足要求。

(5)抗基坑隆起稳定性分析——太沙基-派克公式。

$$N_q=\mathrm{e}^{\pi\tan\varphi}\tan^2\left(45^\circ+\frac{\varphi}{2}\right)=4.32$$

$$N_c=(N_q-1)/\tan\varphi=11.6$$

$$K_S=\frac{\gamma_2 DN_q+CN_c}{\gamma_1(H+D)+q}=\frac{19.4\times 5.4\times 4.32+6\times 11.6}{18.6\times(5.1+5.4)+15}=2.48>2$$，满足要求。

(6)抗管涌稳定验算。本工程采用深井降水，在降水工程中可以有效地消除地下水的浮力，不易出现管涌现象，为了确保安全，挖管涌稳定验算如下：

浮重力 $\gamma'=9.7\ kN/m^3$，地下水向上渗流力 $j=\dfrac{h\gamma_w}{h+2h_d}=\dfrac{5.1\times10}{5.1+2\times5.4}=3.2$。

抗管涌安全系数 $K_g=\gamma/j=9.7/3.2=3.03>2$，满足要求。

3. 钢筋混凝土护坡桩设计与计算

在基坑东侧 1.6 m 处是建工系三层教学楼，该段支护属于一级支护墙段，由于位置的局限性，只能采用钢筋混凝土灌注桩挡土结构并设桩顶支撑，分析计算如下。

(1)计算简图(略)。

(2)单层支点基坑底面以下设定弯矩零点位置至基坑底面的距离 h_{c1}，根据计算条件 $e_{alk}=e_{plk}$ 得到结果 $h_d=1.7$ m。

(3)计算支点力 T_d。

根据《建筑基坑支护技术规程》(JGJ 120—2012) $T_{a1}=\dfrac{h_{a1}\sum E_{ac}-h_{p1}\sum E_{PC}}{h_{T1}+h_{c1}}$，结合计算简图得出计算结果：$T_{cl}=151$ kN/m。

(4)计算钢筋混凝土嵌固深度设计值 h_d。根据《建筑基坑支护技术规程》(JGJ 120—2012)中，$h_p\sum p_{pj}+T(h_{T1}+h_d)-1.2\gamma_0 h_a\sum E_{ai}\geqslant0$ 的条件(式中重要性系数取一级 $\gamma_0=1.3$)，结合计算简图得出计算结果：$h_d\geqslant11.5$ m，这样钢筋混凝土支护桩的设计总长达到 5.1+11.5=16.6(m)，这里取 17 m。

(5)计算钢筋混凝土弯矩最大值。弯矩最大值出现在支护桩剪力 $Q=0$ 的位置，根据计算简图多次试算，得到剪力 $Q=0$ 的位置在基坑底面以下 4.67 m 处，该处以上所有力对该点取矩得到最大弯矩值 $M_{max}=214.3\times7.07+42.25\times4.97+43.19\times(4.67-1.7/3)-151\times10.07-148.78\times2.97/3=234.44(kN\cdot m)$。

(6)钢筋混凝土支护桩配筋计算。本工程采用 $\phi700$ 灌注桩，桩中心距为 1.2 m，经计算挡土墙最大弯矩为 $1.4\times234.44=328.2(kN\cdot m)$。

1)单根桩承受最大弯矩 $328.2\times1.2=393.84(kN\cdot m)$。

2)按单边配置纵向钢筋计算。

灌注桩混凝土强度等级为 C30，$f_{cm}=16.5$ MPa，HRB335 级钢筋 $f_y=310$ MPa，保护层厚度 $a_s=50$ mm，则 $r_s=r-a_s=350-50=300(mm)$。

设钢筋配置 10Φ25，$A_s=4\ 909\ mm^2$，有 $K=f_yA_s/f_{cm}=310\times4\ 909/(16.5\times\pi\times350^2)=0.24$。

查表得 $\alpha=0.267$。

$$M_C=A_sf_y(y_1+y_2)=A_sf_y\left(\frac{r\sin\alpha}{1.5-0.75\sin\alpha}+\frac{2\sqrt{2}r_s}{\pi}\right)=4.6\times10^8(N\cdot mm)$$

$$=460\ kN\cdot m>393.8\ kN\cdot m$$

在受拉区 90°区域内配 10Φ25 HRB335 级钢筋，在其他区域配 15Φ16 HRB335 级钢筋并配 Φ8@250 螺旋箍筋和 Φ16@2 000 附加箍筋。

4. 基坑东侧桩顶冠梁及支撑设计

配筋计算如下：

梁截面尺寸 $b\times h=800\ mm\times400\ mm$，采用 C30 混凝土，梁支座弯矩 $M_{max}=813.89\ kN\cdot m$，查表得支座负筋 $A_s=4\ 320\ mm^2$，选配 9Φ25 钢筋。梁跨中弯矩 $M_{max}=4\ 05.36\ kN\cdot m$，查

表得跨中纵筋 A_s=1 920 mm²，选配 6Φ22 钢筋。全梁选配 Φ8@200，加密区(仅支座两侧 800 mm 范围)选配 Φ8@100 钢筋。

侧梁及端梁截面尺寸 $b\times h$=800 mm×400 mm，采用 C30 混凝土，按构造配正负两侧筋各 5Φ20，全梁选配 Φ8@200 钢筋。

斜向支撑截面尺寸 $b\times h$=400 mm×600 mm，钢筋 C30 混凝土，轴力 N=1 174×1.414=1 660(kN)，截面轴向承载力 R=16.5×600×400=3.96×10⁶(N)=3 960(kN)。按构造配筋，选配 10Φ18、Φ8@200 钢筋。

5. 止水、降水方案设计

(1)基坑降水目的。

1)疏干基坑开挖层的地下水，使开挖层中含水量降低，确保基坑开挖出土时不对环境造成影响；

2)控制降水引起的地面沉降不对周围环境造成不利影响。

(2)本工程采用的方案。

1)南、西、北侧采用深层搅拌格栅水泥挡土墙兼作止水帷幕，东侧靠近教学楼区域每个灌注桩间设三根旋喷桩进行止水，其余部分采用双层搅拌桩进行止水。

2)降水方案。根据止水方案，基坑四周均设置了止水帷幕，止水深度从自然地坪下 12.5 m，切断了主要透水层——细砂层，基坑内水的补充只能从基坑底部垂直向上渗入，迫使水只能经由粉土层进入细砂层，这样，基坑的涌水量计算就不能按照常规方法进行了。根据基坑的实际情况，假设基坑内粉土层的面积就是水的渗流面积，粉土层的渗透系数就是水进入细砂含水层的渗透系数，如果降水至基坑底面以下 2 m 处，则坑内外的水头差为 5.6 m，根据地质报告得知，粉土层的最薄处厚度为 2.1 m，渗透系数 k=0.12 m/d，则基坑涌水量为：$Q=A\times v\times K\times i$=72×21×5.6×0.12/2.1=484(m³/d)，实际布置降水井 8 眼，每井排水量为 484/8=60.5(m³)。

3)回灌及观测井布置。为了防止基坑降水过程中对周围建筑物的影响，需要在基坑周围靠近建筑物附近设回灌井，基坑开挖前开始降水的同时进行回灌，以减少周围地下水位降低的幅度。本工程布置回灌井 6 眼，基坑周围建工系楼、28 号楼和实验楼附近各布置 2 眼，回灌井井深从自然地坪算起 10 m，主要向粉细砂层补给清水。基坑内设观测井 2 眼，为基坑开挖提供可靠的信息。

4)地表排水措施。除了深井降水外，基坑内外的地表排水措施也非常重要。基坑周围必须设置完善的截水、排水、积水坑系统，绝不允许地表水流入基坑，尤其是基坑南侧路面属于校园雨水排水主干道，基坑开挖后必须让其改道或改变流经路线。

6. 土方施工措施

合理的施工顺序和措施对基坑支护结构的安全也有重要意义，由于本工程基坑较长，南北水泥挡土墙结构的水平位移问题仍是本设计的弱点。因此有必要利用施工顺序和措施加以补充。

(1)开挖顺序。由于基坑东、西两侧端部的挡土结构长度较小，而且承受土压力的能力较强，所以先开挖基坑两端 1/3 区域的土体，中间 1/3 土体先不动，待两侧土体挖完随即浇筑基础混凝土(掺早强剂)垫层，同时观测挡土结构的变形情况，如果没有异常情况且垫层混凝土也具备一定强度，再将基坑中部土体挖去并快速将混凝土垫层完成。混凝土垫层具备一定强度时，就成为挡土结构坑底的一道支撑。

(2)墙顶土体卸荷。在基坑周围挡土结构顶部外侧至少卸荷 1.5 m 高、2 m 宽的土体(东部例外)，以减小挡土结构的土压力。同时在挡土结构的外侧设截水明沟和积水坑，防止水流入坑内。

(3)拱体加固。混凝土垫层完成后应及时用好土将拱凹填平夯实，并用砂浆罩面保护，以增加挡土结构的稳定性。

第八章　支护施工监测

由于目前尚无比较准确的计算基坑的方法及理论，来精确计算开挖过程和土体内部的应力与变形，所以变形观测作为信息化施工的必要手段，能客观反映被观测实体所处的状态，为预测险情、优化方案提供依据。

本工程采用变形观测方法对深基坑进行监测，根据相关规范及本工程的特点，进行下列环境项目的监测：

(1)设置基坑顶的位移监测点 8 个[见水平位移观测点图(图 3-1-5)]。

(2)地下水位观测井 4 眼(见基坑支护平面图)。

(3)周边建筑物及道路沉降监测。

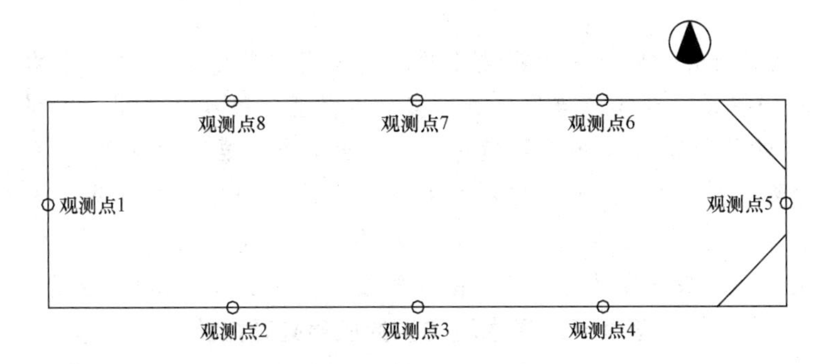

图 3-1-5　水平位移观测点

1. 水平位移监测

一般的支护结构位移控制以水平位移为主，水平位移的优点是较直观、易于监测。对于一级基坑的最大水平位移，一般宜不大于 30 mm；对于较深的基坑，应小于 $0.3\%H$，H 为基坑开挖深度。对于一般的基坑，其最大水平位移不宜大于 50 mm。一般最大水平位移在 30 mm 内地面不致有明显的裂缝，当最大水平位移在 40～50 mm 时会有可见的地面裂缝，因此，一般的基坑最大水平位移应以不大于 50 mm 为宜，否则会产生较明显的地面裂缝和沉降，会令人产生不安全的感觉。

基坑开挖后，随着时间的增加，工程基坑周边土体的位移也不断增大，土体位移主要产生于开挖面以上，开挖面以下的位移很小，几乎没有位移。圈梁位移随着时间的增大而增大，但是可测点的增加幅度有所不同。有个别可测点的最大位移能达到 35 mm，有半数的可测点最大位移只有 20～25 m。这表明，该基坑实测桩顶位移较小。

2. 降水监测

在基坑施工过程中，为保证基坑开挖及土方运输的顺利进行，必须进行降水工作。基坑支护完成后，为保证后续结构施工的顺利进行，必须保证基坑的地下水位在基底以下 0.5 m，为防止地下水位上升对底板防水层造成破坏，需要对地下水位进行监测。

工程中共设置两口水位观测井，间距为50 m左右。开始降水后，每天观测1次，地下水位稳定后可减为每两天1次。水位监测工作应贯穿整个基坑开挖和结构施工阶段，直至结构后浇带完成。本高层基底标高为－7.400，水位监测的结果为－9.430～－7.970，地下水位没有对基底产生影响。

除采取以上监测措施外，每天由工程经验丰富的人员对基坑稳定作肉眼观测，主要观察支护结构的施工质量、维护体系渗水现象、施工条件的改变、坑边荷载的变化、管道渗漏、降雨等情况对基坑的影响。密切注意基坑周围的地面裂缝、围护结构和支撑体系的失常情况、邻近建筑物的裂缝、局部管涌现象，发现隐患及时处理。

3. 沉降量监测

工程基坑开挖较深，槽壁有易坍塌的人工填土、粉土、砂土和碎石土层，同时在坑深范围内存在多层地下水，为了防止降水及基坑开挖对周围重要建筑物产生过大的不利影响，在施工过程中，对距基坑较近的重要建筑物设置沉降观测点。

沉降观测仪器采用精密水准仪，在基坑2倍坑深以外的合适位置布置半永久水准基点，在被观测建筑物墙上标记沉降观测点，距离约20 m，离开地面高度约0.5 m，沉降预警值为20 mm。

在降水施工及基坑开挖阶段每天观测1次，对各种可能危及支护安全的水害来源加强观测，每天观测2～3次。水准基点要联测检查，以保证沉降观测成果的准确性。每次沉降观测应该做到“定机定人”，监测时需连续进行，全部测点需要一次测完。

实际监测结果表明，在本工程采取的支护结构下，周围建筑物沉降有大有小，最大沉降量为20 mm左右，出现在距离基坑12 m的四层砖混结构的实训楼，该楼北侧的伸缩缝间距增大约20 mm；距基坑最近的建工系楼沉降量仅为5 mm，其墙体并没有出现裂缝。

第九章　深基坑支护的应急处理措施

基坑支护工程既要保证边坡稳定和基础工程的施工安全，又必须保证基坑周围建筑物、道路、地下管线的安全。由于本工程侧壁安全等级为一级，在基坑施工过程中，对于如下安全问题要求基坑支护施工单位具备应急能力：

(1)基坑边地面开裂。当这种情况不严重时，可以加密支撑，对基坑地面支护结构底部进行局部加固；情况严重的要停止挖土(威胁性极大的要迅速回填块石直至大规模回土)，赶做基础垫层，或先行部分承台、底板的浇筑。

(2)基坑内漏水、冒砂。对由于基坑所在地下水位高，并有粉砂层，而支护结构的止水处理有缺陷，或支护的插入深度不足的漏水、冒砂现象，处理的办法是采用适当的降水措施，对漏水处进行注浆等止水处理。

另一种是基坑变形导致给水管或排水管断裂破坏，大量水涌入基坑，这时必须立即采取措施关闭给水阀门，改变排水路线，切断基坑的地下水来源，此时还必须处理煤气管道、电力与电信电缆。

(3)基坑支护局部破坏。产生这种破坏的原因较多，如发生此种现象要及时卸载、补强、止水以免造成连锁式反应。

(4)基坑边地面突然塌陷、下沉。这是水土流失到坑内，基坑边坡被掏空的突然显现。需要立即填堵被掏空的区域，并加固塌陷下沉处的支护结构。

第十章　安全影响因素分析

对支护结构有利的因素和不利的因素有以下几项：

(1) 桩基础对支护机构的作用。有些设计工程桩和支护桩距离很近，有的甚至相连。工程桩对支护桩的支撑作用无法考虑。可以肯定这时工程桩对支护结构的安全稳定性是有利的。

(2)混凝土垫层的作用。基坑开挖的同时，也伴随着破桩头工作，基础混凝土垫层也随着进行(当为水泥搅拌桩时，还有碎石褥垫层)。混凝土垫层与周围支护结构紧密相连，当混凝土具有一定强度时，150 mm厚的混凝土垫层对支护结构有很大的支护力，提高了支护结构的稳定性。

(3)止水帷幕对支护结构的影响。当采用钢筋混凝土浇筑桩作为支护结构时，桩后一般设有两排深层搅拌桩止水帷幕。设计中一般不考虑止水帷幕桩的支护作用，实际上这两排深层搅拌桩也有一定的支护作用，它们同样提高和改善了支护机构的稳定性。

(4)振动对支护结构的影响。在基础开挖过程中，基坑周围一般有施工机械和施工荷载，如土方开挖机械和钢筋加工机械以及堆料等。通常这些影响可以通过超载的形式考虑在设计中，但机械的振动荷载没有考虑，也无法顾虑，目前有关规范计算方法中没有考虑到这一点，尤其是车辆的影响力对支护结构的影响更大，工程中对裂缝的观察发现，有施工车辆通过的部位，基坑周围的裂缝比较明显。

1.3 知识链接

一、分部(分项)工程施工组织设计概述

1. 分部(分项)工程施工组织设计的概念

分部(分项)工程施工组织设计也称为分部(分项)工程施工设计或分部(分项)工程施工作业计划，它是以技术复杂、施工难度大且规模较大的，或采用新工艺、新技术施工的分部(分项)工程，如深基础、无黏结预应力混凝土、特大构件的吊装、大量土石方工程、定向爆破工程等为编制对象，用来指导其施工过程各项活动的技术、组织、协调的具体文件。

2. 分部(分项)工程施工组织设计的内容

分部(分项)工程施工组织设计的主要内容如下：

(1)工程概况及施工特点分析。

(2)施工方法和施工机械的选择。

(3)分部(分项)工程的施工准备工作计划。

(4)分部(分项)工程的施工进度计划。

(5)各项资源需求量计划。

(6)技术组织措施、质量保证措施和安全施工措施。

(7)作业区施工平面布置图设计。

二、分部(分项)工程安全专项施工方案

为加强建设工程项目的安全技术管理，防止建筑施工安全事故，保障人身和财产安全，中华人民共和国原建设部依据中华人民共和国国务院第393号令《建设工程安全生产管理条例》规定危险性较的大分部(分项)工程，应当在施工前单独编制安全专项施工方案。

1. 危险性较大的分部(分项)工程安全专项施工方案的概念和范围

(1) 危险性较大的分部(分项)工程安全专项施工方案的定义。危险性较大工程是指依据《建设工程安全生产管理条例》第二十六条所指的七项分部(分项)工程，即土木工程，建筑工程，线路管道和设备安装工程及装修工程的新建、改建、扩建和拆除等活动中存在的、可能导致作业人员群死群伤或造成重大不良社会影响的分部(分项)工程。

危险性较大的(分部)分项工程安全专项施工方案(以下简称“专项方案”)，是指施工单位在编制施工组织设计的基础上，针对危险性较大的分部(分项)工程单独编制的安全技术措施文件。

(2)危险性较大的分部(分项)工程的范围。

1)基坑支护、降水工程。开挖深度超过 3 m(含 3 m)或虽未超过 3 m 但地质条件和周边环境复杂的基坑(槽)支护、降水工程。

2)土方开挖工程。开挖深度超过 3 m(含 3 m)的基坑(槽)的土方开挖工程。

3)模板工程及支撑体系。

①各类工具式模板工程，包括大模板、滑模、爬模、飞模等工程。

②混凝土模板支撑工程：搭设高度为 5 m 及以上；搭设跨度为 10 m 及以上；施工总荷载为10 kN/m^2 及以上；集中线荷载为 15 kN/m 及以上；高度大于支撑水平投影宽度且相对独立无联系构件的混凝土模板支撑工程。

③承重支撑体系：用于钢结构安装等的满堂支撑体系。

4)起重吊装及安装拆卸工程。

①采用非常规起重设备、方法，且单件起吊重量在 10 kN 及以上的起重吊装工程。

②采用起重机械进行安装的工程。

③起重机械设备自身的安装、拆卸。

5)脚手架工程。

①搭设高度在 24 m 及以上的落地式钢管脚手架工程。

②附着式整体和分片提升脚手架工程。

③悬挑式脚手架工程。

④吊篮脚手架工程。

⑤自制卸料平台、移动操作平台工程。

⑥新型及异型脚手架工程。

6)拆除、爆破工程。

①建筑物、构筑物拆除工程。

②采用爆破拆除的工程。

7)其他。

①建筑幕墙安装工程。

②钢结构、网架和索膜结构安装工程。

③人工挖扩孔桩工程。

④地下暗挖、顶管及水下作业工程。

⑤预应力工程。

⑥采用新技术、新工艺、新材料、新设备及尚无相关技术标准的危险性较大的分部(分项)工程。

2. 专项方案的编制内容

(1)工程概况：危险性较大的分部(分项)工程概况、施工平面布置、施工要求和技术保证条件。

(2)编制依据：相关法律、法规、规范性文件、标准、规范及图纸(国标图集)、施工组织设计等。

(3)施工计划：施工进度计划、材料与设备计划。

(4)施工工艺技术：技术参数、工艺流程、施工方法、检查验收等。

(5)施工安全保证措施：组织保障、技术措施、应急预案、监测监控等。

(6)劳动力计划：专职安全生产管理人员、特种作业人员等。

(7)计算书及相关图纸。

3. 专项方案的编制与审核

专项方案应当由施工单位技术部门组织本单位施工技术、安全、质量等部门的专业技术人员进行编制。编制的专项方案，由施工企业技术部门的专业技术人员及监理单位专业监理工程师进行审核，审核合格后，由施工企业技术负责人、监理单位总监理工程师签字。实行施工总承包的，专项方案应当由总承包单位技术负责人及相关专业承包单位技术负责人签字。

一般危险性较大的分部(分项)工程专项方案无需进行专家论证，但超过一定规模的危险性较大的分部(分项)工程专项方案应当由施工单位组织召开专家论证会。实行施工总承包的，由施工总承包单位组织召开专家论证会。

专家论证的主要内容为：

(1)专项方案的内容是否完整、可行。

(2)专项方案计算书和验算依据是否符合有关标准规范。

(3)安全施工的基本条件是否满足现场实际情况。

建筑施工企业应当组织不少于5人的专家组，专项方案经论证后，专家组应当提交论证报告，对论证的内容提出明确的意见，并在论证报告上签字。该报告作为专项方案修改完善的指导意见。

《危险性较大工程安全专项施工方案编制及专家论证审查办法》(建设部建质〔2004〕213号文件)规定，超过一定规模的危险性较大的分部(分项)工程的范围是指：

(1)深基坑工程。

1)开挖深度超过5 m(含5 m)的基坑(槽)的土方开挖、支护、降水工程。

2)开挖深度虽未超过5 m，但地质条件、周围环境和地下管线复杂，或影响毗邻建(构)筑物安全的基坑(槽)的土方开挖、支护、降水工程。

(2)模板工程及支撑体系。

1)工具式模板工程，包括滑模、爬模、飞模工程。

2)混凝土模板支撑工程：搭设高度为8 m及以上；搭设跨度为18 m及以上；施工总荷载为15 kN/m^2及以上；集中线荷载为20 kN/m及以上。

3)承重支撑体系：用于钢结构安装等的满堂支撑体系，承受单点集中荷载在700 kg以上。

(3)起重吊装及安装拆卸工程。

1)采用非常规起重设备、方法，且单件起吊重量在100 kN及以上的起重吊装工程。

2)起重量在300 kN及以上的起重设备安装工程；高度在200 m及以上的内爬起重设备的拆除工程。

(4)脚手架工程。

1)搭设高度在50 m及以上的落地式钢管脚手架工程。

2)提升高度在150 m及以上的附着式整体和分片提升脚手架工程。

3)架体高度在20 m及以上的悬挑式脚手架工程。

(5)拆除、爆破工程。

1)采用爆破拆除的工程。

2)码头、桥梁、高架、烟囱、水塔或拆除中容易引起有毒有害气(液)体或粉尘扩散、易燃易爆事故发生的特殊建(构)筑物的拆除工程。

3)可能影响行人、交通、电力设施、通信设施或其他建(构)筑物安全的拆除工程。

4)文物保护建筑、优秀历史建筑或历史文化风貌区控制范围的拆除工程。

(6)其他。

1)施工高度在50 m及以上的建筑幕墙安装工程。

2)跨度大于36 m及以上的钢结构安装工程；跨度大于60 m及以上的网架和索膜结构安装工程。

3)开挖深度超过16 m的人工挖孔桩工程。

4)地下暗挖工程、顶管工程、水下作业工程。

5)采用新技术、新工艺、新材料、新设备及尚无相关技术标准的危险性较大的分部(分项)工程。

4. 法律责任

施工单位在施工组织设计中未编制安全技术措施、施工现场临时用电方案或者专项方案的，责令限期改正；逾期未改正的，责令停业整顿，并处10万元以上30万元以下的罚款；情节严重的，逐级降低资质等级，直至吊销资质证书；造成重大安全事故，构成犯罪的，对直接责任人员，依照刑法有关规定追究刑事责任；造成损失的，依法承担赔偿责任。

三、分部(分项)工程施工组织设计与分部(分项)工程专项方案的区别

分部(分项)工程施工组织设计是针对施工组织而言的，而其中某些具体的施工过程要编制专门的施工方案，如深基坑、高大模板、转换梁，特别是针对工程中的难点、要点，更要编制专门的方案指导施工。它是技术方案，主要针对的是分部(分项)工程进度安排、机械设备的选择、关键技术预案、重大施工步骤预案等，当然也包括质量、安全(一般)、技术保证措施等。它的核心是施工技术与实施计划。

分部(分项)工程专项方案就是专门对危险性较大的分部(分项)工程在施工安全方面制订的有针对性的施工方案，包括安全总体要求、施工危险因素分析，包括安全措施、重大施工步骤安全预案。它的核心是施工实施过程中的安全措施计划，包括危险性较大的分部(分项)工程的设计与安全计算。

1.4　任务建议解决方案

第一章　工程概况

工程名称：通达金属制品生产厂房扩建工程。

建设单位：通达金属制品有限公司。

设计单位：聚宝建筑设计事务所。

监理单位：山西协成监理公司。

总承包商：山西省第四建筑工程公司。

分包单位：泰利建筑工程有限公司。

工程简介：

(1)本工程的室内地坪设计标高±0.000相当于绝对标高4.200 m。厂房屋檐高度为15.1 m，屋面采用0.5 mm厚的V820彩钢板、50 mm厚的玻璃纤维保温棉带铝箔、C型檩条、钢梁(屋面防水为Ⅲ级)，防火设计排烟系统选用易熔材料采光带。钢结构屋面的整体年限为25年，本建筑耐火等级为二级，生产类别为丁类。

(2)厂房上部结构为轻钢结构，采用门式刚架、彩钢夹芯钢板屋面与围护墙。柱网布置尺寸为：单层双跨，每跨为24.25 m，横向柱距为6 m，内设两台Q=100 kN、两台Q=200 kN的地面操作电动单梁桥式起重机。

(3)钢柱与钢梁均为焊接H型钢。钢构件的连接以螺栓为主。高强螺栓(摩擦型)应采用现行国家标准中规定的10.9S螺栓。在制作前钢材表面应进行除锈处理，使除锈等级达到《涂覆涂料前钢材表面处理　表面清洁度的目视评定》(GB/T 18570)中的St2.0级标准。

(4)钢结构的施工图设计已由设计单位完成。钢结构采用工厂化制作，现场吊装。

开工日期：2017年5月1日。

竣工日期：2017年6月15日。

第二章　编制依据

(1)工程施工图纸。

(2)工程的现场及周边环境条件。

(3)国家、部颁及上海市有关施工技术规范与工程验收标准。

(4)建设单位、总包方对工程管理的要求。

(5)《钢结构工程施工质量验收标准》(GB 50205—2020)。

第三章　施工准备工作计划

1. 临时道路、设施及堆场

(1)施工队伍进场前，应与土建承包单位协商，在现场合理设置用于吊车行走和构件运输的临时道路。为了保证行车安全，临时道路应铺设道碴路基。

(2)根据钢结构施工的需要，现场应设置一间电焊机房、一间临时办公室及两间工具房。

(3)安装进场前，施工场地应“三通一平”，建筑物边轴线外9 m内的松土需压实。

(4)安装施工用电源为三相五线制，应接到拟建建筑物四角，电源架空线应距离地面6 m，离墙4 m，电源应设触电保护器。

(5)施工现场内地坪必须达到放置钢构件的地耐力要求，钢构件在堆放及预拼装期间，场地不应发生陷车或不能堆放钢构件。

(6)施工现场施工临时道路应能够使载重 16 t 的车辆正常通行，而不发生陷车情况。

2. 构件卸货、堆放、预拼装

(1)钢结构材料、机械进场前，由我公司书面通知业主单位、工程监理单位、总承包单位，申请进场的具体时间、行进路线，并对钢结构构件进场时的交通通道要求、钢构件场地堆放区场地要求进行复核，以避免在钢结构构件进场时发生意外。

(2)构件卸货点按照施工组织设计场部图要求堆放。尽量安排在安装位置旁边。根据现场实际条件，钢柱、钢梁堆放，预拼装工作都宜在拟建建筑物内进行。

(3)钢柱、钢梁堆放时，构件下面应用垫木垫平、垫实，防止钢构件产生变形。如场地条件允许，钢柱、钢梁尽量不要叠放。

(4)堆放钢构件时，应将钢构件的一端垫高一点，以使雨(露)积水顺利排除，保护构件表面的颜料，使其不致褪色。

(5)其他钢结构附件按照施工组织设计场部图划定的位置用垫木架空整齐堆放，在构件尚未使用前应该保持完好。

(6)保温棉进场后，下面用垫木架空，上面应用塑料包装纸进行覆盖，以免保温棉受潮报废。

3. 安装前的技术要求

(1)土建单位在地脚螺栓埋设前后，要做好地脚螺栓的成品保护工作，丝扣无损，无锈蚀、铁渣、毛刺，埋件表面混凝土应该及时清理干净，并保持干燥。

(2)对基础柱及预埋螺栓进行安装验收，验收标准详见《钢结构工程施工质量验收标准》(GB 50205—2020)，具体见表 3-1-5。

(3)土建在地脚螺栓埋设完毕后，应自行测量地脚螺栓实际施工偏差，并应向工程监理公司、钢结构施工队提交施工偏差记录。

(4)地脚螺栓实际偏差数值在国家标准偏差范围以外的，土建单位应及时采取有效技术措施进行纠偏。

(5)钢结构施工队在收到土建地脚螺栓自检记录后，在监理公司的监督下，对地脚螺栓预埋情况进行技术复核。技术复核完毕后，由三方作现场移交记录。钢结构施工队接受地脚螺栓后，开始进行钢结构的安装作业。

表 3-1-5　基础和支承面地脚螺栓(锚栓)验收标准

检测位置	检测项目	基本要求	允许偏差/mm
基础混凝土	强度	混凝土强度达到设计要求	
	基准点	基准点轴线、标高标志准确齐全	
埋件表面	标高		±3.0
	水平度		l/1 000
地脚螺栓	中心偏移		5
	螺栓外露		+20
预留孔中心偏移			10

第四章　钢结构安装方案

1. 安装作业流程

厂房安装步骤如图 3-1-6 所示。

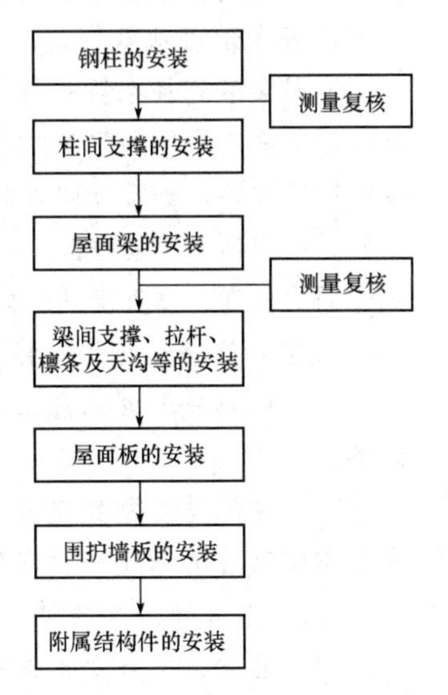

图 3-1-6　厂房安装步骤

2. 钢结构安装次序

(1)Ⓓ～Ⓖ轴跨间钢立柱(抗风柱)的安装：柱间支撑及墙面檩条安装(部分)。

(2)Ⓓ～Ⓖ轴屋面梁的安装：屋面檩条的安装(部分)。

(3)Ⓓ～Ⓖ轴跨内吊车梁系统的安装。

(4)Ⓐ～Ⓓ轴跨间钢立柱(抗风柱)的安装：柱间支撑及墙面檩条的安装(部分)。

(5)Ⓐ～Ⓓ轴屋面梁的安装：屋面檩条的安装(部分)。

(6)Ⓐ～Ⓓ轴跨内吊车梁系统的安装。

(7)屋面次结构的安装。

(8)屋面板的安装。

(9)墙面次构件的安装。

(10)墙面板的安装。

具体安装顺序如下：

1)吊车梁的安装。

①吊车梁轴线标高复核，安装位置放线定位。

②Ⓐ～Ⓓ、Ⓓ～Ⓖ跨间吊车梁按⑭～①以轴倒退法安装。

2)屋面梁的安装。

①Ⓐ～Ⓓ、Ⓓ～Ⓖ屋面梁轴线复核，安装位置，标高，放线。

②屋面梁的安装，屋面系杆水平支撑的安装。

③屋面梁的安装由⑭轴向①轴推进。

3)屋面次结构的安装。屋面檩条的安装逐跨进行，先形成几何不变体系后再行安装，之间的檩条留出后装跨面，进行檩条隅撑安装。

4)屋面板的安装。屋面板以⑭～①轴方向安装，先安装Ⓓ～Ⓖ跨，再安装Ⓐ～Ⓓ跨，屋面板安装完毕后，进行山墙及中脊收边的安装。

3. 吊装机械的选择

本工程的钢构件中，最大单件重量约 1.973 t，起升高度约 15.6 m。为此，主吊机应选用一台 QLD-16 的汽车吊。

4. 主要结构件安装方法

(1)钢柱吊装的主要方法。

1)钢柱吊装前，应复核基础面的标高与轴线，鲜明标出基础面的中心标记和钢柱四面的中心标记，并在钢柱上绑扎好高空用的临时爬梯。

2)吊装程序：复核混凝土柱标高及预埋钢板位置吊钢柱→安装部分檩条及柱间支撑→吊钢梁→安装部分檩条→安装屋面斜拉杆→钢架初校正→安装所有檩条→钢架终校正。本工程为屋面钢结构工程，从吊装钢梁开始，依次序进行。

3)钢柱吊装时，在钢丝绳处垫上木块，防止滑动。

4)为避免钢构件在吊装过程中发生剧烈摇摆及与其他构件相互碰撞而发生危险，钢构件起吊前，应在构件适当部位采用棕麻绳作起吊浪风绳，随吊随松，以保证构件按照预定方向，安全正确地就位。

5)吊装宜选择在第一斜拉撑开间进行，以充分利用钢结构自身的斜向拉撑作为在建建筑物的施工固定，增加施工的安全性。当第一开间的钢架吊装完毕后，在此开间迅速安装几根临时固定檩条，进行开间方向的临时固定，并应将第一开间的屋面斜向拉杆在第一时间予以安装。一方面确保安全施工，另一方面利用此斜向拉杆对第一开间进行双向垂直度调整，使此开间的标高、垂直度达到国标要求，为后续施工提供简便的参照物，降低施工难度。

6)在对第一开间的安装精度进行确认后，可将第一开间的檩条逐根进行安装。

7)按照第一开间的施工顺序，逐渐进行后续钢柱的安装作业。逐开间进行安装精度的调整。

8)在主钢结构刚架完全吊装就位前，应按照构件跨度、重量、吊装高度的不同，分别采用不同直径的钢缆进行双向浪风绳索的固定，防止在建刚架遭到超负荷风载而倾覆。

(2)屋盖系统安装方法。

1)屋面梁、檩条及支撑等构件的安装采用单元综合安装方法，即以两榀屋面梁为一个安装单元，一个单元内的所有构件全部安装完毕后再安装下一个单元。屋盖系统吊装前应复核柱的垂直度，如发现误差超标应及时采取纠偏措施。

2)屋面梁进入现场时应进行全数检查，并按构件的编号堆放在规定的位置，防止因堆放不慎造成构件变形。

3)屋面梁的吊点必须设在汇交节点上。屋面梁起吊离地 50 cm 时检查无误后继续起吊。

4)屋面梁安装时应检查中心位移、跨距、垂直度、起拱度及侧向挠度值，特别应加强对第一榀屋面梁和第一节间屋面构件的安装质量控制。第一榀屋面梁吊装后宜采用双面缆风绳稳定，然后采用专用矫正器作临时固定和校正，以确保后续屋盖的顺利安装。

5)两榀屋面梁安装到位并找正后，应立即安装屋面垂直与水平支撑、檩条及拉条等，以此形成稳固的安装单元。

6)在屋面梁安装过程中，应加强测量复核，防止出现多榀屋面梁的垂直度向同一方向倾倒的情况。

7)屋面梁的上弦处应设置临时围栏或加装生命线。高空作业人员必须佩戴安全带，以防止发生高空坠落事故。

(3)高强螺栓施工技术要点。

1)严格按先里后外、先初拧后终拧的程序组织施工，做到当天施工当天封闭。

2)高强度大六角头螺栓连接副终拧完成 1 h 后，在 48 h 内应进行终拧扭矩检查，检查结果应符合规范的有关规定。

3)高强度螺栓连接副的施拧顺序和初拧、复拧扭矩应符合设计要求和国家现行行业标准《钢结构高强度螺栓连接技术规程》(JGJ 82—2011)的规定。

4)高强度螺栓连接副终拧后，螺栓丝扣外露应为 2～3 扣，其中允许有 10%的螺栓丝扣外露 1 扣或 4 扣。

5)高强度螺栓连接摩擦面应保持干燥、整洁，不应有飞边、毛刺、焊接飞溅物、焊疤、氧化铁皮、污垢等，除设计要求外摩擦面不应涂漆。

6)高强度螺栓应自由穿入螺栓孔。高强螺栓孔不应采用气割扩孔，扩孔数量应征得设计同意，扩孔后的孔径不应超过 1.2d(螺栓直径)。

第五章　吊装进度计划

吊装进度计划见表 3-1-6。

表 3-1-6　吊装进度计划表

施工过程	施工进度														
	3	6	9	12	15	18	21	24	27	30	33	36	39	42	45
Ⓓ~Ⓖ轴跨间钢立柱(抗风柱)的安装	～～～	～～～													
Ⓓ~Ⓖ轴屋面梁的安装			～～～	～～～											
Ⓓ~Ⓖ轴跨内吊车梁系统的安装					～～～										
Ⓐ~Ⓖ轴跨间钢立柱(抗风柱)的安装						～～～	～～～								
Ⓐ~Ⓖ轴屋面梁的安装								～～～	～～～						
Ⓐ~Ⓖ轴跨内吊车梁系统的安装										～～～					
屋面次结构的安装											～～～				
屋面板的安装												～～～	～～～		
墙面次构件的安装														～～～	
墙面板的安装															～～～

第六章　主要构件材料及施工机具一览表

1. 厂房主要构件材料

厂房主要构件材料见表 3-1-7。

表 3-1-7　厂房主要构件材料

序号	构件名称	规　格	长度/mm	单位	数量
1	Ⓓ轴中柱	H500×350×8×14	14 400	件	28
2	Ⓐ、Ⓖ轴边柱	H600×350×8×16	14 400	件	28
3	屋架	H700－500×220×6×10	24 000	件	28
4	抗风柱	H350×200×6×10	12 018	件	4
5	抗风柱	H350×200×6×12	14 318	件	4

续表

序号	构件名称	规　格	长度/mm	单位	数量
6	吊车梁	H600×360/250×8×16	5 990	件	44
7	吊车梁	H600×360/250×8×16	6 240	件	8

2. 主要施工机具及材料配备

主要施工机具的性能见表 3-1-8。

表 3-1-8　QLD—16 起重机起重性能表

幅度/m	臂长 12 m			臂长 18 m			臂长 24 m		
	起重量/m		起升高度/m	起重量/t		起升高度/m	起重量/t		起升高度/m
	用支腿	不用支腿		用支腿	不用支腿		用支腿	不用支腿	
3.5		6.5	10.7						
4	16	3.7	10.6						
4.5	14	5	10.5		4.9	16.5			
5	11.2	4.3	10.4	11	4.1	16.4			
5.5	9.4	3.7	10.3	9.2	3.5	16.3	8		22.4
6.5	7	2.9	9.7	6.8	2.7	16.1	6.7		22.3
8	5	2	9	4.8	1.9	15.6	4.7		22
9.5	3.8	1.5	8.1	3.6	1.4	15	3.5		21.4
11	3		6.6	2.9	1.1	14.2	2.7		20.1
12.5				2.3		13.1	2.2		19.9
14				1.9		11.6	1.8		19.4
15.5				1.6		10.2	1.5		18.4
17							1.2		17.7

主要施工机具的配备见表 3-1-9。

表 3-1-9　QLD—16 起重机起重性能表

选用吊车	型号：16 t 汽吊	数量：1 台
交直流电焊机	型号：160/300	数量：4 台
钢丝绳	型号：12～20 mm	数量：150 m
钢丝绳	型号：4～12 mm	数量：250 m
棕绳	型号：白棕绳	数量：400 m
钢丝绳夹	型号：4～20 mm	数量：20 只

续表

索具卸夹	型号：T.8—20	数量：20只
手动倒链	型号：3 t	数量：10只
螺栓扳手	型号：17～49	数量：12把
施工钢管	型号：ϕ48	数量：600 m
自攻螺丝批	型号：650 W	数量；24把
手提电锯	型号；1 kW	数量：8把
电钻	型号：500 W	数量：20把
砂轮切割机	型号：1.5 kW	数量：3台
电动剪刀	型号：500 W	数量：4把
手动剪刀	型号：左/右手	数量：2/5把
安全带	型号：	数量：15根

第七章　施工现场平面布置图

施工现场平面布置图如图3-1-7所示。

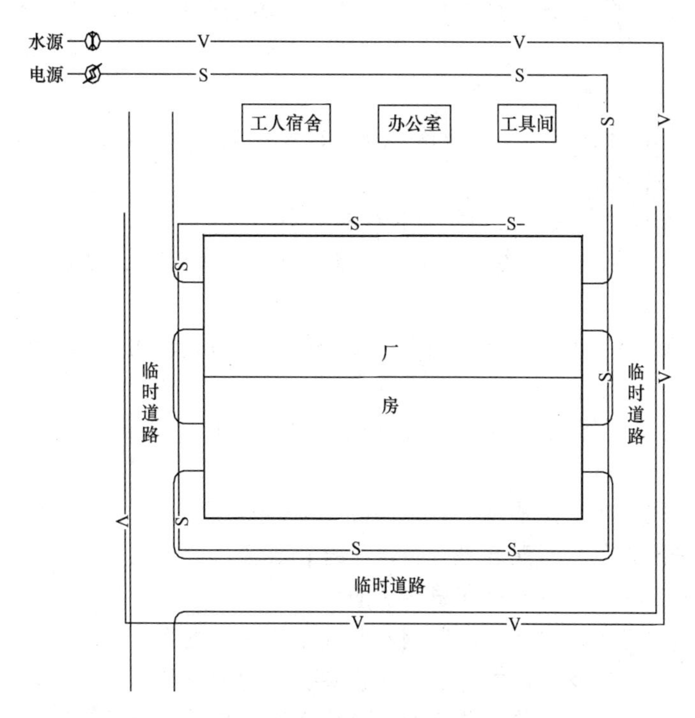

图3-1-7　施工现场布置图

第八章　施工质量控制措施

(1)严格按照材料供应商提供的材料、图纸和安装要求进行施工、安装。

(2)在施工中不得随意修改、变更设计图纸，如需变更需经各方同意方可实行。

(3)钢结构无变形，涂层无脱落现象，各种附件规格、位置正确。

(4)高强度螺栓连接紧密达到规范及设计要求，梯子、栏杆、平台连接牢固、平直、光滑。

(5)钢柱垂直度符合规范及设计要求。

(6)主钢结构轴线位置、基础标高、地脚螺栓位置正确，偏差值不超过规范及设计要求。

(7)檩口、屋脊平行固定螺栓牢固、布置整齐。

(8)主钢结构轴线位置、基础标高、地脚螺栓位置正确，偏差值不超过规范及设计要求。

(9)屋面板搭接顺直，纵横搭接缝均成直线，表面清洁；金属压型板表面平整清洁、无明显凹凸。

(10)各种防水密封材料铺设完好、性能良好。

(11)在安装施工过程中，遵从现场监理人员的技术指导和质量监管。

(12)每个分项工程开始前，必须对上一工序进行检查，确认合格且本工序准备工作已完成后才能开始。

第九章　施工安全措施

(1)施工现场建立项目经理负责制，贯彻“谁施工，谁负责安全”的制度。

(2)对操作工人经常进行安全教育，教导正确的施工方法。

(3)在较危险的工作区域作明显的安全警告标志(图 3-1-8)，提醒操作工人注意安全施工。

(4)进入施工现场需佩戴安全帽。

(5)高空作业时，要采取必要的防跌落保护措施，如安全带、安全牵索等，使施工人员的生命安全得到有效保证。

(6)教育施工人员严禁在高空向下抛掷物料。

(7)施工用的电动机械和设备均需接地，绝对不允许使用破损的电线和电缆，电源应设触电保护器。

(8)当风速为 10 m/s 时，部分吊装工作应该停止；当风速达到 15 m/s 时，所有工作均应停止。

(9)高空操作时必须佩戴安全带，穿绝缘软底鞋，并作好安全措施。

(10)施工时应注意防火。

(11)场地条件较差时，土质松软，雨后土质会变得更松软，为防止汽车吊在行走和吊装时倾倒，现场需有其他机械配合进行再次平整、压实，避免发生事故。

(12)安装和搬运构件、板材时需戴好手套。

(13)吊装时钢丝绳如出现断胶、断钢丝和缠结要立即更换。

(14)人的手脚需远离移动的重物及起吊设备。吊物和吊具下不可站人。

(15)一天工作结束时，要使安装好的建筑物得到正确支撑，以免发生意外。

(16)不要站在潮湿的地方使用电动工具或设备。

(17)对施工人员进行重点教育：保温棉是没有承载能力的，其上坚决不可站人。

(18)在可以安全行走之前，屋面板必须安全连接在檩条上，且每侧均与其他屋面板连接，绝不能在部分连接或未连接的屋面板上行走。

图 3-1-8　安全警告标志

(19)不得踩在屋面板的边肋上、板边附近的皱折处、离未固定板边缘5寸[①]范围内。

(20)单层屋面板不得当作工作平台。

(21)一旦发现屋面板留有油性物质，应立即抹去以防滑倒或翻落。

(22)处在屋面板板边时，工人应时时注意防止发生危险情况，工作时使用安全带。

(23)在安装墙板时，使用的移动脚手架的每层操作平台要固定牢固，并做好防滑措施，拉好防护绳，扣好安全带。

(24)移动脚手架与墙体应有两个以上拉接点，并在外侧设两道抛撑，抛撑需固定在坚实有承载力的地面上。

(25)移动前要清除前方道路的障碍物，填平坑洼地，压实路面方可向前移动。

(26)在进行每一分项施工任务前，应对安装工人反复进行专项安全交底，并作相关记录。

(27)公司采用三级安全监督体系，实现安全教育和安全检查。

第十章　防火技术措施

(1)加强防火宣传教育，施工管理人员及班组均设防火值班。

(2)安全纠察必须加强值班、巡逻，发现火苗、火警、火隐患及时采取措施，并主动报告有关部门。

(3)施工人员应严格执行操作规程，需经安全防火教育才能进入现场施工。

(4)电焊、气割等明火作业，要有动火证并派专人看护，乙炔应放在干燥通风处，严禁油类、刨花等易燃易爆物接近。

(5)有明火的部门，如电焊门、锅炉房、厨房，在火未熄之前操作人员不得擅自离开。

第十一章　安全文明施工保证措施

1. 钢结构施工安全技术措施

(1)凡进入现场的人员必须戴好安全帽，高空作业人员必须佩戴安全带，并应系牢。

(2)钢结构吊装作业前，应根据施工现场的实际情况，编制有针对性的施工方案，并经总包、监理批准后方能施工。

(3)司机、指挥和起重人员必须经过培训，经有关部门考核合格后，方能上岗作业。

(4)吊装作业前，应向作业人员进行安全技术交底，并检查起吊用具和防护设施，落实吊物的回转半径范围、吊物的落点等情况的准备工作。此外，专职安全员应事先检查使用的工具是否牢固。扳手等工具必须用绳子系挂在身上，以免掉落伤人。工作时要思想集中，

① 1寸≈0.03米。

防止发生高空坠落事故。

(5)平吊长形构件时，两个吊点的位置应在距重心相等距离的两端，吊力的作用线应通过重心。竖吊物件的吊点位置应在重心上端。

(6)钢结构吊装时，对细长构件不宜采用单点起吊，应采用两点起吊。两点起吊的每个吊点分别距杆件各端 0.21L，即以 0.21 乘以杆件长度。

(7)对吊装区域不安全因素和不安全环境，要事先进行检查和采取有效的保护措施。

(8)吊装中要熟悉和掌握吊物的捆绑技术及捆绑要点，应根据吊物形状找中心、吊点的数目和绑扎点。起吊过程中必须做到“十不吊”。

(9)严禁任何人在已起吊的构件下停留或穿行。已起吊的构件不准长时间在空中停留。

2. 机械设备使用安全技术措施

(1)施工机械必须配备专职机操工，机操人员必须持证上岗。

(2)严格执行机械设备的管理制度，定期组织专业人员对机械设备进行检查、修理、保养，以保证其使用性能良好。

(3)起重机械必须有可靠的接地装置。所有电气设备的外壳都必须与机体妥善连接。

(4)起重机械在操作时必须遵守“十不吊”的规定。

(5)施工期间安排机电工跟机值班，负责处理机电故障。非专职人员不得擅自触动机电设备。

3. 安全用电措施

(1)配电箱、开关箱的设置原则为三级配电、二级保护。三级配电为：总配电箱 → 分配电箱 → 开关箱。动力配电与照明配电应分路设置。二级保护为：分配电箱 → 开关箱。

(2)分配电箱与开关箱的距离不得超过 30 m。开关箱与用电设备的距离不得超过 3 m。

(3)配电箱应设置在干燥、通风的常温场所，不得设在易受外力撞击、液体浸溅、热源烘烤或有碍操作等场所。

(4)为了防止被高空坠物损坏，电箱的上方应设置防护措施，其下部要用木板作三面围挡。

(5)固定式电箱下底离地 1.3～1.5 m，以方便操作。导线进出应设在箱体下部，不应在箱体背面或侧面进出线。箱内电器安装牢固，不得发生松动或歪斜。

(6)工作零线与保护零线分别接在零牌与接地牌上，三相五线制中两牌不得相连。分配电箱必须重复接地，接地线牢固连接在接地牌上。箱体金属外壳与门必须用绝缘铜线与接地牌连接。箱体内不应有外露带电部分，熔断器进线端需用绝缘包布包扎。

(7)电箱内的电器配置应符合以下要求：

1)总配电箱：应设总熔断器、总开关、分路熔断器、分路开关、电度表、电压表、电流表、零牌及接地牌。

2)分配电箱：应设总熔断器、总开关、分路熔断器、分路漏电保护器、零牌及接地牌。漏电保护器的漏电动作电流应小于 50 mA，动作时间应小于 0.1 s。

3)开关箱：按照《建筑施工安全检查标准》(JGJ 59—2011)的规定，每台用电设备应有单独用开关箱，即一机、一闸、一漏、一箱。漏电保护器的漏电动作电流应小于 30 mA，漏电动作时间应小于 0.1 s。开关箱严禁一闸二机，包括一只开关不得控制两只插座。

(8)照明网络必须装设漏电开关。总开关应用四级漏电技术。单相分路照明必须用二极漏电开关。漏电动作电流小于 30 mA，漏电动作时间小于 0.1 s。

(9)照明灯具金属外壳必须作保护接零。灯具离地高度为：室外不低于 3 m，金属卤化物灯具应大于 5 m；室内不低于 2.4 m。

(10)潮湿作业场所应用 36 V 的安全电压。手持照明也应采用 36 V 的安全电压。碘钨灯不得作为手持移动式照明。

(11)现场照明用线应使用橡胶护壳线，不得采用双股胶质线。室内应采用塑料护套线。

学习情境2　单位工程施工组织设计

能力描述

会利用横道图编制单位工程施工进度计划；会进行施工现场平面图布置，以及编制现场准备工作计划和劳动力、材料、机具计划；能够根据施工现场条件和施工总承包合同条件完整编制单位工程施工组织设计。

目标描述

熟悉单位工程施工组织设计的编制内容；掌握施工平面图布置方法；掌握劳动力、材料、机具计划的编制方法；掌握施工现场准备工作计划；掌握单位工程施工组织设计的编制程序；熟悉单位工程施工组织设计技术经济评价方法。

2.1　任务描述

一、工作任务

编制××小区1号、2号楼住宅工程单位工程施工组织设计。

××小区1号、2号高层住宅楼工程，由××建筑设计研究事务所设计，××房地产有限公司负责开发。它位于××市××路与××街交叉口西南角，地下1层，地上24层，单栋建筑面积为12 595.7 m^2，主体总高度为72.600 m，室内外高差为0.6 m。地下一层层高3.6 m,地上层高3 m，顶部电梯机房凸出屋面，层高4.5 m。每栋共一个单元，一梯四户，总户数为96户，共设计了D、G两个套型，单栋建筑面积为12 595.7 m^2。

结构形式：基础采用平板梁板式筏形基础，主体结构形式为现浇钢筋混凝土剪力墙结构。混凝土强度等级：筏片基础底板为C30，地下室外墙为C35，防渗等级为S6；基础顶～35.880墙为C35，梁板为C30；35.880～顶层墙为C30，梁板为C25。±0.000 m以下采用普通烧结砖，±0.000以上非承重填充墙为加气混凝土砌块，本工程抗震设防类别为丙类。

二、可选工作手段

(1)《中华人民共和国建筑法》。

(2)《中华人民共和国安全生产法》。

(3)《建设工程安全生产管理条例》。

(4)《建筑施工安全检查标准》(JGJ 59—2011)。

(5)现行国家行业施工技术标准、规范、规程。

(6)《建筑施工组织设计规范》(GB/T 50502—2009)。

2.2　案例示范

一、案例描述

1. 工作任务

编制某单位工程施工组织设计。

××小区1号住宅楼工程，位于××市××路××号的××园区内，开发商为××房地产开发有限公司。本工程建筑面积为4 839.07 m^2，层数为7层，建筑平面尺寸为61.86 m×26.19 m，层高为3 m，内外墙均为240 mm；建筑结构为砖混结构，现浇梁板柱采用C20混凝土，部分预制板、过梁采用C30混凝土。

2. 可选工作手段

(1)《中华人民共和国建筑法》。

(2)《中华人民共和国安全生产法》。

(3)《建设工程安全生产管理条例》。

(4)《建筑施工安全检查标准》(JGJ 59—2011)。

(5)现行国家行业施工技术标准、规范、规程。

(6)《建筑施工组织设计规范》(GB/T 50502—2009)。

二、案例分析与实施

1. 案例分析

单位工程施工组织设计一般包括：

(1)工程概况及施工特点。

(2)施工方案选择。

(3)施工进度计划。

(4)施工准备工作计划。

(5)劳动力、材料、构件、加工品、施工机械和机具等需要量计划。

(6)施工平面图。

(7)工程质量、安全保证措施。

2. 案例实施

第一章　工程概况

××小区1号住宅楼工程，位于××市××路××号的××园区内，开发商为××房地产开发有限公司。本工程的概况见表3-2-1，建筑设计概况见表3-2-2，结构设计概况见表3-2-3，专业设计概况见表3-2-4。

表 3-2-1　工程概况

工程名称	某小区 1 号住宅楼	备注
建设单位	E 房地产开发有限公司	
设计单位	F 设计研究院	
监理单位	G 建设监理有限公司	
质量监督单位	H 质量监督站 I 室	
施工承包单位	J 建筑安装公司	
合同范围	基础、主体、安装	
承包方式	包工、包料	
总造价/万元	2 154.43	
合同工期目标	210 日历天	
合同质量目标	优良	

表 3-2-2　建筑设计概况

建筑面积		4 839.07 m^2	占地面积	719.23 m^2
建筑用途		居住	标准层建筑面积	730.82 m^2
层数		7 层	建筑总高度	22.90 m
平面尺寸		长 61.86 m×宽 26.49 m		
屋面防水做法		SBS 复合防水	门窗材料	塑钢、木
层高		3.00 m	基本轴线距离	3 600 mm
±0.000 相当于绝对标高		99.90 m	室内外高差	700 mm
地基土	分类	承载力	地下水性质	潜水
第一层	填土		地下水位	7.05～8.09 m
第二层	粉土	135 kPa	地下水质	对混凝土弱腐蚀
第三层	粉土	110 kPa	渗透系数	
地基类别		天然地基	楼梯结构形式	现浇板式
基础形式		整板	底板厚度	400 mm
地下水混凝土类别		普通	抗震设防烈度	7 度
基础混凝土强度等级		C20	±0.000 m 以下墙体	烧结普通砖
基底标高		−2.50 m	最大基坑深度	1.90 m

表 3-2-3　结构设计概况

地下结构形式	砌体结构		楼盖结构形式		预制、部分现浇	
承重墙体材料	承重空心砖		非承重墙体材料		GSJ 夹芯板	
梁柱钢筋类型	HPB300、HRB335 级		板钢筋类别		冷轧带肋钢筋	
钢筋接头类型			钢筋接头类型		绑扎	
混凝土强度等级	现浇梁	C20	现浇板	C20	柱	C20
	预制梁	C20	预制板	C30		
外墙厚度	240 mm		内墙厚度		240 mm	

续表

结构参数	典型断面	最大断面	最小断面
梁	240 mm×240 mm	240 mm×450 mm	240 mm×200 mm
柱	240 mm×240 mm	240 mm×360 mm	
最大跨度	4 200 mm	最大预制构件质量	504 t

表 3-2-4　专业设计概况

	名称	设计要求	管线类型
上下水	上水	暗埋	铝塑管
	下水	暗埋	塑料管
	雨水		塑料管
	热水		
电气	照明		铜芯塑料线
	避雷	三类防雷	ϕ12 镀锌圆钢

第二章　施工目标

质量目标：合格。

工期：本工程计划期为 210 日历天，计划开工日期为 2017 年 6 月 1 日，竣工日期为 2017 年 12 月 31 日。确保按期完成，力争提前完成。

安全目标：杜绝重大安全事故发生。

文明施工：争创市级文明施工工地。

第三章　工程项目施工组织

根据本工程的规模和特点，公司将派优秀的项目经理担任本工程的项目经理，并选派公司技术骨干组成现场项目经理部。项目经理部作为公司的现场管理者，代表公司全权组织本工程的施工生产，对工程项目的工期、质量、安全等进行高效率、有计划的组织协调和管理。项目组织结构如图 3-2-1 所示。

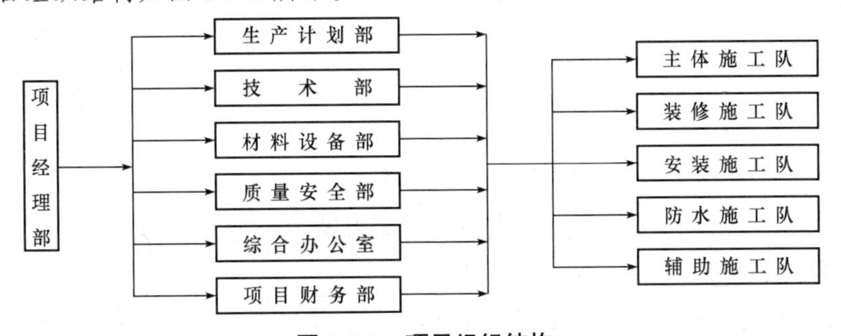

图 3-2-1　项目组织结构

第四章　施工准备

1. 技术准备

(1)开工前由公司主任工程师组织项目经理部全体人员学习有关施工规范的主要条文，熟悉标准图集，审查施工图纸，在项目经理部内进行各专业的图纸会审，将问题汇总后为正式图纸会审做准备。

(2)进行施工组织设计交底和讨论，落实施工组织设计对工程质量、安全、进度的各项要求，同时进行施工技术交底。对工程的重要部分组织，编制分项工程的详细施工方案和施工工艺卡。

(3)根据工程需要准备相应的技术资料，工程中所用到的施工规范、规程、标准图集、预算定额及当地建设行政主管部门的有关工程建设文件等，按专业分发到各专业施工班组，主要条文及条款由主任工程师向班组进行交底。

2. 生产准备

(1)施工场地的平整，临时水、电管线的敷设及临时设施的搭设按土方开挖、主体施工及装饰施工的要求进行。

(2)施工用水管道沿工程施工场地外围埋设，埋设深度为500 mm。楼层施工用1号水管随楼层增高而增高，每层留设水龙头以解决楼层施工用水，用水管道铺设途经混凝土砂浆搅拌棚、钢筋加工场、生活区、办公区。

(3)主干道宽度不小于6 m，路面铺100 mm厚炉渣碾平压实，现场基坑周围与道路两侧均设明沟排水。

3. 施工用电

电气线路采用三相五线制，分两路布线。总配电盘下分两路，每路用电量为90 kW。总配电盘设漏电保护器、断流器、接地保护。

4. 机械设备、周转材料和建筑材料的准备

基础施工前建好混凝土搅拌站，混凝土搅拌站应设专人负责；按施工平面布置图安装和就位垂直升降机、砂浆搅拌机、钢筋对焊机、钢筋切断机、钢筋成型机、木工机械，其他型机具应配套齐全。由于施工现场较窄，周转材料及建筑材料应根据施工计划有组织地订购和进场，按施工总平面图合理堆放。

第五章　施工特点

(1)本工程预制构件较多，应注意预制构件的质量，特别是大跨度的SP预应力空心板构件，应在充分考察的基础上，选择质量好、信誉高的构件生产厂家。

(2)本工程所用承重空心砖属新型墙体材料，应对其施工工艺、质量标准和施工措施特别注意。

(3)本工程上、下水系统采用了承插式塑料排水管及铝塑复合上水管，此两项属新材料、新工艺，应充分注意。

(4)施工场地较窄，施工质量要求高，工期要求紧。

第六章　施工方案

1. 施工顺序的确定

土方开挖→素混凝土垫层→钢筋混凝土整板式基础→±0.000以下墙体砌筑→室内外土方回填→±0.000以上主体结构砌筑→屋面保温、防水→装饰装修及水、电、暖安装同时进行→门窗制作安装→油漆涂料→零星工程。

2. 施工阶段划分

本工程拟分六个阶段组织施工：施工准备阶段、土方及基础阶段、主体结构阶段、装饰装修阶段、安装阶段和竣工验收阶段。

3. 总体施工安排

在基础阶段施工时，即开始进行预制构件的加工制作；在主体结构进行的同时，安装工程及时配合预埋；待主体结构进行到四层以上时，开始进行内墙粉刷的刮槽，并逐步展开门窗的加工制作，以加快施工进度。预应力空心板应提前订购，构件进场后要进行检查验收。

4. 施工流程和重点决策

(1)主要分部(分项)施工工艺流程如图 3-2-2 所示。

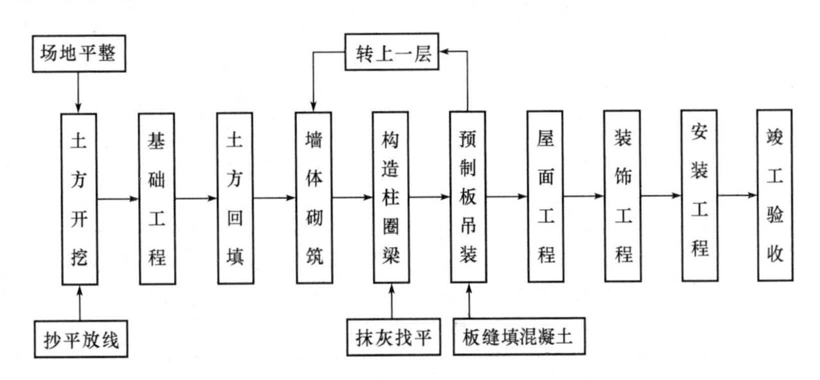

图 3-2-2　主要分部(分项)施工工艺流程

(2)主要施工方案及重点决策见表 3-2-5。

表 3-2-5　主要施工方案及重点决策

序号	分部(分项)工程名称	重点决策
1	测量放线	从主体到局部，先控制后细部
2	土方开挖与回填	避免超挖扰动原土，减少基底暴露时间，防止雨水浸湿基槽，回填土要分层夯实
3	钢筋工程	详细施工图及设计变更单，代换要办理核定单，成型前先做样板，弯钩及绑扎间距、位置、方向正确
4	模板工程	底部砂浆找平以防漏浆，隔离剂不准用废机油代替；标高宜直接引到模板安装位置；按要求起拱
5	混凝土工程	模板内应清理干净，浇水湿润；检查水泥 3 d 强度报告、材料复验报告、配合比、材料合格证等资料；振捣作用最大不超过 50 cm；间歇时间一般超过2 h应按施工缝处理；应经常观察模板、钢筋、预留洞、预埋件和插筋等有无移动、变形或堵塞情况；浇筑完毕后 12 h 内覆盖浇水，养护期不少于 7 d；控制石子、砂的含泥量不超过 1%和 3%
6	砌体工程	皮数杆应用水准仪抄平；砂浆的稠度要控制在 7～8 cm；砌筑前应先行试摆，排好七分头、五分头的位置；注意不准留脚手架眼的地方
7	屋面保温防水	基层水泥砂浆找平层必须坚实平整，含水率不能大于 9%；穿墙套管、阴角部位应粉刷成圆角，并增加一层卷材

续表

序号	分部(分项)工程名称	重点决策
8	外墙饰面	用清水将墙面润透干净；底层灰打好后，养护 2 d 后开始贴外墙瓷砖；镶贴前应将砖面清扫干净，放入净水中浸泡 2 d，晾干使用；水平方向应从阳角开始，阳角接缝应做成 45%割角；粘贴 48 h 后，先用抹子把与瓷砖颜色一致的勾缝水泥浆摊抹在瓷砖接缝处
9	内墙及顶棚粉刷	水泥要求颜色一致，宜采用同一批号的产品；砂要求坚硬洁净，含泥量不得超过 3%，使用前应过 5 mm 孔筛；块状石用水喷淋后存放在沉淀池熟化至少 15 d(罩面灰至少 30 d)成石灰膏；石灰膏应细腻洁白，不得含有未熟化颗粒；结构工程经质量监督站验收；大面积施工前应先做样板；水泥砂浆抹灰层应喷水养护
10	安装工程	洁具排水出口与排水管承口的连接处必须保证严密不漏；支架牢固，器具平整，位置居中，水流畅通，开关阀门进出口方向正确；管道干、支管要横平竖直；管道试压要做详细记录

5. 大型机械的选用

施工现场需配置的施工机械及其需用量见表 3-2-6。

表 3-2-6 施工机械需用量计划表

序号	机构名称	型号	单位	数量	总功率/kW	进场时间	退场时间
1	蛙式打夯机	HW—32	台	2	6		
2	卷扬机	JJK0.5	台	3	6		
3	混凝土搅拌机	JD350	台	2	30		
4	插入式振捣器	ZX50	台	6	6.6		
5	平板振捣器	ZB11	台	2	2.2		
6	钢筋切断机	GJ32—13	台	1	6		
7	钢筋成型机	GW40	台	1	6		
8	交流电焊机	BX3—300—2	台	2	46		
9	灰浆搅拌机	UJ325	台	2	6		
10	木工电刨	MIB2—80/1	台	1	1.4		
11	木工圆锯	MJ104	台	1	6		
12	潜水泵	QY—15	台	2	4.4		
13	空压机	JJK0.5	台	1	3		
14	自升式龙门架		组	2			
15	反铲挖土机		台	1			
16	自卸汽车	WH340	辆	2			
17	机动翻斗车	FCl—1t	辆	3			

6. 流水段的划分

本工程按楼栋单元分为三个施工段，每个施工段又从中间分成两个流水段，如图 3-2-3 所示，施工段流向从东向西。在主体工程施工过程中，水、电、暖安装施工队应及时配合预埋。在主体进行到四层时，即开始进行内墙粉刷的刮槽，并逐步展开门窗的加工制作、安装工程的准备等工作。

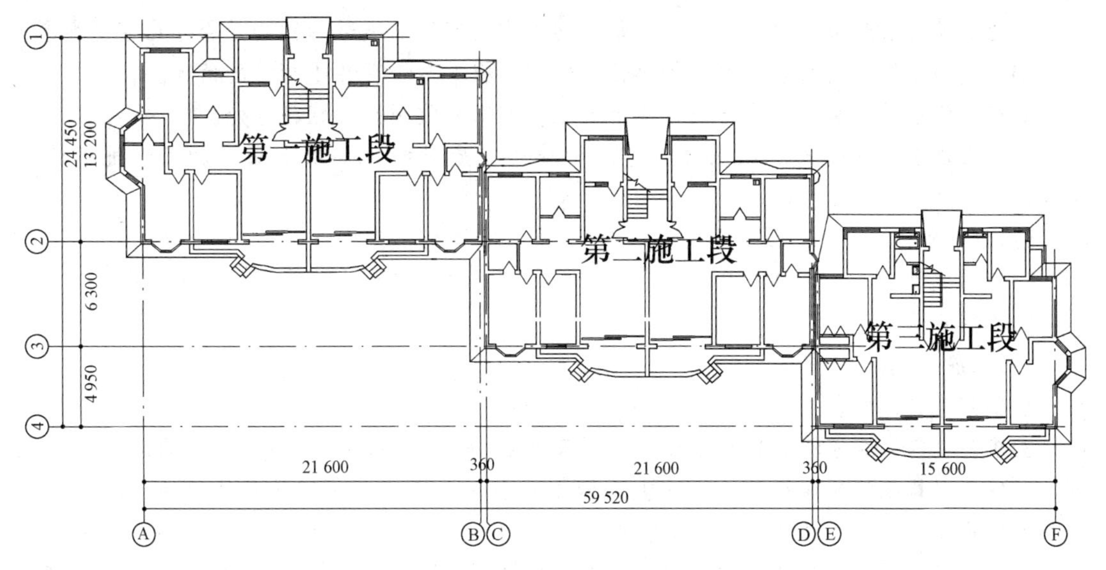

图 3-2-3　施工段的划分

第七章　主要施工方法及技术措施

1. 测量放线

(1)平面定位。根据建设单位提供的红线图和建筑物轴线的设计坐标，利用极坐标法，通过计算测出平面控制网，记录存档。控制桩定于地面，并在桩顶面打上钢钉作为标志。在周围直径 500 mm、高 300 mm 范围内用混凝土浇筑作保护。利用直角坐标法，根据本工程设计轴线坐标，测出轴线控制桩，地下室利用轴线控制桩采用经纬仪直接引测轴线。首层以上轴线传递用铅垂仪逐层投点控制。

(2)高程测量。在楼梯间悬吊钢尺，钢尺下端挂一重锤，使钢尺处于铅垂状态，用水平仪在下部对所建楼层面分别读数，按水准测量原理把高程传递上去。

(3)沉降观测。施工期间每半个月或每完成一层观测一次；竣工后一年内每季度观测一次，以后每半年观测一次。沉降观测资料交设计院审查存档。

2. 土方工程

(1)土方开挖。本工程的土方工程采用一台反铲挖土机施工，挖出土方除留足回填土外，用自卸车运离施工现场。机械挖土应挖至基底标高上 500 mm 处，再由人工挖土、清底至基底设计标高。基坑放坡挖方时应按 1∶0.6 放坡，基坑西侧与围墙距离较近，无法按规定放坡，为防边坡被雨水冲刷，用喷水泥砂浆进行防护，砂浆比例为 1∶3。喷浆前应在基坑边坡四周绑扎间距 30 cm× 30 cm 的 Φ4 冷拔钢丝。

(2)回填土。本工程室内外回填土采用原土回填，用蛙式打夯机夯实回填土，应以一夯压半夯的方式进行分层夯实。室内墙边及墙角部分用木夯夯实。每层铺土厚度为 200～250 mm，每层夯实 3～4 遍。

3. 钢筋工程

(1)准备工作。

1)熟悉施工图，了解所属工程的概况，检查钢筋施工图纸各编号是否齐全，详读施工图说明及设计变更通知单。

2)检查构件各部分尺寸是否吻合，每个构件中所有钢筋编号的数码是否存在重复现象。

3)核对施工图与材料表中钢筋的直径、式样、根数是否存在不相符的情况。

4)核对钢筋的配置是否有与设计构造规程或施工验收规范不相符之处。

5)检查现有的工地施工机具和工艺条件能否在质量和任务量上满足加工这批钢筋的要求。

(2)钢筋加工。

1)钢筋成型。

2)钢筋弯钩。

(3)钢筋绑扎。

1)钢筋位置划线。

2)绑扎钢筋间距应符合设计要求，配有双排钢筋的构件，上、下钢筋之间应垫以马凳筋，以保持双排钢筋间距正确；板内上部钢筋的下面，应垫设一定数量的垫块，必须使上部钢筋位置正确，有足够的混凝土保护层。

3)钢筋绑扎时，应注意弯钩方向，不得任意颠倒，端部的弯钩应与所靠底模板面垂直，不得倾斜式平放，柱中竖向钢筋搭接时，柱角部钢筋弯钩应与模板呈45°角。

4)箍筋的接头在柱中应该环向交错布置，在梁中应纵向交错布置，箍筋的绑扎均应与主筋互相垂直，不得滑落、偏斜，四角与主筋平贴紧密，位置正确，箍筋间距必须符合设计要求。

5)绑扎钢筋时应拧转一半以上，以防松动，并随手将绑扎钢丝拧向骨架内部。

6)现浇圈梁、构造柱交叉部位，应注意钢筋的相交位置和排列。配有双层钢筋网的混凝土板，应根据钢筋直径、网格大小自行配置架立钢筋，以防止上层网片在施工中受压变形。

7)梁或板中的钢筋如因安装暗管、预埋件而必须移动时，应将钢筋向一边移动，但不得把钢筋局部弯曲，钢筋移动后造成过大间距的，应加设一根同一直径的钢筋。

(4)成品管理。弯曲成型好的钢筋，必须轻抬轻放，避免摔在地上产生变形。规格、外形尺寸已检查过的成品应按编号拴上料牌。清点某一编号钢筋成品准确无误后，将该号钢筋全部运离成型地点，在指定的堆放场地上按编号分隔后整齐堆放。非急用于工程上的钢筋成品，应堆放在仓库内，仓库屋顶应不漏雨，地面保持干燥，并有木方或混凝土板等作为垫件。进入成品仓库的钢筋必须要复验钢筋加工的质量。进场钢筋必须有出厂合格证、复验报告。钢筋弯曲成型后，如发现有裂痕、断伤则不得使用，同时应对该批钢筋质量进行复查。

(5)质量安全措施。钢筋成型的形状正确，平面上没有翘曲不平现象。钢筋弯曲处不得有裂缝，并不得反弯。检查钢筋的钢号、直径、根数、间距是否正确，特别注意负筋的位置。钢筋接头的位置及搭接长度应符合设计和施工规范的要求，钢筋保护层厚度应满足规范的规定。钢筋绑扎应牢固，不得有松动变形现象。钢筋表面不允许有油污和粒状、片状锈斑。钢筋绑扎完毕应及时进行隐蔽验收，并办理验收手续。

4. 模板工程

(1)准备工作。

(2)模板设计。

(3)标高测量。

(4)拆模顺序。楼板混凝土强度达到拆模要求→取下拆头托板→拆除模板主次梁→拆除面板→拆除下部水平支撑→涂刷脱模剂→运至下道工序工作面。

(5)质量安全要求。

5. 混凝土工程

(1)施工准备。

(2)施工顺序。清理模板→隐蔽验收签证→混凝土搅拌运输→浇筑→养护→拆模。

(3)混凝土浇筑。混凝土自吊斗口下落的自由倾落高度不得超过 2 m，浇筑高度如超过 3 m 必须采取措施，如用串筒或溜槽等。

(4)养护。

(5)质量安全措施。

6. 砌体工程

(1)施工准备。

1)材料准备，包括烧结普通砖、水泥、中砂、拉结钢筋、预制混凝土构件、木砖及水、电、暖等预埋件的准备。

2)场地准备。清扫基层，找出墨斗线，做好砌筑的准备。烧结普通砖堆放地要地势高、平整、夯实以利排水，尽量运到操作地点，配合操作顺序，避免二次搬运。砖垛应上、下皮交错叠放，堆放高度一般不高于 2 m，应尽量靠近垂直提升架，远离高压线。

3)技术准备。熟悉图纸，除了熟悉建筑平面和详图以外，还应查清墨斗线，弄清砌筑位置和门窗洞口位置。皮数杆安放在墙角及墙体交接处，间距不超过 15 m，皮数杆应用水准仪抄平。

(2)施工顺序。熟悉施工图→施工准备→找出墨斗线位置→将预先浇好水的砖运至指定地点→根据墨斗线铺摊砂浆→铺砖找平→灌嵌竖缝→检查后勾缝→清扫墙面→清扫操作面。砌块砌筑的顺序，一般为先外墙后内墙，先远后近，从下到上按流水分段进行砌筑。

(3)施工要点。

1)砌筑前应先行试摆，排出灰缝宽度，注意门窗位置、砖垛的影响，同时要考虑窗间墙的组砌方法及七分头、五分头的位置。

2)砂浆厚度控制在 1～2 cm(有配筋的水平缝为 1.5～2.5 cm)，长度控制在一块砖的范围内。

3)砖墙转角处和交接处应同时砌筑，对不能同时砌筑必须留槎的部位，应砌成斜槎，其长度不应小于高度的 2/3。构造柱两侧的砖体应砌成大马牙槎，并应先收后进。沿高度 50 cm 设置水平拉结钢筋。

(4)质量安全要求。

1)半砖墙、砖过梁以上与过梁呈 60°角的三角形范围、宽度小于 1 m 的窗间墙、梁下及其两侧 50 cm 范围、门窗洞口两侧 18 cm 和转角处 43 cm 范围内，不得留置脚手架眼。

2)相邻工作段的高度差不得超过一个楼层的高度。砖墙每天砌筑高度以不超过 1.8 m 为宜，砌块砂浆相同。先砌筑转角(俗称定位)，然后再砌中间。

3)水平灰缝铺置要平整，砂浆铺置长度较砖稍长些，宽度宜缩进墙面约 5 mm。竖缝灌浆应在砌筑并校正好后及时进行。校正时一般将墙两端的定位砖用托板校正垂直后，中间部分拉准线校正。不得在灰缝中塞石子或砖片，也不能强烈震动墙体。

4)所用砖的尺寸、强度等级必须符合设计要求。外观颜色要均匀一致，棱角整齐方正，不得有裂纹、污斑、偏斜和翘曲等现象。

5)砂浆配合比要严格控制准确，稠度应适宜。墙面平整度与垂直度应符合标准。

7. 屋面保温防水

(1)施工顺序。清理基层→平面涂布底胶→平面防水层施工→平面部位铺贴油毡隔离层→平面部位做砂浆保护层→修补表面→立面涂布底胶和防水层施工。

(2)基层处理。基层水泥砂浆找平层必须坚实平整，不能有松动、起鼓、面层凸出或严重粗糙。平整度不好或起砂时，必须剔凿处理。基层必须干燥，含水率不能大于9%，否则不能施工。具体测量含水率的方法：可以在基层表面放一块油毡或玻璃，3～5 h后看其下面有无水珠，如基本无水珠则可施工。复杂部位、阴角部位应用水泥砂浆抹成“八”字形，对管根部位、排水口等易于渗漏的薄弱部位，应再加一层油。

(3)施工要求。在干燥的地下室和立壁的基层表面上涂刷橡胶沥青涂料。要求涂刷均匀，一次涂好，干燥12 h后(根据气温而定，以不粘脚为好)方可施工。施工时把油毡按位置摆正，点燃喷灯加热油毡和基层，喷灯距油毡0.5 m左右，加热要均匀，待卷材表面熔化后，随即向前铺滚，注意在滚压时不要把空气和异物卷入，必须压实、压平。在油毡还未冷却前，用抹子把边封好，再用喷灯均匀细致地把接缝封好，然后再将边缘和其他部位封好，以防翘边。

(4)质量要求及安全注意事项。

8. 外墙装饰

(1)施工顺序。基层处理→浇水湿润→吊垂直、贴灰饼、冲标筋→抹踢脚板、墙裙→做护角→抹底层灰→修补孔洞→抹面层灰→养护。

(2)施工工艺。在处理好的墙面上，先用清水将墙面浸透，将尘土、污垢清除干净，根据已抹好的灰饼冲标筋、填档子，抹1∶2水泥砂浆，底层灰的厚度为15 mm，可分两遍抹成。抹好后用大杠刮平、找直，用木抹子搓毛，确保打底平整、垂直、不空鼓。

(3)养护。

(4)镶贴。

(5)擦缝。

9. 内墙及顶棚粉刷

(1)作业条件。结构工程经质量监督站验收，达到合格标准后，方可进行抹灰工程。阳台栏杆、消防箱、配电柜、电气管线、管道等应提前安装好，预留洞口应提前堵塞严实。

(2)基层处理。

(3)施工要点。

1)抹灰前应在大角的两面、阳台、窗台、碹脸两侧弹出抹灰层的控制线，以作为打底的依据。每遍厚度为5～7 mm，应分层与所冲标筋抹平，并用大杠刮平、找直，用木抹子搓毛，要求垂直、平整，阴阳角方正，终凝后开始养护。

2)脚手架的搭设必须保证其牢固、安全、可靠，并经质检部门及监理有关人员验收许可后方可使用。

3)屋面防水工程完工前进行室内抹灰时，必须采取防护措施。

4)基层处理好后，应分别在门窗口角、垛、墙面等处吊垂直、套方抹灰饼。操作时应先抹上灰饼，再抹下灰饼，并按踢脚线或墙裙高度确定下灰饼的位置，按设计要求确定灰饼的厚度，并按灰饼冲标筋，在墙面弹出抹灰层控制线。

5)水泥砂浆抹灰层应喷水养护。

6)水泥砂浆护角。根据已做好的灰饼和冲筋，将室内门窗口的门窗套、柱和墙面的阳角均抹出水泥护角。

10. 安装工程

(1)给水排水及洁具安装工艺流程。安装准备→预制加工→干管安装→立管安装→支管安装→管道试压和闭水试验→洁具安装→配件预装、稳装→洁具与墙地缝处理→外观检查→管道冲洗→管道防腐和保温。

(2)丝扣连接。外露丝扣 2～3 扣，清除麻头。承插接口的管道用胶黏剂粘牢，环缝间隙均匀，胶粘剂无强度时不得使管道受力变形。

(3)干管、支管要横平竖直，干管坡度为 0.3%。

(4)洁具排水出口与排水管承口的连接处必须保证严密不漏、支架牢固、器具平整、位置居中、水流畅通，开关阀门进出口方向正确。

(5)立管与墙面相距 6 cm，立管上加设阀门，穿楼板加设钢套管，高出地面 2 cm，底面与楼板底平齐，立管卡每层安装一个，安装高度距地面 1.5～1.8 m。

(6)管道试压要做详细记录，防锈、防腐、保温、冲洗等按规范要求执行。

(7)电缆在首层进户处作重复接地，并用防水管作密封处理，电缆桥架与重复接地做好电气连接。

第八章　施工进度计划

施工进度计划见表 3-2-7。

表 3-2-7　施工进度计划

分部分项工程名称		10	20	30	40	50	60	70	80	90	100	110	120	130	140	150	160	170	180	190	200	210
基础工程	土方开挖																					
	混凝土垫层																					
	钢混凝土板式基础																					
	室内外回填土																					
主体结构施工																						
屋面保温防水																						

续表

分部分项工程名称		10	20	30	40	50	60	70	80	90	100	110	120	130	140	150	160	170	180	190	200	210
装修工程	内装修及门窗工程																					
	外装修工程																					
水暖电工程																						
零星及工程验收																						

第九章　施工现场平面布置图(略)

第十章　主要管理措施

1. 安全施工措施

(1)组织措施。项目经理部建立安全责任制，各职能部门必须认真执行。对全体参与施工的管理人员及操作人员进行现场施工前的安全教育。

(2)技术措施。特殊工种上岗操作必须有操作证，严禁无证上岗操作；进行分部、分项施工时，必须有安全交底；各种构件材料必须堆放整齐，保证施工现场、施工道路整齐通畅；正确使用个人防护用品，进入现场必须戴安全帽。施工现场的洞、坑、沟、施工洞口等处应有防护措施和明显标志；施工机械和动力机具的机座必须牢固，设置一机一漏电保护装置，并按规定接零接地，设置单一开关；为了做到安全用电，有关人员必须掌握电器安装规程要求，操作必须按安全技术规程进行；现场用电线路必须做到“三相五线制”。首层必须搭设一道围绕建筑四周固定的安全网，上部每三层搭设一道围绕建筑物的 3 m 宽安全网，建筑物四周立面用密目网封闭，防止物体向建筑物外坠落。本工程基础较深，土方开挖后在基坑四周设置防护栏杆以防人员坠落，并在现场设置足够的照明；现场木工加工场地和电源及堆放易燃、易爆的地方设置足够的消防器材；建立定期检查制度，对查出的问题限期整改。

(3)经济措施。进行各级经济承包时，必须有安全生产指标。把安全生产与经济效益挂钩，工资定额含量中设置一定量的安全分，如发生安全事故，在工资中扣除相应的安全生产含量。制定工地安全管理细则，对违反安全规定的操作人员进行处罚。

2. 消防、保卫措施

(1)建立消防组织，配备专职消防人员，对施工现场内的消防工作进行全面检查，发现隐患及时处理。对职工进行安全防火教育，普及消防知识，提高职工的防火警惕性。

(2)在工地显著位置设立消防标牌，并按消防规定在现场、生活区、办公室、仓库设立消防器材。特别是在易燃物比较集中的部位，如木工车间等要专门配备灭火器材及灭火工具。

(3)严格执行各项消防制度、易燃易爆物品管理制度、用火申请制度等。

(4)建立工地门岗保卫制度，配备专职保安员检查进出场人员及流入流出的物资。

(5)对进入现场施工的人员进行消防、保卫教育，依靠广大职工维护治安秩序，严密防范，确保施工过程及公共财产的安全。

3. 文明施工与环保措施

(1)施工现场做到封闭施工，施工围墙采用砂浆砌筑，临界墙面粉刷并刷白，高度应不低于1.8 m，且结构坚固、造型美观。

(2)施工现场主要出入口设置施工标牌、项目施工主要人员名单牌、施工现场施工总平面图、工程效果图。

(3)现场道路通畅、场地平整，材料及构件按总平面图堆放，做到散料成方、型材成垛，并配有标示牌。

(4)围墙外无建筑垃圾、无积水、无建筑材料。库存袋(箱)装材料码放成垛，小、散材料上架存放，易燃易爆物品设专库隔离存放，墙上悬挂材料管理制度和材料员职责。各作业面的材料堆放整齐，做到"工完料尽脚下清"。

(5)固定的机械设备及时清洗保养，搭棚防护，设备旁悬挂操作规程牌、设备标牌。搅拌机旁悬挂各类砂浆、混凝土配合比标牌，且内容完整清晰，配备计量必须齐全、准确，并有计量记录。

(6)加强施工现场用水、用电管理，严禁乱拉、乱接电线，无常流水、长明灯。各种临时设施做到结构坚固，室内宽敞明亮，照明充足、通风好、防雨、防潮，现场办公室、仓库、宿舍、厨房、厕所内做到粉刷白、地面硬化，且室内高度不得低于2.6 m。

(7)搭设的临时用房应规范化，做到办公室整洁干净，生活区环境幽雅。现场办公室做到整洁有序，各项管理制度齐全，墙面悬挂：岗位责任制，施工网络计划图，施工总平面布置图及工程质量、安全、文明施工保证体系图，工程量实际完成进度图，工程施工天气晴雨表。

(8)职工宿舍无地铺、通铺，室内应设双人床铺，职工衣被及其他日用品排放整齐，宿舍门前悬挂宿舍管理制度，值日牌明确，室内卫生打扫及时，干净整洁。

(9)所有进场材料必须按规定堆放整齐，设专人负责，施工、生活垃圾及时清理运走，厕所为水冲式厕所，保持施工现场卫生。环境保护设专人负责，并定期进行检查。

(10)严格遵守建设单位的环保规定及政策，可任何时候接受建设单位、主管单位及环保人员的检查。门前三包应设专人负责。

(11)施工中混凝土振捣棒噪声对居民干扰较大，所以尽量将浇筑混凝土的工作放在白天进行，若有夜间施工的情况，一定要控制在晚上10点之前。有噪声的机械在法定时间内使用，对切割机、木工机械采取措施减少噪声。

4. 冬期施工

(1)进入冬期施工前应建立冬期施工技术责任制和安全防火责任制，组织有关施工人员学习冬期施工有关规范及规定，并向施工班组进行冬期施工任务、特点、质量要求和安全防火的全面交底。工地负责人应组织工长及有关人员每日及时收听天气预报，认真做好各项防寒准备工作，防止寒流袭击。进入冬期施工之前，应对现场试验员、质检人员进行外加剂和测温、保温的技术业务培训，安排专人进行气温观测并做好记录。

(2)施工现场准备足够数量的塑料膜、草栅等保温材料和抗冻外加剂及冬期施工有关机具。工地地上临时供水管道应用草绳或其他保温材料进行包扎以保温防冻。搅拌站四周应用石棉瓦进行围护，内设火炉取暖，并设专人负责砂浆、混凝土外加剂的加入与调配工作。

(3)冬期施工时要采取防滑措施，及时清除脚手架上的积雪和冰层。运输道路应采取防滑措施以确保施工安全，加强施工现场防火教育。现场生产及生活用火设施，必须经项目部有关部门对使用的用火设施进行检查验收合格后方可使用，并由专人定期进行检查。在室内使用炉火时要注意通风换气，防止煤气中毒，严禁私自设置用火设施。防冻剂应严格管理，防止误食中毒。

5. 雨期施工

(1)在施工进度安排上，要尽量把雨期无法施工的施工段与雨期影响不大的施工段合理排开。

(2)在基础施工阶段，应预先做好地面截水，即筑堤截水；挖排水明沟，使地面排水畅通，防止地面水流入基坑内，并预备好抽水设备。在主体施工阶段，要掌握好混凝土的搅拌、浇筑、覆盖的时间和措施。

(3)对足以影响混凝土浇捣和墙体砌筑的落雨量，应立即停止施工，用雨布保护好已浇筑的混凝土和墙体。应在雨期适当控制烧结普通砖的浇水量，必要时采取防雨、防水措施，防止烧结普通砖吸水过量。

(4)严格控制砂浆水胶比，避免砂、灰膏受雨水泡、淋，否则重新调整水胶比。屋面工程应尽量避开雨期施工，最好安排在雨期到来之前将防水层施工完毕。为保证室内粉刷正常进行，室内刷浆前，应先安装好外门窗及玻璃，以免雨水冲湿装饰面层。

(5)外装饰工程应尽量避开风雨天气施工。忌日晒、雨淋的材料应及时放在材料仓库进行保管，材料仓库地坪应高于室外地面 30 cm，并保证材料仓库屋面不漏水。

2.3 知识链接

一、单位工程施工组织设计概述

1. 单位工程施工组织设计的概念及作用

单位工程施工组织设计是由施工承包单位工程项目经理编制的，用以指导施工全过程施工活动的技术、组织、经济文件，它是施工前的一项重要准备工作，也是施工企业实现生产科学管理的重要手段。

单位工程施工组织设计的作用主要有以下几点：

(1)贯彻施工组织总设计，具体实施施工组织总设计对该单位工程的规划精神。

(2)编制该工程的施工方案，选择施工方法、施工机械，确定施工顺序，提出实现质量、进度、成本和安全目标的具体措施，为施工项目管理提出技术和组织方面的指导性意见。

(3)编制施工进度计划，落实施工顺序、搭接关系，各分部(分项)工程的施工时间，实现工期目标，为施工单位编制作业计划提供依据。

(4)计算各种物资、机械、劳动力的需要量，安排供应计划，从而保证进度计划的实现。

(5)对单位工程的施工现场进行合理的设计和布置，统筹合理利用空间。

(6)具体规划作业条件方面的施工准备工作。

(7)单位工程施工组织设计是施工单位有计划地开展施工，检查、控制工程进展情况的重要文件。

(8)单位工程施工组织设计是建设单位配合施工、监理单位工作和落实工程款项的基本依据。

2. 单位工程施工组织设计的编制依据和原则

(1)单位工程施工组织设计的编制依据。

1)主管部门的批示文件及建设单位的要求。

2)经过会审的图纸。

3)施工企业年度生产计划对该工程的安排和规定的有关指标。

4)施工组织总设计。

5)资源配备情况。

6)建设单位可能提供的条件和水、电供应情况。

7)施工现场条件和勘察资料。

8)预算文件和国家规范等资料。

9)国家或行业有关的规范、标准、规程、法规、图集及地方标准和图集。

10)有关的参考资料及类似工程施工组织设计实例。

(2)单位工程施工组织设计的编制原则。

1)做好现场工程技术资料的调查工作。

2)合理安排施工程序。

3)采用先进的施工技术，进行合理的施工组织。

4)土建施工与设备安装应密切配合。

5)施工方案应作技术经济比较。

6)确保工程质量和施工安全。

7)特殊时期的施工方案。

8)节约费用和降低工程成本。

9)环境保护的原则。

3. 单位工程施工组织设计的编制内容和程序

单位工程施工组织设计，是以单个建筑物，如一幢工业厂房、构筑物、公共建筑、民用房屋等为对象编制的，用以指导组织现场施工的技术文件。如果单位工程属于建筑群中一个单体的组成部分，则单位工程施工组织设计也是施工组织总设计的具体化。

根据工程的性质、规模、结构特点、技术复杂程度，采用新技术的内容，工期要求，建筑地点的自然经济条件，施工单位的技术力量及对该类工程施工的熟悉程度的差异，单位工程施工组织设计的编制内容和深度可以有所不同，但一般包括：工程概况及施工特点；施工方案选择；施工进度计划；施工准备工作计划；劳动力、材料、构件、加工品、施工机械和机具等需要量计划；施工平面图；保证质量、安全，降低成本和冬雨期施工的技术组织措施；各项技术经济指标等。其中，施工方案、施工进度计划和施工平面图三项最为关键，它们分别规划了单位工程施工的技术组织、时间、空间三大要素。

单位工程施工组织设计编制程序如图 3-2-4 所示。

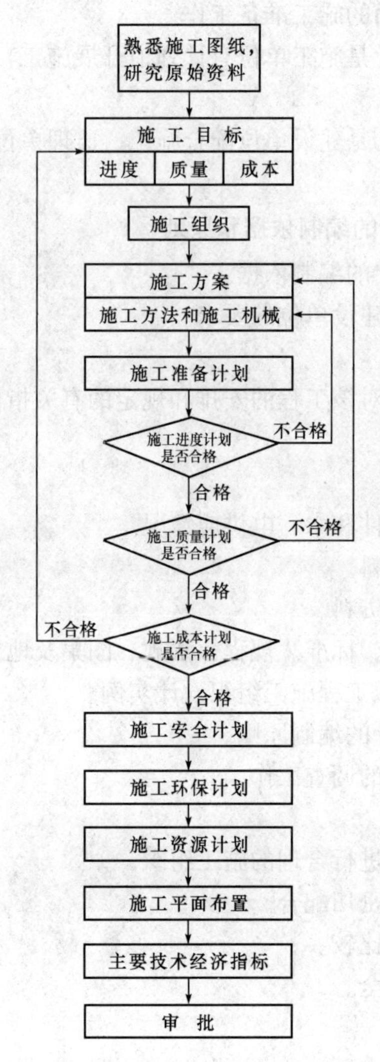

图 3-2-4 单位工程施工组织设计编制程序

二、工程概况

1. 工程建设基本情况

其主要说明：拟建工程的建设单位，工程名称、性质、用途、作用和建设目的，资金来源及工程投资额，开、竣工日期，设计单位，施工单位，施工图纸情况，施工合同，主管部门的有关文件或要求，以及组织施工的指导思想等。这部分内容可依实际情况列表说明，见表 3-2-8。

2. 工程设计概况

(1)建筑设计特点。其包括拟建工程的建筑面积、平面形状和平面组合情况，层数、层高、总高度、总宽度和总长度等尺寸，并附有拟建工程的平面、立面和剖面简图，室内外装饰的构造及做法等。可根据实际情况列表说明，参见表 3-2-9。

表 3-2-8　工程建设基本情况表

建设单位			建筑结构				装饰要求	
设计单位			层数		层架		内粉	
施工单位			基础		起重机梁		外粉	
建筑面积/m^2			墙体				门窗	
工程造价/万元			柱				楼面	
计划	开工日期		梁				地面	
	竣工日期		楼板				顶棚	
编制说明	上级文件和要求						地质情况	
	施工图纸情况					地下水位	最高	
							最低	
	合同签订情况						常年	
						气温	最高	
	土地征购情况						最低	
							平均	
	三通一平情况					降雨量	日最大量	
							一次最大	
	主要材料落实情况						全年	
	临时设施解决情况					其他		
	其他							

表 3-2-9　建筑设计概况一览表

占地面积			首层建筑面积			总建筑面积		
层数	地上		层高	首层		地上面积		
	地下			标准层		地下面积		
				地下				
装饰	外檐							
	楼地面							
	墙面	室内			室外			
	顶棚							
	楼梯							
	电梯厅	地面			墙面		顶棚	

续表

防水	地下	
	屋面	
	阳台	
	雨篷	
保温节能		
绿化		
其他需要说明事项		

(2)结构设计特点。其包括基础的类型、埋置深度、主体结构的类型、预制构件的类型及安装位置等，可根据实际情况列表说明，见表 3-2-10。

表 3-2-10　结构设计概况一览表

地基基础	埋深		持力层		承载力标准值		
	桩基	类型：		桩长：	桩径：	间距：	
	箱、筏	地板厚：			顶板厚：		
	独立基础						
主体	结构形式						
	主要结构尺寸	梁：		板：	桩：	墙：	
抗震设防等级					人防等级		
混凝土强度等级及抗渗要求		基础		墙		垫层	
		梁		板		地下室	
		桩		楼梯		屋面	
钢筋							
特殊结构							
其他需说明事项							

(3)设备安装设计特点。建筑给水、排水、采暖、通风、电气、空调、电梯、消防系统等安装工程的设计要求可根据实际情况列表说明，见表 3-2-11。

表 3-2-11　设备安装设计概况一览表

给水	冷水		排水	雨水	
	热水			污水	
	消防			中水	
强电	高压		弱电	电视	
	低压			电话	
	接地			安全监控	
	防雷			楼宇自控	
				综合布线	

续表

空调系统	
采暖系统	
通风系统	
消防系统	
电梯	

3. 工程施工概况

(1)建设地点的特征。其包括拟建工程的位置、地形、工程地质与水文地质条件、不同深度土壤的分析、冻结期与冻层厚度、地下水位、水质、气温、冬雨期施工起止时间、主导风向、风力等。

(2)施工条件。其包括水、电、道路及场地的“三通一平”，现场临时设施、施工现场及周围环境等情况；当地的交通运输条件，预制构件生产及供应情况；施工机械、设备、劳动力的落实情况；内部承包方式、劳动组织形式及施工管理水平等。

(3)施工特点。施工特点主要说明工程施工的重点所在，以便在选择施工方案、组织资源供应、技术力量配备，以及施工准备工作上采取有效措施，使施工顺利进行，提高施工企业的经济效益。

不同类型的建筑、不同条件下的工程施工，均有其不同的施工特点。如现浇钢筋混凝土高层建筑的施工特点主要有：结构和施工机具设备的稳定性要求高、钢筋加工量大、混凝土浇筑难度大、脚手架搭设要进行设计计算、安全问题突出等。

三、施工方案的选择

1. 确定施工顺序

(1)确定施工顺序应遵循的基本原则。

1)先地下，后地上。

2)先主体，后围护。

3)先结构，后装饰。

4)先土建，后设备。

(2)确定施工顺序的基本要求。

1)符合施工工艺。

2)与施工方法协调一致。

3)考虑施工组织的要求。

4)考虑施工质量和安全的要求。

5)受当地气候影响。

(3)多层混合结构居住房屋的施工顺序。一般将多层混合结构居住房屋的施工划分为基础工程、主体结构工程、屋面及装饰工程等阶段，如图 3-2-5 所示。

(4)装配式钢筋混凝土单层工业厂房的施工顺序。装配式钢筋混凝土单层工业厂房的施工可分为基础工程、预制工程、结构安装工程、围护工程和装饰工程等施工阶段。其施工顺序如图 3-2-6 所示。

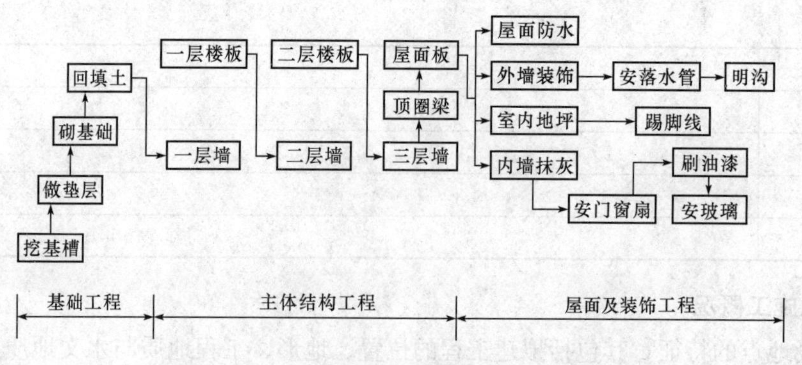

图 3-2-5　混合结构三层居住房屋的施工顺序

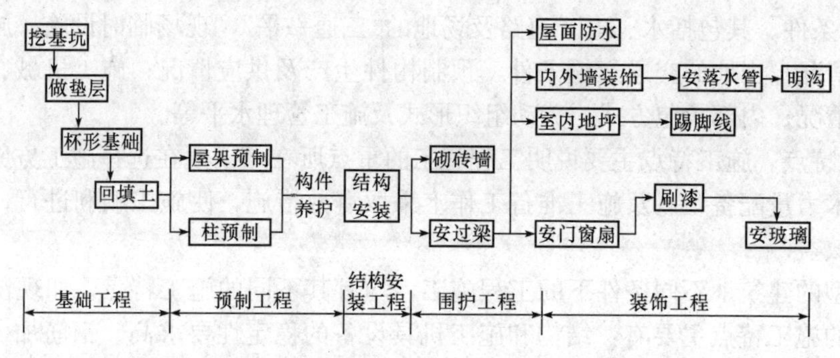

图 3-2-6　装配式钢筋混凝土单层工业厂房的施工顺序

2. 选择施工方法和施工机械

选择施工方法和施工机械是施工方案中的关键问题。它直接影响施工进度、施工质量和安全以及工程成本。编制施工组织设计时，必须根据工程的建筑结构、抗震要求、工程量的大小、工期长短、资源供应情况、施工现场的条件和周围环境，制定出可行方案，并且进行技术经济比较，确定出最优方案。

(1)选择施工方法。选择施工方法时，应着重考虑影响整个单位工程施工的分部(分项)工程的施工方法。主要是选择在单位工程中占重要地位的分部(分项)工程，施工技术复杂或采用新技术、新工艺对工程质量起关键作用的分部(分项)工程，不熟悉的特殊结构工程或由专业施工单位施工的特殊专业工程的施工方法。而对于按照常规做法和工人熟悉的分部(分项)工程，只要提出应注意的特殊问题，即可不必详细拟定施工方法。

对一些主要的工种工程，在选择施工方法和施工机械时，应主要考虑以下问题：

1)测量放线。

①说明测量工作的总要求。

②工程轴线的控制。

③垂直度的控制。

④沉降观测。

2)土方工程。确定土方工程施工方案时，要看是场地平整工程还是基坑开挖工程。对于前者主要考虑施工机械的选择、平整标高的确定、土方调配；对于后者首先确定是放坡开挖还是采用支护结构，如为放坡开挖主要考虑挖土机械的选择、降低地下水水位和明排水、边坡稳定、运土方法等。如采用支护结构，主要考虑支护结构设计、降低地下水水位、挖土和运土方案、周围环境的保护和监测等。

3)基础工程。

①浅基础的垫层、混凝土基础和钢筋混凝土基础施工的技术要求，以及地下室施工的技术要求。

②桩基础施工的施工方法以及施工机械的选择。

4)砌筑工程。

①砖墙的组砌方法和质量要求。

②弹线及皮数杆的控制要求。

③确定脚手架搭设方法及安全网的挂设方法。

5)混凝土结构工程。对于混凝土结构工程施工方案，着重解决钢筋加工方法、钢筋运输和现场绑扎方法、粗钢筋的电焊连接、底板上皮钢筋的支撑、各种预埋件的固定和埋设，模板类型选择和支模方法、特种模板的加工和组装、快拆体系的应用和拆模时间，混凝土制备(如为商品混凝土则选择供应商并提出要求)、混凝土运输(如为混凝土泵和泵车，则确定其位置和布管方式，如用塔式起重机和吊斗则划分浇筑区、计算吊运能力等)、混凝土浇筑顺序、施工缝留设位置、保证整体性的措施、振捣和养护方法等。如为大体积混凝土则需采取措施避免产生温度裂缝，并采取测温措施。

6)结构吊装工程。对于结构吊装工程施工方案，着重解决吊装机械的选择、吊装顺序、机械开行路线、构件吊装工艺、连接方法、构件的拼装和堆放等。如为特种结构吊装，需用特殊吊装设备和工艺，还需考虑吊装设备的加工和检验、有关的计算(稳定、抗风、强度、加固等)、校正和固定等。

7)屋面工程。

①屋面各个分项工程施工的操作要求。

②确定屋面材料的运输方式。

8)装饰工程。

①各种装饰工程的操作方法及质量要求。

②确定材料运输方式及储存要求。

(2)选择施工机械。选择施工方法必须涉及施工机械的选择。机械化施工是改变建筑工业生产落后面貌，实现建筑工业化的基础，因此施工机械的选择是施工方法选择的中心环节，在选择时应注意以下几点：

1)首先选择主导工程的施工机械，如地下工程的土方机械，主体结构工程的垂直、水平运输机械，结构吊装工程的起重机械等。

2)各种辅助机械中，运输工具应与主导机械的生产能力协调配套，以充分发挥主导机械的效率。如土方工程在采用汽车运土时，汽车的载重量应为挖土机斗容量的整倍数，汽车的数量应保证挖土机连续工作。

3)在同一工地上，应力求建筑机械的种类和型号尽可能少一些，以利于机械管理；尽量使机械少而配件多，一机多能，提高机械使用率。

4)选择机械时应充分考虑发挥施工单位现有机械的能力，当本单位的机械能力不能满足工程需要时，则应购置或租赁所需新型机械或多用机械。

3. 流水施工组织

单位工程施工的流水组织，是施工组织设计的重要内容，是影响施工方案优劣程度的基本因素，在确定施工的流水组织时，主要解决流水段的划分和流水施工起点流向的确定。

(1)流水段的划分。建筑物按流水理论组织施工，能取得很好的效益。为便于组织流水施工，就必须将大的建筑物划分成几个流水段，使各流水段间按照一定程序组织流水施工。

(2)流水施工起点流向的确定。流水施工起点流向是指单位工程在平面或空间上施工的开始部位及其展开方向，这主要取决于生产需要、缩短工期和保证质量等要求。一般来说，对于单层建筑物，要按其工段、跨间分区分段地确定平面上的施工流向；对于多层建筑物，除了确定每层平面上的施工流向外，还要确定其层间或单元空间上的施工流向。

4. 施工方案技术经济比较

对施工方案进行技术经济评价是选择最优施工方案的重要途径。任何一个分部(分项)工程，一般都会有几个可行的施工方案，而施工方案的技术经济评价的目的就是在它们之间进行优选，选出一个工期短、质量好、材料省、劳动力安排合理、成本低的最优方案。

常用的施工方案技术经济评价方法有定性分析和定量分析两种。

(1)定性分析评价。定性的技术经济分析是结合施工实际经验，对几个方案的优缺点进行分析和比较。通常主要从以下几个指标来评价：

1)工人在施工操作上的难易程度和安全可靠性。

2)为后续工程创造有利条件的可能性。

3)利用现有或取得施工机械的可能性。

4)施工方案对冬雨期施工的适应性。

5)为现场文明施工创造有利条件的可能性。

(2)定量分析评价。施工方案的定量技术经济分析评价，是通过计算各方案的几个主要技术经济指标，进行综合比较分析，从中选择技术经济指标最优的方案。定量分析评价一般分为以下两种方法。

1)多指标分析评价法。它是对各个方案的工期指标、实物量指标和价值指标等一系列单个的技术经济指标进行计算对比，从中选出优秀的方案。定量分析的指标通常包括：

①工期指标。

②单位建筑面积造价。它是人工、材料、机械和管理费的综合货币指标。

$$\text{单位建筑面积造价}=\frac{\text{施工实际费用}}{\text{建筑总面积}}(\text{元}/\text{m}^2) \tag{3-2-1}$$

③主要材料节约率。它反映若干施工方案的主要材料节约情况。

$$\text{主要材料节约量}=\text{预算用量}-\text{施工组织设计计划用量}$$

$$\text{主要材料节约率}=\frac{\text{主要材料节约量}}{\text{主要材料预算用量}}\times 100\% \tag{3-2-2}$$

④降低成本率。它可综合反映单位工程或分部(分项)工程在采用不同施工方案时的经济效果，可按下式计算：

$$\text{降低成本率}=\frac{\text{预算成本}-\text{计划成本}}{\text{预算成本}}\times 100\% \tag{3-2-3}$$

⑤投资额。当选定的施工方案需要增加新的投资时(如购买新的施工机械或设备)，则对增加的投资额也要进行比较。

2)综合指标分析法。综合指标分析法是以各方案的多指标为基础，将各指标的值按照一定的计算方法进行综合，得到每个方案的一个综合指标，对比各综合指标，从中选出优秀的方案。

四、单位工程施工进度计划

1. 单位工程施工进度计划的作用和分类

(1)单位工程施工进度计划的作用。单位工程施工进度计划的作用有以下几点：

1)控制单位工程的施工进度，保证在规定工期内完成符合质量要求的工程任务。

2)确定单位工程的各个施工过程的施工顺序、施工持续时间及相互搭接和合理配合的关系。

3)为编制季度、月度生产作业计划提供依据。

4)单位工程施工进度计划是制定各项资源需要量计划和编制施工准备工作计划的依据。

(2)单位工程施工进度计划的分类。单位工程施工进度计划可根据建设项目规模大小、结构难易程度、工期长短、资源供应情况等因素分为控制性和指导性两类施工进度计划。

1)控制性施工进度计划。控制性施工进度计划按分部工程来划分施工过程，控制各分部工程的施工时间及其相互搭接配合关系。它主要适用于工程结构较复杂、规模较大、工期较长而需跨年度施工的工程(如体育馆、汽车站等大型公共建筑)，还适用于虽然工程规模不大或结构不复杂但各种资源(劳动力、机械、材料等)未落实的情况，以及建筑结构等可能变化的情况。

2)指导性施工进度计划。指导性施工进度计划按分项工程或施工工序来划分施工过程，具体确定各施工过程的施工时间及其相互搭接、配合关系。它适用于任务具体而明确、施工条件基本落实、各项资源供应正常、施工工期不太长的工程。

2. 单位工程施工进度计划的编制依据和程序

单位工程施工进度计划的编制依据主要包括：经过审批的建筑总平面图、地形图、单位工程施工图、工艺设计图、设备基础图，采用的标准图集以及技术资料；施工组织总设计对本单位工程的有关规定；施工工期要求及开竣工日期；施工条件；劳动力、材料、构件及机械的供应条件，分包单位的情况等；主要分部(分项)工程的施工方案；劳动定额及机械台班定额；其他有关要求和资料。

单位工程施工进度计划的编制程序如图 3-2-7 所示。

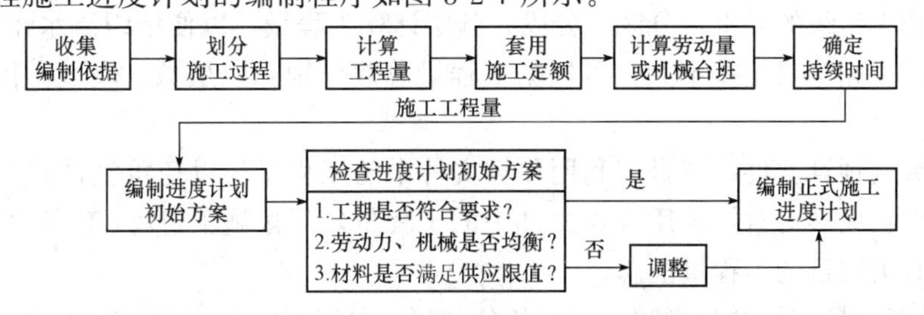

图 3-2-7　单位工程施工进度计划的编制程序

3. 单位工程施工进度计划的编制步骤和方法

(1)划分施工过程。编制单位工程施工进度计划时，首先应按照图纸和施工顺序，将拟建单位工程的各个施工过程列出，并结合施工方法、施工条件和劳动组织等因素，适当加以调整。

在确定施工过程时，应注意以下几个问题：

1)施工过程划分的精细程度，主要根据单位工程施工进度计划的客观作用而定。对控制性施工进度计划，项目划分得粗一些，通常只列出分部工程名称；对指导性施工进度计划，项目划分得细一些，一般应进一步划分到分项工程。

2)施工过程的划分要结合所选择的施工方案而定。

3)要适当简化施工进度计划内容，可将某些穿插性分项工程合并到主导分项工程中，或将在同一时间内、由同一专业工作队施工的过程，合并为一个施工过程。而对于次要的零星分项工程，可合并为“其他工程”一项。

4)水、暖、电、卫工程和设备安装工程通常由专业工作队负责施工，因此，在一般土建工程施工进度计划中，只要反映出这些工程与土建工程相互配合即可。

5)所有施工过程应按施工顺序先后排列，所采用的施工项目名称可参考现行定额手册上的项目名称。

(2)划分流水施工段。应根据建筑结构的特点和结构的部位合理地划分流水作业施工段，划分时需考虑以下因素：

1)有利于结构的整体性，如房屋以伸缩缝、沉降缝分段；墙体在门窗洞口处分段，以减少留槎。

2)各施工段的工程量应大致相等，以便于劳动组织的相对稳定，能使各队组连续施工，减少停歇和窝工。

3)应有一定的工作面，以便于操作，发挥劳动效率。

(3)计算工程量。计算各工序的工程量(劳动量)是施工组织设计中的一项十分烦琐的、费时最长的工作，工程量计算方法和计算规则与施工图预算或施工预算一样，只是所取尺寸应按施工图中施工段大小确定。

计算工程量时应注意以下几个问题：

1)各分部(分项)工程的工程量计算单位应与采用的施工定额中相应项目的单位相一致，以便在计算劳动量和材料需要量时可直接套用定额，不再进行换算。

2)工程量计算应结合选定的施工方法和安全技术要求进行，使计算所得工程量与施工实际情况相符合。

3)结合施工组织的要求，分区、分段、分层计算工程量，以便组织流水作业。若每层、每段上的工程量相等或相差不大，可根据工程量总数分别除以层数、段数，得每层、每段上的工程量。

4)如已编制预算文件，应合理利用预算文件中的工程量，以免重复计算。施工进度计划中的施工项目大多可直接采用预算文件中的工程量，可按施工过程(工序)的划分情况将预算文件中有关项目的工程量汇总。

(4)计算劳动量和机械台班数。根据各分部(分项)工程的工程量、施工方法和现行的劳动定额，结合施工单位的实际情况，计算出各分部(分项)工程的劳动量。使用人工操作时，计算需要的工日数量；使用机械作业时，计算需要的台班数量，一般可按下式计算：

$$P_i=\frac{Q_i}{S_i}=Q\cdot H_i \tag{3-2-4}$$

式中　P_i——完成分部(分项)工程所需工日数量；

　　Q_i——分部(分项)工程的工程量；

　　S_i——完成该分部(分项)工程的产量定额；

　　H_i——完成该分部(分项)工程的时间定额。

在使用定额时，可能遇到定额中所列项目的工作内容与编制施工进度计划所确定的项目不一致的情况，主要有以下几种：

1)计划中的一个项目包括了定额中的同一性质、不同类型的几个分项工程。

2)施工计划中的新技术或特殊施工方法的工程项目尚未列入定额手册。

3)施工计划中“其他工程”项目所需的劳动量计算。

4)水、暖、电、气、卫，设备安装等工程项目不计算劳动量。

(5)确定各分部(分项)工程施工持续时间。计算各分部(分项)工程施工持续时间的方法有以下两种。

1)根据配备人数或机械台数计算天数。计算公式如下：

$$t_i=\frac{P_i}{R_iN_i} \tag{3-2-5}$$

式中　t_i——分部(分项)工程施工持续天数；

　　P_i——完成分部(分项)工程所需工日数量；

　　R_i——每班安排的劳动人数或施工机械台数；

　　N_i——每天工作班次。

2)根据工期要求倒排进度。首先根据总工期和施工经验，确定各分部(分项)工程的施工时间，然后再按劳动量和班次，确定每一分部(分项)工程所需要的机械台数或工人数，计算公式如下：

$$R_i=\frac{P_i}{t_iN_i} \tag{3-2-6}$$

式中　R_i——完成该分部(分项)工程所需劳动人数或施工机械台数；

　　P_i——完成分部(分项)工程所需工日数量；

　　t_i——分部(分项)工程施工持续天数；

　　N_i——每天工作班次。

(6)编制施工进度计划的初步方案。各分部分项工程的施工顺序和施工天数确定后，应按照流水施工的原则，力求主导工程连续施工；在满足工艺和工期要求的前提下，尽可能使大多数工程能平行地进行，使各个施工队的工人尽可能地搭接起来，其方法步骤如下：

1)首先划分主要施工阶段，组织流水施工。要安排其中主导施工过程的施工进度，使其尽可能连续施工，然后安排其余分部(分项)工程，并使其与主导分部(分项)工程最大可能平行进行或最大限度搭接施工。

2)按照工艺的合理性和工序尽量采用穿插、搭接或平行作业的方法，将各施工阶段流水作业用横线在表的右边最大限度地搭接起来，即得单位工程施工进度计划的初始方案。

(7)施工进度计划的检查与调整。对于初步编制的施工进度计划要进行全面检查，看各个施工过程的施工顺序、平行搭接及技术间歇是否合理；编制的工期能否满足合同规定的工期要求；对劳动力及物资资源方面及是否能连续、均衡施工等进行检查并作初步调整，使不满足变为满足，使一般满足变成优化满足。

调整的方法一般有：增加或缩短某些分项工程的施工时间；在施工顺序允许的条件下

将某些分项工程的施工时间向前或向后移动；必要时可以改变施工方法或施工组织。总之，通过调整，在工期能满足要求的条件下，使劳动力、材料、设备需要趋于均衡，主要施工机械利用率比较合理。

五、资源需要量计划与施工准备工作计划

1. 编制资源需要量计划

(1)劳动力需要量计划。该计划是根据施工预算、劳动定额和进度计划编制的，主要反映工程施工所需各种技工、普工人数，它是控制劳动力平衡、调配的主要依据。其编制方法是：将施工进度计划表上每天(或旬、月)施工的项目所需工人按工种分别统计，得出每天(或旬、月)所需工种及其人数，再按时间进度要求汇总。劳动力需要量计划的表格形式见表3-2-12。

表 3-2-12　劳动力需要量计划表

序号	工程名称	劳动量/工日	月份							备注
			1月			2月			…	
			上	中	下	上	中	下	…	

(2)主要材料需要量计划。该计划是对单位工程施工进度计划表中各个施工过程的工程量按组成材料的名称、规格、使用时间和消耗、储备分别进行汇总而成。其用于掌握材料的使用、储备动态，确定仓库堆场面积和组织材料运输。其表格形式见表3-2-13。

表 3-2-13　主要材料需要量计划表

序号	材料名称	规格	需要量		供应时间	备注
			单位	数量		

(3)施工机械设备需要量计划。施工机械设备需要量计划主要用于确定施工机具设备的类型、数量、进场时间，可据此落实施工机械设备的来源，组织进场。其编制方法为：将单位工程施工进度计划表中的每一个施工过程每天所需的机械设备类型、数量和施工日期进行汇总，即得出施工机械设备需要量计划。其表格形式见表3-2-14。

表 3-2-14　施工机械设备需要量计划表

序号	施工机械设备名称	型号	规格	电功率/(kV·A)	需要量/台	使用时间	备注

(4)预制构件需要量计划。该计划是根据施工图、施工方案、施工方法及施工进度计划要求编制的，主要反映施工中各种预制构件的需要量及供应日期，作为落实加工单位所需规格数量和使用时间，组织构件加工和进场的依据。一般按钢构件、木构件、钢筋混凝土构件等不同种类分别编制，提出构件名称、规格、数量及使用时间等。其表格形式见表 3-2-15。

表 3-2-15　预制构件需要量计划表

序号	预制构件名称	型号(图号)	规格尺寸/mm	需要量		要求供应起止日期	备注
				单位	数量		

2. 编制施工准备工作计划

单位工程施工前，根据施工具体情况和要求，编制施工准备工作计划，使施工准备工作有计划地进行，以便于检查、监督施工准备工作的进展情况，使各项施工准备工作的内容有明确分工，有专人负责。其工作内容主要包括：建立工程管理组织、编制施工进度控制实施细则、编制施工质量控制实施细则、；编制施工成本控制实施细则、做好工程技术交底工作；建立工作队组、做好劳动力培训工作、施工物资准备、施工现场准备。

单位工程施工准备工作计划可用横道图或网络图表达，也可列简表说明(表 3-2-16)。

表 3-2-16　施工准备工作计划

序号	准备工作名称	准备工作内容	主办单位	协办单位	完成时间	负责人

六、单位工程施工平面图设计

1. 单位工程施工平面图设计的依据及原则

(1)单位工程施工平面图设计的依据。

1)建筑区域平面图或施工组织总平面布置图。

2)工程施工设计平面图。它是确定建筑物具体尺寸的主要依据。

3)本工程的施工方案、施工进度计划和各种资源需要量计划。

4)施工组织总设计。

(2)单位工程施工平面图设计的原则。

1)施工平面布置要紧凑合理，尽量减少施工用地。

2)尽量利用原有建筑物或构筑物，降低施工设施建造费用。

3)合理组织运输，保证现场运输道路畅通，尽量减少场内运输费。

4)尽量采用装配式施工设施，减少搬迁损失，提高施工设施的安装速度。

5)各项施工设施布置都要方便生产，利于生活、安全防火、环境保护和劳动保护的要求。

2. 单位工程施工平面图设计的内容

(1)在单位工程施工区域内，地下及地上已建的和拟建的建筑物(构筑物)及其他设施施工的位置和尺寸。

(2)拟建工程所需的起重和垂直运输机械、卷扬机、搅拌机等的布置位置及主要尺寸；起重机械开行路线及方向等。

(3)交通道路布置及宽度尺寸，现场出入口、铁路及港口位置等。

(4)各种预制构件及预制厂场地的规划及面积、堆放位置；各种主要材料堆场的面积及位置、仓库的面积及位置；装配式结构构件的就位布置等。

(5)各种生产性及生活性临时建筑、临时设施的布置及面积、位置等。

(6)临时供电、供水、供热等管线布置，水源、电源、变压器位置；现场排水沟渠及排水方向等。

(7)测量放线的标桩的位置，地形等高线和土方取弃地点。

(8)一切安全及防火设施的位置。

3. 单位工程施工平面图设计的步骤

(1)确定起重运输机械的位置。起重运输机械的位置直接影响搅拌站，加工厂及各种材料、构件的堆场或仓库等的位置和道路，临时设施及水、电管线的布置等，因此，它是施工现场全局布置的中心环节，应首先确定。

塔式起重机是集起重、垂直提升、水平输送三种功能于一身的机械设备。按其在工地上使用架设的要求不同可分为固定式、轨行式、附着式、内爬式四种。

塔式起重机轨道的布置方式，主要取决于建筑物的平面形状、尺寸和四周的施工场地的条件。要使起重机的起重幅度能够将材料和构件直接运至任何施工地点，尽量避免出现“死角”，争取轨道长度最短。轨道布置方式通常是沿建筑物的一侧或内外两侧布置，必要时还需增加转弯设备，同时做好轨道路基四周的排水工作。轨道布置通常可采用图 3-2-8 中所示的单侧布置、双侧布置、跨内单行布置和跨内环形布置四种方案。

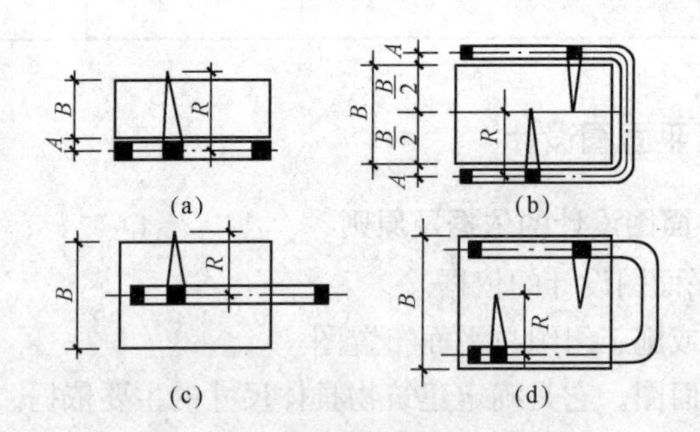

图 3-2-8 塔式起重机布置方案

(a)单侧布置；(b)双侧布置；(c)跨内单行布置；(d)跨内环形布置

图中 A 表示起重机的中心与拟建建筑物外墙的距离；B 表示拟建建筑物的宽度；R 表示起重机的起重半径。

(2)搅拌站、加工厂及各种材料堆场及仓库的布置。搅拌站、仓库和材料、构件的布置应尽量靠近使用地点或在起重机服务范围内，并考虑运输和装卸方便。

1)搅拌站的布置。

①搅拌站应有后台上料的场地，尤其是混凝土搅拌站，要与砂石堆场、水泥库一起考虑布置，既要互相靠近，又要便于这些大宗材料的运输和装卸。

②搅拌站应尽可能布置在垂直运输机械附近，以减少混凝土及砂浆的水平运距。当采用塔式起重机方案时，混凝土搅拌机的位置应使吊斗能从其出料口直接卸料并挂钩起吊。

③搅拌站应设置在施工道路近旁，使小车、翻斗车运输方便。

④搅拌站场地四周应设置排水沟，以有利于清洗机械和排除污水，避免造成现场积水。

⑤混凝土搅拌台所需面积约 25 m^2，砂浆搅拌台所需面积约 15 m^2，冬期施工还应考虑保温与供热设施等，相应增加其面积。

2)加工棚的布置。木材、钢筋、水电等加工棚宜设置在建筑物四周稍远处，并有相应的材料及成品堆场。石灰及淋灰池可根据情况布置在砂浆搅拌机附近。沥青灶应选择较空的场地，远离易燃品仓库和堆场，并布置在下风向。

3)仓库及堆场的布置。仓库及堆场的面积应由计算确定，然后再根据各个阶段的施工需要及材料使用的先后顺序进行布置。同一场地可供多种材料或构件使用。仓库及堆场的布置要求如下：

①水泥仓库应选择地势较高、排水方便、靠近搅拌机的地方。各种易燃、易爆品仓库的布置应符合防火、防爆安全距离的要求。木材、钢筋、水电器材等仓库，应与加工棚结合布置，以便就地取材。

②各种主要材料的布置，应根据其用量的大小、使用时间的长短、供应及运输情况等研究确定。

(3)现场运输道路的布置。现场运输道路应按照材料和构件运输的需要，沿着仓库和堆场进行布置，尽可能利用永久性道路或先做好永久性道路的路基，在交工之前再铺路面，道路宽度要符合规定，通常单行道应不小于 3～3.5 m，双行道应不小于 5.5～6 m。现场运输道路布置时应保证车辆行驶通畅，有回转的可能。因此，最好围绕建筑物布置成一条环形道路，以便于运输车辆回转、调头。若没有布置成一条环形道路的条件，应在适当的地点布置回车场。道路两侧一般应结合地形设置排水沟，沟深不小于 0.4 m，底宽不小于 0.3 m。

(4)临时设施的布置。通常情况下，办公室的布置应靠近施工现场，宜设在工地出入口处；工人休息室应设在工人作业区；宿舍应布置在安全的上风方向；门卫、收发室宜布置在工地出入口处。

要尽量利用已有设施或已建工程，必须修建时要经过计算，合理确定面积，努力节约临时设施费用。应不妨碍施工，符合安全、防火的要求。

(5)施工供水、电管网的布置。施工用的临时给水管一般由建设单位的干管或自行布置的给水干管接到用水地点。布置时应力求管网总长度最短。管径的大小和龙头数目的设置需视工程规模大小通过计算确定。管道可埋于地下，也可铺设在地面上，以当时当地的气候条件和使用期限的长短而定。工地内要设置消火栓，消火栓距离建筑物不应小于 5 m，也不应大于 25 m，距离路边不大于 2 m。条件允许时，可利用城市或建设单位的永久消防设施。为了防止水的意外中断，可在建筑物附近设置简单蓄水池，储存一定数量的生产和消防用水。如果水压不足，需设置高压水泵。要及时修通永久性下水道，并结合现场地形在建筑物四周设置排泄地面水和地下水的沟渠，以便于排除地面水和地下水。

单位工程施工用电，应在全工地施工总平面图中一并考虑。若属于扩建的单位工程，一般计算出在施工期间的用电总数，提供给建设单位，并由建设单位解决，不另设变压器。只有独立的单位工程施工时，才根据计算出的现场用电量选用变压器。变压器(站)应布置在现场边缘高压线接入处，四周用铁丝网围住。变压器不宜布置在交通要道路口。

(6)绘制施工平面图。单位工程施工平面图的绘制步骤、要求和方法基本同施工总平面图。绘制时应把拟建单位工程放在图的中心位置。图幅一般采用 A2 或 A3 图纸，比例为 1∶200～1∶500，常用的是1∶200。

七、技术措施与技术经济分析

1. 技术与组织措施的制定

技术与组织措施是建筑安装企业施工组织设计的一个重要组成部分，它的目的是通过技术与组织措施确保工程的进度、质量和投资目标。

技术措施主要包括质量措施、安全措施、进度措施、降低成本措施、季节性施工措施和文明施工措施等，其主要项目包括：怎样提高项目施工的机械化程度；采用先进的施工技术方法；选用简单的施工工艺方法和廉价质高的建筑材料；采用先进的组织管理方法提高劳动效率；减少材料消耗，节省材料费用；确保工程质量，防止返工等。各项技术组织措施的最终效果反映在加快施工进度、保证节省施工费用上。

单位工程的技术与组织措施应根据施工企业施工组织设计，结合具体工程条件逐项拟定。

(1)质量保证措施。保证质量的措施主要有：

1)主要材料的质量标准、检验制度、保管方法和使用要求，不合格的材料及半成品一律不准用于工程上，破损构件未经设计单位及技术部门鉴定不得使用。

2)主要工种的技术要求、质量标准和检验评定标准，如按国家施工验收规范组织施工、按建筑安装工程质量检验评定标准检查和评定工程质量、施工操作按照工艺标准执行。

3)对施工中可能出现的技术问题或质量通病采取主动措施。

4)认真做好自检、互检、交接检，隐蔽项目未经验收不得进行下道工序施工。

5)认真组织中间检查——施工组织设计中间检查和文明施工中间检查，并做好检查验收记录。

6)各分部(分项)工程施工前，应进行认真的书面交底，严格按图纸及设计变更要求施工，发现问题及时上报，经技术部门和设计单位核定后再处理。

7)加强试块试样管理，按规定及时制作，取样送检。有关资料的收集要完整、准确和及时。

(2)安全保证措施。保证安全的措施主要有：

1)严格执行各种安全操作规程，施工前要有安全交底，每周定期进行安全教育。

2)各工种工人需经安全培训和考核合格后方准进行施工作业。

3)高空作业、主体交叉作业的安全措施。

4)施工机械、设备、脚手架、上人电梯的安全措施。

5)土方边坡的防护措施。

6)防火、防爆、防坠落、防冻害、防坍塌的措施等。

(3)进度保证措施。保证进度的措施主要有：

1)建立进度控制目标体系，明确建设工程现场组织机构中进度控制人员及其职责分工。

2)建立工程进度报告制度及进度信息沟通网络。

3)建立进度计划审核制度和进度计划实施中的检查分析制度；建立进度协调会议制度，包括协调会议举行的时间、地点、参加人员等；建立图纸审查、工程变更和设计变更管理制度。

4)编制进度控制工作细则。

5)采用网络计划技术及其他科学适用的计划方法，并结合电子计算机的应用对建设工程进度实施动态控制。

(4)降低成本措施。建设工程的投资主要发生在施工阶段，在这一阶段需要投入大量的人力、物力、资金等，是工程项目建设费用消耗最多的时期，浪费投资的可能性比较大。所以精心地组织施工，挖掘各方面的潜力，节约资源消耗，仍可以收到降低成本的效果。主要措施有：

1)在项目管理班子中落实从降低成本角度进行施工跟踪的人员分工。

2)编制单位工程成本控制工作计划和详细的工作流程图。

3)编制资金使用计划，确定、分解成本控制目标，并对成本目标进行风险分析确定防范性对策。

4)进行工程计量。

5)在施工过程中进行成本跟踪控制，定期进行投资实际支出值与计划目标值的比较，发现偏差，分析原因，采取纠偏措施。

6)认真做好施工组织设计，对主要施工方案进行技术经济分析。

(5)文明施工措施。各项技术措施应有针对性、具体明确、切实可行，确定专人负责并严格检查监督执行。主要措施有：

1)及时清理施工垃圾，施工垃圾应集中堆放，及时清运，严禁随意凌空抛撒。

2)拆除旧的装饰物时，要随时洒水，减少扬尘污染。

3)进行现场施工搅拌作业时，搅拌机前台应设置沉淀池以防污水遍地。

4)现制施工，必须控制污水流向，污水经沉淀后，方可排入下水管道。

5)施工现场注意噪声的控制，应制定降噪制度和措施。

2. 技术经济分析

任何一个分部(分项)工程，都会有多种施工方案，技术经济分析的目的，就是论证施工组织设计在技术上是否先进、在经济上是否合理。通过计算、分析比较，从诸多施工方案中选出一个工期短、质量好、材料省、劳动力安排合理、工程成本低的最优方案，为不断改进施工组织设计提供信息，为施工企业提高经济效益、加强企业竞争能力提供途径。对施工方案进行技术经济分析，是选择最优施工方案的重要环节之一，对不断提高建筑业技术、组织和管理水平，提高基本建设投资效益大有益处。

(1)技术经济分析的基本要求。技术经济分析的基本要求有：

1)全面分析。对施工技术方法、组织手段和经济效果进行分析，对施工具体环节及全过程进行分析。

2)作技术经济分析时应重点抓住“一案、一图、一表”三大重点，即施工方案、施工平面图和施工进度表，并以此建立技术经济分析体系。

3)在作技术经济分析时，要灵活运用定性方法和有针对性的定量方法。在作定量分析时，应针对主要指标、辅助指标和综合指标区别对待。

4)技术经济分析应以设计方案的要求、有关国家规定及工程实际需要为依据。

(2)技术经济分析的重点。技术经济分析应围绕质量、工期、成本三个主要方面，即在保证质量的前提下使工期合理、费用最少、效益最好。单位工程施工组织设计的技术经济分析的重点是工期、质量、成本、劳动力安排、场地占用、临时设施、材料节约、新技术、新设备、新材料、新工艺的采用，但是在进行单位工程施工组织设计时，针对不同的设计内容有不同的技术经济分析重点，如：

1)基础工程以土方工程、现浇钢筋混凝土施工、打桩、排水和降水、土坡支护为重点。

2)结构工程以垂直运输机械选择、划分流水施工段组织流水施工、现浇钢筋混凝土工程(钢筋工程、模板工程、混凝土工程)、脚手架选用、特殊分项工程的施工技术措施及各项组织措施为重点。

3)装饰阶段应以安排合理的施工顺序，保证工程质量，组织流水施工，节省材料和缩短工期为重点。

(3)技术经济分析的方法。技术经济分析有定性分析和定量分析两种方法。

定性分析是结合工程实际经验，对每一个施工方案的优缺点进行分析比较，主要考虑：工期是否符合要求，技术上是否先进可行，施工操作上的难易程度，施工安全可靠性如何，劳动力和施工机械能否满足，保证工程质量的措施是否完善可靠，是否能充分发挥施工机械的作用，为后续工程提供有利施工的可能性，能否为现场文明施工创造有利条件，对冬雨期施工带来的困难等。评价时其受评价人的主观因素影响较大，因此只用于施工方案的初步评价。

定量分析是通过计算各施工方案中的主要技术经济指标，进行综合分析比较，从中选择技术经济指标最优的方案。由于定量分析是直接进行计算、对比，用数据说话，因此比较客观，是方案评价的主要方法。

(4)技术经济分析指标。单位工程施工方案的主要技术经济分析指标有：单位面积建筑造价、降低成本指标、施工机械化程度、单位面积劳动消耗量、工期指标，另外还包括质量指标、安全指标、三大材料节约指标、劳动生产率指标等。

1)工期指标。工期是从施工准备工作开始到产品交付用户所经历的时间。它反映国家一定时期的和当地的生产力水平。当选择某种施工方案时，在确保工程质量和安全施工的前提下，应当把缩短工期放在首要位置来考虑。工期长短不仅严重影响着企业的经济效益，而且也涉及建筑工程能否及早发挥作用。在考虑工期指标时，要把上级的指令工期、建设单位要求的工期和工程承包协议中的合同工期有机地结合起来，根据施工企业的实际情况，确定一个合理的工期指标，作为施工企业在施工进度方面的努力方向，并与国家规定的工期或建设地区同类型建筑物的平均工期进行比较。

2)单位面积建筑造价。建筑造价是建筑产品一次性的综合货币指标，其内容包括人工、材料、机械费用和施工管理费等。为了正确评价施工方案的经济合理性，在计算单位面积建筑造价时，应采用实际的施工造价。

$$单位面积建筑造价=建筑实际总造价/建筑总面积(元/m^2) \tag{3-2-7}$$

3)降低成本指标。降低成本指标是工程经济中的一个重要指标，它综合反映了工程项目或分部工程采用的不同的施工方案所产生的不同的经济效果。其指标可采用降低成本额或降低成本率表示。

$$降低成本额=预算成本-计划成本 \tag{3-2-8}$$

$$降低成本率=降低成本额/预算成本\times 100\% \tag{3-2-9}$$

预算成本是根据施工图按预算价格计算的成本。计划成本是按采用的施工方案所确定的施工成本。

4)施工机械化程度。提高施工机械化程度是建筑施工的发展趋势。根据中国的国情，结合国外先进技术积极扩大机械化施工范围，是施工企业努力的方向。在工程招投标中，施工机械化程度也是衡量施工企业竞争实力的主要指标之一。

$$施工机械化程度=机械完成的实物量/工程全部实物量\times 100\% \tag{3-2-10}$$

5)单位面积劳动消耗量。单位面积劳动消耗量是指完成单位工程合格产品所消耗的活劳动。它包括完成该工程所有施工过程主要工种、辅助工种及准备工作的全部劳动。单位面积劳动消耗量的高低，标志着施工企业的技术水平和管理水平，也是企业经济效益好坏的主要指标。其中，劳动工日数包括主要工种用工、辅助用工和准备工作用工。

$$单位面积劳动消耗量=\frac{完成该工程的全部劳动工日数}{总建筑面积(工日/m^2)} \tag{3-2-11}$$

6)劳动生产率。劳动生产率标志一个单位在一定时间内平均每人所完成的产品数量或价值的能力，反映了一个单位(单位、行业、地区、国家等)的生产技术水平和管理水平。它具体有两种表达形式。

①实物数量法：

$$全员劳动生产率=\frac{折合全年自行完成建筑面积总数}{折合全年在职人员平均人数(m^2/人年均)} \tag{3-2-12}$$

②货币价值法：

$$全员劳动生产率=\frac{折合全年自行完成建筑安装投资总数}{折合全年在职人员平均人数(元/人年均)} \tag{3-2-13}$$

对不同的施工方案进行技术经济指标比较，往往会出现一些指标较好，而另一些指标较差的情况，所以评价或选择某一种施工方案不能只看某一项指标，应当根据具体的施工条件和施工对象，实事求是、客观地进行分析，从中选出最佳方案。

2.4 任务建议解决方案

第一章 施工组织设计的编制依据及编制说明

1. 编制依据

(1)《中华人民共和国建筑法》。

(2)新华建筑设计事务所设计的施工图。

(3)设计中有关规定及所用的标准图。

(4)招标答疑解释书面材料。

(5)××省、××市政府有关文件及创建文明工地的有关规定。

(6)工程建设标准强制性条文。

(7)国家、部颁、地方的施工技术(验收)规程、规范。

2. 编制说明

本施工组织设计根据××招标代理有限公司的招标文件的规定，依据××市新民住宅小区工程施工图进行编制。

(1)本工程承包范围：按所提供的施工图纸中包括的土建工程(建筑、结构、装饰)和安装工程(水、电、暖、通风)。

(2)本工程承包施工方式：按以上承包范围，包工包料、包工期、包质量、包安全、包施工的总承包工程承包方式。本工程材料原则上由施工单位采购。施工单位采购的材料(包括制品)应在采购和进场前，向建设单位提供质保书、牌号、规格、生产厂家，由监理单位和建设单位认可。本工程施工中使用的各种材料、半成品、成品构件都必须符合设计要求，并附有质保书、出厂检验合格证书，部分材料需附准用证。凡建设单位供应的材料(包括设备)，根据本工程计划进度要求，施工单位必须提前以书面形式通知建设单位，建设单位根据施工单位对材料(包括设备)的供应时间要求，及时做好供应工作。本施工组织设计中对原材料采购、材料质量保证方面将作详细阐述。

1)本施工组织设计中编制的施工技术方案及文明施工和安全施工措施等遵守和执行现行国家、部颁、地方的建筑安装施工技术及验收规范、设计要求、质量评定标准和山西省、仁义市有关工程质量管理文件。

2)本施工组织设计对此项单位工程的技术方案、施工进度计划、质保体系、劳动力及机械的配备、文明施工与安全施工措施等方面分别进行了详细阐述，本施工组织设计是我公司今后用以指导本工程施工全过程各项生产活动的技术、经济的综合性文件，所以在具体实施过程中，如无特殊情况，必须认真执行。

3. 工程目标

在本工程的建设中，我公司将积极推行工程目标管理制度，"权、责、利"相结合，将责任落实到人，将目标管理与职工的经济利益直接挂钩，确保实现本公司的全部承诺，本工程总体目标如下：

(1)工期计划目标。施工前期做好准备工作，并做好各项施工方案的编制、报批、审定工作。我们将发挥本公司管理的综合优势，协调交叉搭接各专业工序之间的施工，同时考虑工程的结构特点，组织协调各分部工程施工，计划于2017年9月8日开工，计划于2018年12月17日竣工，总工期为466天。

(2)质量管理目标。我们将全面、严格地按照国家质量标准，山西省、仁义市建委有关质量保证规定进行施工，认真贯彻执行国家和山西省、仁义市工程建设标准强制性条文。本工程实行创优目标管理，质量标准合格。

(3)安全文明施工目标。本工程安全目标是在整个工程建设过程中确保无重大伤亡事故，达到山西省优良安全文明工地标准。

第二章　工程概况

工程名称：××小区1号、2号高层住宅楼工程

工程地点：××市新建路与北大街交叉口西南角

建设单位：××房地产有限公司

设计单位：××建筑设计事务所

结构形式：现浇钢筋混凝土剪力墙结构

单栋建筑面积：12 595.7 m^2

1. 建筑概况

本工程由××建筑设计事务所设计，由××房地产有限公司负责开发，位于××市××路与××街交叉口西南角。

1号、2号高层住宅楼，地下1层，地上24层，单栋建筑面积为12 595.7 m^2，主体总高度为72.600 m，室内外高差为0.6 m。地下一层为戊类非燃品层，层高3.6 m，地上层

高3 m，顶部电梯机房凸出屋面，层高 4.5 m。每栋共一个单元，一梯四户，总户数为 96 户，共设计了 GD、GE 两个套型。户内装修均为毛墙毛地，外墙保温为外贴模塑聚苯板。门窗采用塑钢门窗，外窗均采用单框双玻，外墙面喷(刷)外墙涂料，屋面卷材为 4 mm 厚 SBS 改性沥青聚乙烯胎防水卷材。基础抗渗等级为 S6，在地下室外墙及底板下加做一道 4 mm厚改性沥青防水卷材(SBS)，桩头防水采用水泥基渗透结晶防水涂料。

2. 结构概况

基础采用平板梁板式筏形基础，主体结构形式为现浇钢筋混凝土剪力墙结构。混凝土强度等级：筏片基础底板为 C30，地下室外墙为 C35，防渗等级为 S6；基础顶～35.880 墙为 C35，梁板为 C30；35.880～顶层墙为 C30，梁板为 C25。±0.000 以下采用普通烧结砖，±0.000以上非承重填充墙为加气混凝土砌块，本工程抗震设防类别为丙类，结构安全等级为二级，抗震等级为二级剪力墙，设防烈度为七度，耐火等级为一级。设计基本地震加速度为 0.15g，场地类别为Ⅲ类。地基基础结构设计等级为乙级，地下工程防水等级为二级。混凝土结构的环境类别为：±0.000 以上为一类，±0.000 以下为二 a 类。室内±0.000相当于绝对标高 763.606 m。场地地下水类型属第四系潜水，勘察期间未发现地下水，故不考虑地下水对基础的影响。

3. 安装概况

(1)电气部分。

1)本系统动力照明电源采用 380/220 V。照明干线采用阻燃预制分支电缆。消防及事故照明干线采用耐火型聚乙烯电力电缆。一般回路采用阻燃型交联聚乙烯电力电缆，在电气竖井内沿电缆桥架敷设，照明及电力分支线均采用 BV 阻燃型铜芯聚氯乙烯绝缘线穿钢管沿墙、顶、地暗敷。

2)除竖井内照明配电箱为明装外，其余均为暗装。

3)电话系统直接接入孝义市公用电话网络，住宅内各户均设两对电话线，电话干线采用 HPVV 电话电缆，分支线采用 RVS 电话线穿钢管暗敷。

4)有线电视及综合布线系统在住宅户内设一个终端，预留电线套管，其余均由专业单位设计施工。

5)本工程防雷接地为三类防雷建筑，接地电阻不大于 1 Ω，接地系统采用 TN-C-S 系统，设置专用保护线 PE。

(2)给排水部分。

1)给水系统最大日用水量为 95.760 m^3/d，最高时用水量为 10.5 m^3/h。水源采用城市自来水，用水量及水压由小区集中设置的水池水泵房提供，小区给水系统分为低、中、高三个区，各区均采用变频调速供水，地下一层至地面六层为低区，七层至十六层为中区，十七层至二十四层为高区，底部四层设支管减压阀减压供水。

2)排水系统最大日排水量为 72 m^3/d，最高时排水量为 7.5 m^3/h；粪便污水与洗涤废水合流排除，污水通过管道靠重力排至室外，消防电梯井坑排水、清理废水的排除均采用潜污水泵提升至室外雨水管网；屋面雨水采用重力流内排水系统，汇流后排至室外散水。空调冷凝水经立管收集后排至室外雨水管网。

(3)暖通部分。

1)住宅采暖系统采用立管的分户独立采暖系统，共用立管采用异程下分式，户内系统采用低温地板辐射采暖系统，采暖系统形式为下供下回双管异程式系统。热水盘管均敷设在地面垫层内。采暖总供回立管采用镀锌钢管，敷设地面垫层内的采暖热水盘管采用硅烷交联聚乙烯管(PE-RT)。室内埋地盘管为De20×2.3，入户埋地盘管为De32×2.9，系统排气选用E121型自动排气阀。

2)通风系统：住宅卫生间均设置BPT12-14 A天花板用管道式排气扇一台；防烟楼梯间、消防电梯合用前室设置机械加压送风系统，每套系统设两台风机同时送风，地下一层至顶层前室各设FPK24/0.7 I(A)型多叶加压送风口一个，送风口平时关闭，着火时着火层及其上下两层风口开启。

第三章 施工前的准备工作

1. 施工准备工作顺序

针对施工中可能遇到的情况，我公司作了认真的讨论，对遇到的困难，一定要迎难而上，争取把工程做得更好。认真做好施工准备工作是保证按期开工、如期竣工的关键。

2. 施工前的准备

为了按期将此项工程经验收交付甲方，使甲方充分满意，我公司将此项工程列入本公司重点工程之列，确保投入本工程所需的一切机械设备，派具有丰富施工经验、装备精良、富有战斗力的施工队伍进场施工，并配以一套强有力的管理班子，为确保本工程的工程质量和工期，我公司在施工前做好一切准备工作。

(1)组织准备。结合现代建筑施工的特点，将项目经理部的一套班子进一步调整充实，以项目经理为首的管理层全权组织施工生产诸要素，对工程项目的工期、质量、安全、成本等综合效益进行高效率、有计划的组织协调和管理。项目经理部由一名项目经理、一名项目副经理和12名专业技术人员组成，项目经理部是本工程全部施工阶段的管理层，承担该工程项目的主体结构、装饰、安装工程施工，各个专业施工队作为项目劳务层，项目经理领导六个基本职能部门，即施工生产、技术监督、机电设备、经营计划、材料供给、后勤保障，各工程施工专业队班组按照项目经理部的计划要求组织施工。

(2)技术准备。技术准备包括施工方案的最后确定，编写质量计划。

考虑天气、图纸细化等工程实际情况，补充、完善、深化各分部施工方案、质量计划并报总公司，经总工程师批准后执行。

1)对现场情况、周围环境及图纸设计外框轮廓、建筑朝向进行技术交底。

2)组织项目经理部施工管理人员认真学习有关图集、图纸、施工规范以及技术文件。

3)由项目技术负责人牵头，组织本工程图纸的学习审查工作，认真做好图纸会审，设计交底工作。

4)预算员提供施工预算，特别是工料分析，为人员、材料的进场提供依据。

5)组织翻样，进行本工程钢筋、铁件、模板的翻样工作。

6)根据图纸会审内容，在开工前，完善施工组织设计的调整编制工作。

项目经理部人员建立现场测量组，做好施工现场平面高程控制桩的设置，以及自然地坪高程网络记录等测量的准备工作。

(3)施工材料准备。

1) 根据施工预算中的工料分析，参照施工总进度计划表，编制工程材料的用料计划及供料时间计划，若有甲供材料应提前书面呈报给甲方并写明送到工地的时间。

2)根据该作业区的实际情况，施工场地不可堆放充分的材料，材料只能少量购置，连续供应，材料供应必须满足工程进度。

3)所有购入的工程材料均应由供货商提供材料的生产许可证、质量保证书等资料。

4)特殊规格的材料，应通过业主、监理公司，经协商、认可后方可采购。

5)设计图中未明确的装饰材料，需由建设单位、设计单位及施工单位共同协商后确定用材。

第四章　施工方案

1. 施工总体安排

(1)根据本工程的特点，建立一支精干、高效的施工队伍，充分利用施工队伍的工作力量，立体交叉配合，减少窝工现象，以提高劳动效率，水电等专业穿插配合。现场项目经理对施工进行总协调，解决材料、劳动力的调配，充分利用施工现场的人力、物力，节约开支，降低成本。

(2)水、暖、电气等安装工程穿插于土建施工中，详见组织设计。

2. 施工顺序

按照“先地下，后地上”的原则，本工程施工顺序为：定位放线→垫层防水处理→底板基础施工及地下室施工→主体施工→内外装饰→室外工程→竣工验收。主体施工过程中穿插地下室及内墙装饰施工，外装修也同时施工，确保本工程尽早交付业主使用。我公司根据多幢高层建筑的施工经验，对工程量进行劳动定额分析，根据具体的施工进度以及各施工段的工程量，按月、周制定出合理周详的施工进度表和劳动力均衡图。

3. 基础施工技术方案

(1)定位放线测量抄平。

1)定位放线。根据施工总平面图和定位中业主书面给定的原始基准点、基准线和参考标高，通过数学及几何方法，精确计算出建筑物各轴线与建筑红线坐标点的关系数据，将轴线实际放样至施工现场，经反复复核，最后将轴线引到龙门桩上。在放出灰线后，会同有关部门，确认定位尺寸，办妥定位放线验收记录。在拟建楼四周每隔 40 m 引测一个±0.000标高点，并用红油漆标识。

本工程使用的定位仪器如下：

全站仪　1 台

激光铅垂仪　1 台

激光经纬仪　1 台

激光水平仪　1 台

50 m 钢卷尺　2 把

相关配套设备，如塔尺、对讲机等。

建筑物平面测量需设置各主要轴线控制点，设置在建筑物的四角，建立施工控制网。经过初定、精测和检测三大步骤，建立正确的控制网络，按规定做好标桩，并加以保护，以确保测量工作自始至终的一致性和正确性。轴线桩及控制桩控制点采用 100 mm×50 mm×1 000 mm的木方桩打入地表土层，露出地表 200～300 mm，控制桩用 C20 混凝土填实，桩表面钉3 mm的铁钉作为控制点标记。标桩的设置应与施工总平面图相配合，以避免施工过程中损伤破坏。

2)高程引测。现场测量人员应根据业主书面给定的 BM 点，经精确复核准确无误后，在现场设立控制施工的临时水准点。水准点应设在基础、土方工程施工变形影响范围以外，水准点宜设置两个以上，以便在高程存疑时桩与桩之间的校核，水准点及沉降观测点的设置必须符合规范要求。

现浇楼面结构施工时，需设置一个高程引测点，楼面结构标高的确定，均需统一在引测点上引测。

高程引测采用水平仪操平、钢卷尺丈量的方法。

3)轴线垂直传递。基础施工完成后，在±0.000顶板上移测定位轴线，并用红漆涂在预埋钢板上，上部结构施工时，采用铅垂仪逐层向上引测，然后再用经纬仪投点引测、钢卷尺丈量的方法，定出楼面的分轴线，并弹出墨线。

4)保证测量精度的技术措施。

①本工程所有的控制点是工程施工测量的依据，控制点的保护与复核是保证本工程质量的关键之一。

②每次重要的投线(如垫层投线、基础投线、墙梁投线)必须进行控制轴线的检查，平时用到控制点时也要多次观察检查。每次施测前，向本工程监理通报施测方法，每次施测时，必须向邻近控制点角度或距离闭合。

③关键部位的定位、投线必须请本工程监理验收签证，监理要求验收的部位要及时请监理验收，并办好签证，凡监理没有验收签证不得进行下道工序的施工。

④所有测量原始记录、计算结果和验收签证要妥善保存，以便核查，工程竣工时一并提交业主。

(2)土方工程。

1)基础土方开挖。开挖前需办理动土报告，明确地下各种障碍物、管线等的情况。制定相应的保护拆除措施。

根据施工顺序依次进行土方开挖。放坡系数为1∶0.6。

挖出的土方运至甲方指定地点，整体调度、平衡全场的土方回填量和外运量。

每个工作区域的土方开挖采用两台挖掘机进行。开挖完毕，应及时进行下道工序的施工。不能进入下道工序的，必须对基坑采取保护措施，以免其受到雨水浸泡。土方工程的挖土和场地平整允许偏差见表3-2-17。

表3-2-17　土方工程的挖土和场地平整允许偏差

序号	项目	允许偏差/mm	检验方法
1	表面标高	0 −50	用水准仪检查
2	长度、宽度	0	由设计中心线向两边量，用经纬仪、拉线或尺检查
3	边坡偏陡	不允许	坡度尺检查

2)土方开挖必须遵循以下原则：

①不可扰动桩间土。

②不可对设计桩顶标高以下的桩体产生损害。

③不可破坏工作面的未施工的桩。

土方开挖时，不允许超挖，桩顶标高以上300 mm的保护土层采用人工开挖，清除保护土层时不得扰动基底土。保证基底土层表面平整、标高准确，人工清底偏差允许值为−50～0 mm。开挖边坡时要边挖边人工清理，不得有浮土，保持表面坡度和平整度。

基坑开挖大小，要满足褥垫层的范围要求和基础施工操作的要求。

施工期间需配备专职测量员进行测量和控制，交代基坑底面标高水平线并及时测设，并用水准仪在基底上测设水平控制网点，及时控制开挖标高。

基坑四周不得任意堆放材料，基坑边 2 m 内禁止行驶汽车，四周沿基坑做好 1 m 高钢管围栏，并在基坑内设置两条临时上下的施工扶梯。

现场设专人指挥施工，保护成果。

在基础施工工程中严格遵守安全规范，非施工人员严禁进入施工现场，在现场设置安全警戒线、警告牌，确保安全施工。

3)截桩。保护土层清除后，即可进行截桩。

截桩采用手把电动切割锯，在截除位置沿桩身周围切割。然后用钢钎沿切割缝隙将桩头撬掉。桩头截断后，将断面修理平整至设计标高。

注意在桩头截除过程中，不得对桩顶标高以下的桩身产生破坏。

4)褥垫层施工。基坑土方挖完，验槽合格后，即可进行褥垫层的施工。

褥垫层采用级配砂石，最大粒径不大于 30 mm，材料必须洁净，含泥量达到标准，不得含有草根等其他杂质。

褥垫层回填厚度为 300 mm，分两层进行，采用平板振动夯进行压实。夯实度控制在 0.90，褥垫层每边宽出基础垫层 300 mm，周边要求有原状土约束。

褥垫层密实度通过夯实后的厚度与虚铺厚度的比值确定。必须及时会同业主共同进行验槽，作好相关的各种技术资料。

5)地基钎探。未进行地基处理的基坑挖好后，应及时进行地基钎探。

钎探点位按间距 1.5 m、梅花形布置，钎探深度为 2.5 m。

钎探过程中，要求固定钎探人员和钎探工具，如探杆、锤等，以保证钎探的效果。

要求做好每个钎探点的锤击数记录，遇有异常情况，及时汇报处理。

(3)基础底板及基础梁施工。基础底板施工顺序：浇筑垫层→做防水层→做保护层→放线→绑扎梁、底板钢筋→底板模板→支反梁模板→浇筑混凝土。

1)垫层施工。经设计监理验槽后，方可浇捣混凝土，按照图示要求进行施工。

2)防水层基础底板下防水。防水工程采用 SBS 改性沥青防水卷材，在基层允许施工的条件下，均匀涂刷基层处理剂，待干燥 8 h 以上，采用热熔法铺贴卷材，长边搭接100 mm，短边搭接 150 mm。对转角部位应做附加层。桩头防水采用 T1 水泥基渗透结晶防水涂料，与卷材形成一个完整的防水密闭体系。经检查验收合格后，上面做细石混凝土保护层。

3)放线。根据施工图的要求在防水保护垫层上用经纬仪定出基础底板和反梁的轴线和边框线，经矫正无误后，用墨线弹出，以红漆标识。

4)梁、底板钢筋绑扎。本基础梁、底板钢筋绑扎时，先绑扎反梁钢筋，然后绑扎底板钢筋。底板钢筋双层双向布置，为保证钢筋位置的正确，地下室底板底层筋用 C35 混凝土预制块作钢筋保护垫层，间距 1 000 mm×1 000 mm。对上层筋的控制，底板处采用 Φ14 撑筋，其间距不大于 1 000 mm，成梅花形布置，底板所有支撑均不得直接接触素混凝土垫层，可焊接在底层钢筋或架立在混凝土垫块上，以防渗漏。同时为保证钢筋绑扎的可操作性，可预先制作一定数量的马凳，高度同底板钢筋上下层钢筋间距。

5)底板模板。底板模板采用竹胶板，按照现场放线标对好所有轴线尺寸，然后将制作后的模板按图安装，做到横平竖直，间距用统一钢卷尺量好位置，垂直用线坠吊直，然后用各种钢管及扣件加以固定，使之不偏位、不跑模，符合验收标准。

6)支基础梁模板。因为设计要求，梁与板一次浇捣成型，不留施工缝，这需要在支基础梁模板时吊模。先用吊线定出梁的位置，用线拉出，然后沿该线，在梁的两侧每隔一定的距离用电焊点上一根Φ14的钢筋，再用水准仪在该钢筋上标出底板浇筑的高度，在该高度上用电焊焊上横向钢筋，模板支撑在横向钢筋上。反梁模板采用木模板，模板间采用Φ14钢筋对拉。

7)底板混凝土浇筑。由于本基础底板和梁一次浇筑成型，属大体积混凝土，要防止混凝土凝结过程中释放出的大量水化热导致混凝土表面出现裂缝、温度应力，甚至破坏钢筋混凝土结构，为防止此类事故的发生，要降低混凝土中心温度同混凝土表面的温度差，其措施有：

①浇筑前准备。本工程采用商品混凝土，浇筑基础混凝土前同混凝土供应商联系，共同制定大体积混凝土浇捣的有关技术细节。

②材料选用。混凝土配合比采用低水化热的矿渣硅酸盐水泥，同时按水泥用量的10%掺入磨细粉煤灰，按水泥用量的2.5%掺入减水剂，以达到降低水化热的要求。

③施工技术。分两层进行混凝土浇筑，先浇筑底板，再浇筑梁，混凝土的搭接间歇不超过150 min，并且上、下层混凝土充分融合，不出现明显接槎。

混凝土表面初凝前，对混凝土表面进行二次复振、抹压，铺设塑料薄膜两层，再覆盖双层草袋，以减小混凝土表面温度的散失。

商品混凝土坍落度较大，浇筑时有大量水分泌出，采用赶浆法将多余水分赶入明沟中用水泵排出。

本基础混凝土浇筑时为防止混凝土表面水泥浆收缩开裂，除必要的养护外，可在水泥浆初凝前二次收面，以防水泥浆形成收缩裂缝。

因底板与外墙分开施工，基础底板施工时，为防止地下室渗水，按规范要求，外墙与底板交接处混凝土施工高度为30 cm，并加设钢板止水带，混凝土施工结束后，将止水带钢片上的混凝土用钢丝刷及时清理干净。

(4)地下室墙体、顶板施工。

1)地下室模板制作安装。

①模板流水施工工艺流程：搭设脚手架→绑扎墙体钢筋→安装洞口及预埋件→侧模板就位校正→支顶板、梁模板→梁、板筋绑扎→浇筑混凝土(先外墙后内墙)→拆模→混凝土养护→清理模板、刷脱模剂、停放到下一施工段上继续支模。

②地下室墙、梁和平台板均采用胶合板作模板，采用50 mm×100 mm木方作龙骨，采用满堂钢管架子作模板支撑体系以增加模板整体刚度。墙模板现场拼装安装，利用钢管脚手和对拉螺栓控制垂直度和墙板厚度。地下室外墙支模如图3-2-9所示。

③鉴于地下室外墙有抗渗要求，在其墙对拉螺栓中间必须焊上止水环，止水环必须满焊，模板拆除后挖去螺栓两端的木块，割去螺栓外露端头，然后用1∶2防水砂浆嵌实。

④墙模底部按一定距离设一清洗孔，除去在立模时进入模壳内的木屑、杂物，在混凝土浇筑前，应派专人对模板进行冲洗，确保模板内无杂物。

⑤支撑与立杆间距：立杆有梁部分间距不大于800 mm，其余为1 000～1 200 mm，水平杆间距为1 000～1 200 mm，使支撑体系形成一个受力整体。

⑥模板固定不得采用铁丝对穿，以免在混凝土内造成引水通路。如固定模板用的螺栓必须穿过防水混凝土结构，应采取止水措施。

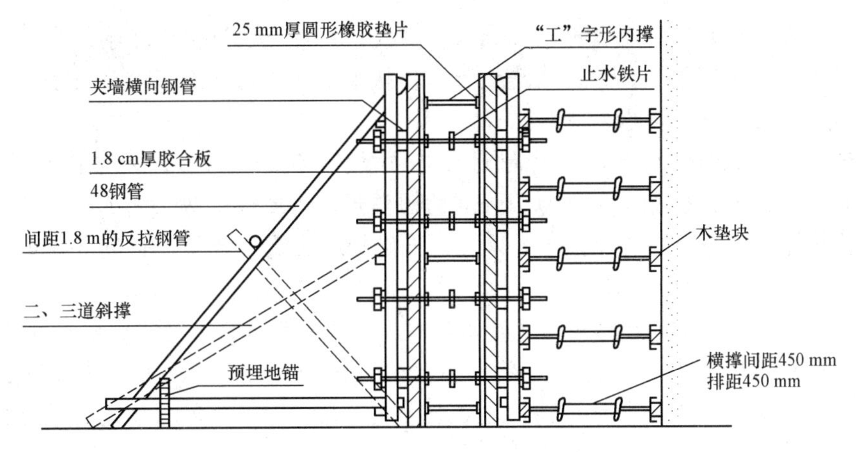

图 3-2-9　地下室外墙支模示意

⑦墙板对拉螺栓采用 Φ14 圆钢，横竖方向间距为 60 cm×60 cm。

2)地下室钢筋绑扎。

①地下室钢筋规格多，用量大，板、墙及暗柱、暗梁交接处钢筋多且复杂。在钢筋成型前，认真熟悉图纸，了解现场操作面的情况，弄清各部位墙、梁、板钢筋的相互位置，分清主次受力关系，结合验收规范，详细绘出节点处钢筋大样。

②固定墙、暗柱钢筋。

a. 插筋插到底部，以便插筋固定在底板筋上。

b. 在插筋位置的外围，于上层钢筋处焊上限位固定。

c. 伸出混凝土面的柱插筋应在其上套两个箍筋，箍筋采用点焊固定位置，墙筋伸出部位扎两道分布筋，亦用点焊固定，双排钢筋间距用 ϕ8@500 钢筋撑牢，暗柱插筋与墙筋同时固定。

3)地下室混凝土施工及裂缝、渗漏的控制。

①本工程地下室结构采用商品混凝土，坍落度要求控制在 12～14 cm，具体根据现场施工情况对供应商提出要求。

②在混凝土满足泵送要求及设计要求的前提下，应加强对混凝土原材料的检查控制工作。

③根据商品混凝土和易性好、坍落度大的特点，施工工期紧及质量保证的要求，采用梁、板、墙混凝土一次浇筑的方法。

④为保证浇筑质量及操作熟练性，每次浇筑都要定人定岗，一般情况下不随意变动。

⑤为消除混凝土的收缩，在同一部位应先浇筑垂直部位，再浇筑水平部位，在垂直部位混凝土浇灌好半小时后，再浇灌水平部分混凝土，并对垂直部分上端进行回振，插入深度为 300～500 mm。

⑥混凝土浇筑前，应由质检员负责办理设备管线的预留洞、预埋件、钢筋等隐蔽工程的签证手续。

⑦混凝土到达现场，严禁随便加水，在现场预备少量外加剂，以防因混凝土在运输过程中坍落度损失过大而影响泵送，若发生这种情况，则加入少量外加剂，快速反转 60 s 后出料。

⑧混凝土浇筑方向要与输送方向相反，连续浇筑，一般梁板不留施工缝。

⑨混凝土采用插入式振动器振捣，应快插慢提，振捣时以泛出水泥浆、不冒气泡为准。

⑩做好混凝土平面收糙工作，严格执行二次抹平制度，以闭合混凝土表面的收缩裂缝。表面覆盖塑料薄膜，进行浇水养护。

4)外墙防水。拆墙模板时，应及时割去对拉螺杆和小木塞，用1∶2防水砂浆填平压实，对阴阳角、管道部位粉成半径为10 cm的圆弧形，以便进行防水施工。

均匀涂刷基层处理剂，待干燥8 h以上，采用热熔法铺贴卷材，长边搭接100 mm，短边搭接150 mm，对转角部位应做附加层。做到搭接严密，平整顺直。

5)回填土。冻土以及有机物含量大于8%的土不能作回填料。基坑回填土时必须先清除虚土及坑内杂物，然后用二八灰土分层夯实，20～30 cm为一层，压实系数不小于0.94，土料含水量应控制在最佳含水量范围内，误差不得大于±2，如含水量过大，应把土晾干，使之达到规范要求。

①回填土前应将基底的草皮、树根、液泥、耕植土铲除，并清除要求深度范围内的软弱土层。

②填土地基如有地面水或地下水，应设置排水措施，以保证正常施工和防止边坡遭受冲刷。

③填土应分层铺设、分层夯实，分层厚度和夯实遍数应根据所选择的夯实机具和要求的密实度进行现场夯实试验确定。

④填土应从最低部分开始进行分层回填。

⑤填土压实后的干密度符合设计要求。

4. 主体结构施工技术方案

(1)模板工程。

1)支模质量要求。模板工程中支模质量是混凝土质量控制的关键，因此特提出以下要求：

①为保证模板的及时周转，保证工程进度，我方采用多层胶合板按照设计断面尺寸为每栋楼提前制作三套定型模板，经复核无误后进行安装，待安装结束，由质量员进行模板轴线、标高、尺寸复核，确认无误后方可进行混凝土浇捣。

②要确保模板满足足够的强度、刚度和稳定性，施工时，严格按图进行拼装支撑。

③模板安装质量控制。

a. 竖向模板和支架的支承部分必须坐落在坚实的基层上，并应加设垫板，使其有足够的支承面积。

b. 一般情况下，模板自下而上安装。在安装过程中要注意模板的稳定，可设临时支撑稳定模板，待安装完毕且校正无误后方可固定牢固。

c. 模板支撑必须加设水平拉杆和剪刀撑，模板缝用双面胶带、海绵粘贴处理。

d. 支模工作完成后，应将工作面内的垃圾清理干净，并在混凝土浇筑过程中，跟班操作，经常检查模板、支撑等是否有移位、松动、变形等不良现象产生，一旦出现，则需及时修复处理。

e. 模板安装要考虑拆除方便，宜在不拆除底模和支承的情况下，先拆除梁的侧模，以利周转使用。

f. 模板在安装过程中应多检查，注意垂直度、中心线、标高及各部位的尺寸，保证结构部分的几何尺寸和相邻位置的正确。

拆模工作必须由施工员根据施工图要求以及现场的实际情况、施工条件、结构形式，考虑新浇混凝土的龄期、强度等达到要求，下达拆模通知书后方可进行，任何其他人不得擅自拆模。

模板拆除后，即进行板面清理，修整后涂上隔离剂方可投入使用。

2)支模方法。

①墙体模板。本工程墙体模板采用定型大模板，其优点是稳定性好、拆装迅速。

a. 模板的加工制作。

(a)胎膜的设置。胎模一般设置两个，一个供骨架加工使用，一个供面板加工使用。胎模必须设置在坚实平整的场地上，应经过抄平校正；胎模用 27～30 号工字钢铺设两层而成，下层工字钢间距在 2～2.5 m 以上，上层工字钢要结合面模材料的宽度布置间距，一般为 1～1.2 m，上下两层工字钢互相垂直，并要作临时固定。

(b)下料。下料的关键是根据模板放样图纸放好尺寸大样，校对尺寸。本工程大模面板采用胶合板，骨架采用 100 mm×50 mm 木方，要随时复测模板的表面平整度，不容许有翘曲现象。

(c)钻孔和校正。完成上述工序后，用电钻钻出穿墙螺栓孔眼，为保证位置准确，先用小直径电钻定出眼位，然后再用钻头扩孔。穿墙螺栓孔的位置直接影响模板安装位置的正确性，加工时尤应注意。每块模板加工完毕后，都必须按设计图纸的要求及质量验收标准进行严格检查，质量不合格者应予返修。

将合格模板刷油、编号、堆放整齐。

b. 模板骨架的计算。根据本工程施工图纸，墙板高 2.9 m，板厚 0.25 m，商品混凝土坍落度取 12，浇筑温度取 20°，侧混凝土对模板侧压力为：取浇筑速度 1.5 m/h，$\beta_2=1.2$，$\beta_1=0.85$。

代入公式：

$F=0.22\, r_c t_0 \beta_1 \beta_2 V^{1/2}=0.22\times 24\times(200/20+15)\times 1.2\times 0.85\times 1.5^{1/2}=37.14(\mathrm{kN/m^2})$

检验 $F=r_c h=24\times 2.9=69.6(\mathrm{kN/m^2})$

取上两式计算值的最小值，则 $P_{\min}=37.14\ \mathrm{kN/m^2}$。

有效压头 $h=72/24=3(\mathrm{m})$。

按照《混凝土结构工程施工质量验收规范》(GB 50204—2015)的规定，板墙厚度大于 100 mm，需附加“倾倒混凝土时产生的荷载”，为 6 000 N/m²，附加范围为有效压头部分：6/24=0.25(m)。

c. 模板的支设流程：弹线→冲筋找平→整体排架搭设→大模吊装→就位校正吊直，固定一侧墙模→吊装另一侧墙模→穿墙螺丝固定。

d. 模板的维修保养。要使大模板多次周转，必须在使用过程中尽量避免碰撞，拆模时不得任意撬砸，堆放时防止倾覆，同时经常进行维护保养。

(a)维护保养。每次拆模后必须及时清除模板表面的混凝土残渣和水泥浆，涂刷隔离剂，模板零件应妥善保存，宜设置专用零件箱，附设在模板背面，拆下的零件集中存放于箱内，可随模板一起吊运，螺母螺杆要经常用机油或黄油润滑。

(b)修理。

• 发现板面翘曲、凹凸不平、周边开裂、脱钉等要及时修补。

模板安全技术要求支模板的支撑、立杆应架设垫木，下面土应夯实，横拉杆必须钉牢。

支撑、拉杆不得连接在门窗和脚手架上。在浇捣混凝土的过程中应经常检查，如发现变形、松动等，要及时修整。

• 模板支撑高度在 4 m 以内时，必须加水平撑，并将支撑之间搭牢。超过 4 m 时，除水平撑外，还须另加剪刀撑。通道处的剪刀撑，应设置在 1.8 m 高度以上，以免碰撞松动。

• 凡在 2 m 以上高处支模时，必须搭临时跳板。2 m 以下，可使用高凳或梯子，不许在铺好的梁底板或楼板搁栅上携带重物行走。

• 拆除模板时，需经施工人员检查，确认混凝土已达到一定强度后，方可拆除，并应自上而下顺次拆除，不准一次将顶撑全部拆除。

• 拆模板时，应采用长铁棒，操作人员应站在侧面，不允许在拆模的正下方行人或在同一垂直面下操作。拆下的模板应随时清理运走，不能及时运走时，要集中堆放并将钉子扭弯打平，以防戳脚。

• 在高处拆模板时，操作人员应系好安全带，并禁止站在横拉杆上操作，拆下的模板应尽量用绳索吊下，不准向下乱扔。如有施工孔洞，应随时盖好或加设围栏，以防踏空跌落。

②现浇楼板和梁支模(图 3-2-10、图 3-2-11)。楼板及梁支模安装支设时，应先搭设满堂脚手支撑，其高度依据楼层高度和梁的截面高度及楼板的厚度而定，上密铺间距 300 mm 木方，如果梁的跨度大于或等于 6 m，梁应起 2‰～3‰的拱。考虑到胶合板的接缝，在接缝处必须用胶带纸贴缝，楼板及梁支模安好后，应逐块进行水平抄测验收。严格控制模板面的标高和平整度，应清理干净模板内的垃圾，并涂刷脱模剂，模板拆除需在混凝土达到一定的强度后方可进行，以试验室试块报告为准。拆除时先拆排架，后拆模板，拆模时要使用操作架，应从板块的拼缝处着手。对挑板、飘窗等悬挑结构，必须等混凝土强度达到 100%时方可拆模及支撑。

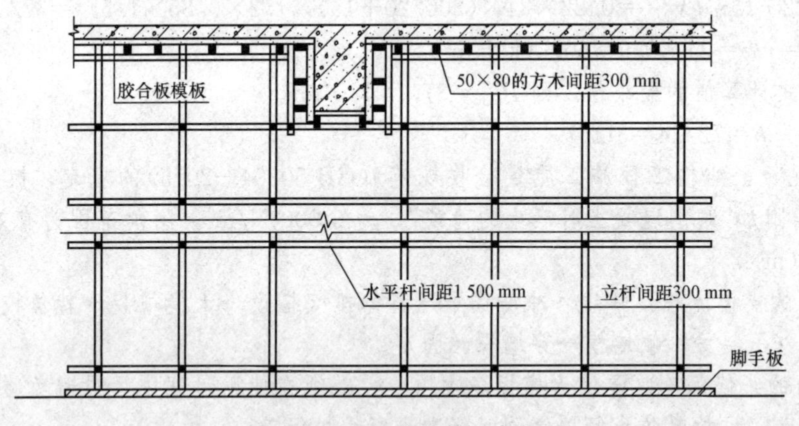

图 3-2-10　梁支模示意

③楼梯支模(图 3-2-12)。楼梯底模采用胶合板或木板，安装前应按实际层高放样(同时必须考虑到楼梯踏步面的粉刷和装饰层厚度内线)。安装时应先安装平台梁模板，再安装楼梯底模，最后安装外帮侧模，外帮侧模三角模按实样制作好，用套板画出踏步侧板位置线，钉好固定踏步位置的挡木再钉侧板。

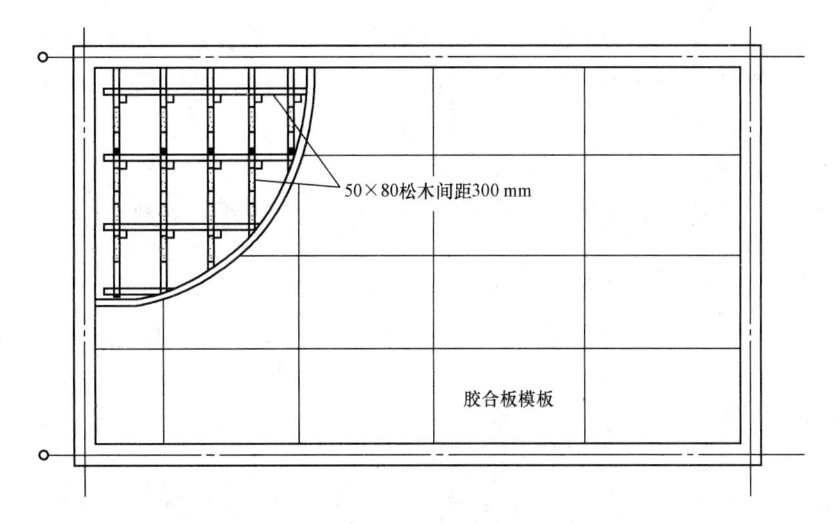

图 3-2-11　板支模示意

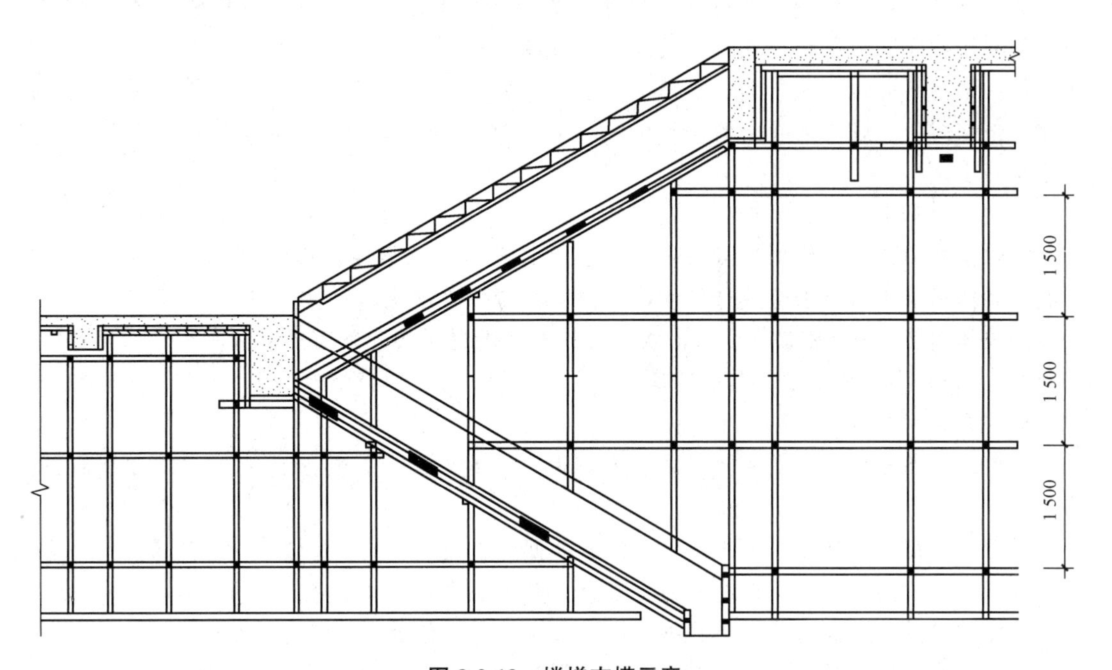

图 3-2-12　楼梯支模示意

(2)钢筋工程。

1)原材料。钢筋进场应有出厂证明或检验合格报告，每捆(盘)钢筋均应有标牌，进场时按规格分批验收，对标牌外观进行检查，并应抽样试验，合格后方可使用。

2)钢筋翻样。钢筋翻样人员应详细阅读设计图纸，纵向受力钢筋直径≥ϕ16 时采用剥肋滚压直螺纹连接，纵向受力筋直径＜ϕ14 时采用焊接接头或绑扎接头。钢筋制作人员必须严格按翻样图生产，并正确掌握施工规范中的各项操作要求。钢筋断料不可采用气割。

3)钢筋绑扎。必须严格遵照施工图，并参照翻样图进行施工，严格执行施工规范中的各项有关操作规程，正确掌握各类型构件钢筋绑扎接点的位置、百分率，保证各类型构件受力合理正确。

4)钢筋验收。现场人员需提前一天通知有关方面人员在钢筋绑扎完成后进行隐蔽工程验收，在验收中发现的违背施工图或施工规范的问题时应该及时整改，并通知再次验收，在办妥隐蔽工程验收记录后，方可进行下道工序。

常见质量问题预防：

①钢筋位移。在墙体根部增加一道水平筋与竖向筋焊接牢固，确保位置正确，浇筑混凝土时应有专人检查修整。

②露筋。钢筋每隔一定距离加绑带铅丝的水泥砂浆垫块。

③现浇板负弯矩钢筋保护层。增加钢筋马镫，通过检查楼板厚度控制钢筋保护层的质量。

④搭接长度不够。绑扎时对每个接头进行尺量，检查搭接长度是否符合设计和规范要求。

⑤钢筋接头位置错误。梁、墙、柱钢筋接头较多时，翻样配料加工时根据图纸预先画施工简图，注明各号钢筋搭配顺序，并避开受力钢筋的最大弯矩处。

5)暗柱筋。暗柱筋按设计规定的型号和数量认真配制，暗柱主筋在绑扎前应调直，接头采用剥肋滚压直螺纹连接或焊接连接，钢筋要依据抗震设计要求加工，注意弯钩的角度及长度，钢筋绑扎时，应先算出箍筋间距、每段柱所用的箍筋数量，在柱子的主筋上做好标记后按档绑扎。柱筋混凝土的保护层采用 1∶2 水泥砂浆垫块控制，用铁丝将垫块绑牢在柱子主筋上。

6)梁、板钢筋。梁、板钢筋绑扎施工时，应先扎主梁筋，后扎次梁筋，再扎板筋。接头不宜位于构件最大弯矩处，接头位置应相互错开，注意梁端箍筋加密弯钩叠合处应交错绑扎，梁的底层主筋下面垫放好垫块，以保证主筋层的厚度。

7)墙体钢筋。墙体钢筋绑扎时，在两层钢筋间设置撑铁，以固定钢筋间距，撑件可用直径为 6～10 mm 的钢筋制成，其长度等于两层网片的净距，间距约为 1 m，采用梅花形布置。

8)安全技术要求。

①搬运钢筋时应注意前、后、左、右，两人抬运卸料时，要步调一致，以防钢筋弹起伤人。

②弯钢筋时，应注意其刚性，以防折断和回弹伤人。

③断料、弯料等工作，应在地面上进行，禁止在高处和脚手架上进行操作。

④在阳台及悬臂式构件上绑扎钢筋时，工作前应先检查顶撑等是否牢固。

⑤绑扎柱子钢筋时，应搭设脚手平台，绑扎结束后，钢筋四角应设法固定。

⑥高处绑扎钢筋及垂直吊运钢筋时，工作面下边不得有人停留或任意走动，以防落物伤人。

⑦钢筋工程靠近高压线时，必须有安全隔离措施，以防止钢筋在回转时触电伤人。

⑧所有电线不得乱拉或挂在钢筋上。

⑨雷雨时，必须停止露天高处作业，以防雷击钢筋伤人。

(3)混凝土工程。

1)施工准备。完成钢筋工程隐蔽工作和相关技术复核工作，检查钢筋保护层、预埋管线、预埋铁、预留洞位置尺寸等是否符合要求。应检查模板边角、接缝处是否拼接严密，模板的支撑连接是否牢固，同时应检查、清理模板内的残留垃圾，用水冲净，湿润模板。

检查塔式起重机、振动器等机械及其他辅助设施等是否处于完好状态，施工人员是否配备齐全。

要加强隐蔽工程自检工作，编制隐蔽工程验收计划和轴线复核计划，按放线→扎钢筋→安装预埋件→立模→浇筑混凝土的顺序，逐项检查。

2)墙、梁、板、楼梯混凝土施工。在浇筑前先做好清理工作，浇筑时先铺一层5 cm厚、强度与混凝土相同的水泥砂浆，混凝土应分层浇筑、分层振捣，每层的浇筑高度不应超过50 cm，采用插入式振动棒操作时，要快插慢拔，插点需均匀排列，逐点进行，不得漏振，钢筋较密处要加强振捣；浇捣过程中，应经常检查模板、钢筋、埋件等有无问题，发现问题及时解决。墙体混凝土浇筑完毕后要停歇1～2 h，使其初步沉实后，再浇筑上层梁板混凝土。梁板混凝土应同时浇筑，浇筑楼板混凝土时，表面泛浆即可停振。在初凝之前进行二次复振、抹压，完毕后用长木抹子抹平。楼梯混凝土浇筑自下而上进行，浇筑时踏步表面用木抹子抹平。

楼板混凝土浇筑前应设操作平台，禁止在楼板钢筋上操作，以防钢筋、模板位移。施工中土建和安装施工要配合好，土建、安装各工种之间应密切配合好。

3)混凝土养护。混凝土浇筑完毕后覆盖塑料薄膜并浇水养护，需保持混凝土面湿润，养护时间不少于7 d。楼板混凝土达到一定强度后方可上人，在雨期要备好防水材料。

4)安全技术要点。

①在整体结构内浇捣混凝土时，模板上应开孔，以加强通风，并加强上下联系。

②使用灯照明，其电压不超过36 V。

③在离地3 m以上的地方捣筑混凝土时，不准站在木模横挡、搭头上进行操作，以免发生坠落危险。

④混凝土振好后，覆盖养护物时，应先清理场地，将有朝天钉的木模集中，孔洞应加围栏或盖板，以防钉子戳脚和坠落。

5)商品混凝土施工要求：

①采购的预拌混凝土，必须由生产商品混凝土资质的单位生产，原材料质量、配合比确定、生产过程质量控制由生产厂家负责。

②生产商品混凝土单位到施工现场运输时间控制在60～90 min，如混凝土拌合物出现离析、分层现象，应对混凝土拌合物进行二次搅拌。

③在一个分项工程中，每200 m^3 混凝土取样不得少于一次。不足200 m^3 时，按200 m^3 取样。

④商品混凝土运至指定的卸料地点时，应检测其坍落度，所实测的坍落度值必须符合设计以及施工的要求，坍落度值按照规范规定为140～180 mm。

⑤泵车所停位置要有坚实平整的场地，道路进出畅通。泵车来之前，泵管应先接到所需施工段面，接口处应与泵车位置符合。应检查好泵管内是否清洁光滑，以防堵管。

⑥安装泵管时，在接口处垫好橡皮圈以防因漏浆而堵塞管。泵车与泵管接好后，泵车一定要垫平稳再与厂商取得联系，定好具体混凝土到现场时间，使施工方有一定的准备。准备完毕后，泵车内加一定的水和满足泵管内所需的砂浆，湿润泵管。

⑦泵管开始出料时，橡皮软管的弯曲角度不能过小，最好成弧形，以免压爆泵管接口处。施工好一个施工段面时，在拆除过程中，应清理冲洗，堆放好。

⑧施工人员的安排：泵管出料指挥1人，搅拌车放料1人，粗平8人，振捣5人，细平收头6人，拆装泵管、清理、拉橡胶管及指挥5人。

⑨泵管安装要求垂直，不能搭在脚手架上和支撑模板的排架上，支架采用钢管搭设。

(4)砌筑工程。本工程±0.000以下采用普通烧结砖，±0.000以上非承重填充墙采用加气混凝土砌块。

1)机具准备。

①进场砖、砌块的品种、规格、强度等级必须符合设计要求，并有出厂合格证，同时需经复试检测合格后方可使用。

②配制砂浆的水泥必须通过复试检测，现场取砂、水泥样品做试验级配，确定砂浆配合比后，砂浆拌制必须严格按配合比配制，准确计量，确保材料的节约使用。

③根据施工速度和作业面考虑砂浆搅拌台的设置，详见施工现场平面布置图。

④垂直运输机械：塔式起重机配合上人电梯、龙门架施工。

2)作业准备。

①根据图纸设计要求，每层弹好楼地面线以上500 mm标高基准线。

②在砌筑前楼层面建筑垃圾必须逐层清理干净。

③熟悉图纸，了解各部位砌块的品种、规格，并熟悉有关的设计变更及设计构造要求，预留孔洞要做到心中有数，及时留出，避免以后剔凿。

④弹好轴线、墙身线，根据砖的规格尺寸再弹出门窗洞位置线，并复核是否符合图纸的设计要求。

⑤皮数杆直接画于结构混凝土上。

⑥按照结构上的皮数杆，每隔500 mm打膨胀螺丝焊接拉结筋，并沿墙全长贯通。

3)施工工艺。

①竖直和水平缝宽度控制在8～12 mm内调整，首先从大面整砖排列，在接槎和门窗处应取整砖收头。

②砌砖最下一皮砖时，如楼面不平整造成缝大于20 mm时，应用细石混凝土找平。

③砌块砌筑铺灰长度不超过800 mm，砌块应看线对准后放下，并轻敲砌块使上棱跟平线，同时要保证灰缝的砂浆饱满度不得低于80%。

④砖墙顶与上层结构的接触处应用侧砖或立砖斜砌挤紧，但该斜砖必须在砌块砌筑一星期后才可砌筑，角度为45°～60°，砂浆填满，逐块敲紧砌实。

4)砌筑工程资料。

①砖出厂合格证、复试报告。

②混凝土、砂浆试块试验报告。

③钢筋隐蔽工程验收记录。

④砌筑工程质量评定资料。

5)技术质量要求。

①砖的品种强度等级必须符合设计要求。

②砂浆品种及强度应符合设计要求。

③每一层楼或250 m^3 砌体砂浆，每种每台班搅拌机至少应做一组试块。试块制作方法应符合操作规程。

④对进场砌体的规格尺寸必须进行抽检，不合格者退货，否则将影响砌筑质量。

⑤砌体砂浆必须饱满密实，灰缝横平竖直，实心砖水平灰缝砂浆饱满度不小于80%，无透亮及通缝。

⑥预埋件拉结筋的数量、长度均应符合设计要求和施工规范，留置间距偏差不超过5 cm。

⑦墙砌体要当天砌筑，当天检查，当天验收，砌筑墙体还要和水、电、暖、通密切配合，预留孔洞位置尺寸要正确，减少返工开凿现象。

6)安全技术要点。

①开始砌筑前或受大风雨后，应仔细检查脚手架、马道等有无松动和下沉现象。

②砌筑前还应检查有无空头板，严禁随便用腐朽材料作站人脚手架。搭设小高脚手架时，不得用砖作垫头。

③斩砖尽量在平地上进行，如必须在脚手架上斩砖时，应面向墙面或将斩下的碎砖装入小桶内，以免碎砖落下伤人。

④立门窗框应专门固定在地面及楼面上，不准临时固定在脚手架上。

(5)施工缝的施工处理措施。

1)对施工缝的位置，设计有规定者严格按设计要求，设计无要求时按《混凝土结构工程施工质量验收规范》(GB 50204—2015)的有关规定留设，留设位置见前所述。

2)浇筑混凝土前用高压水冲洗接缝处混凝土表面，清除混凝土表面的碎片、松散颗粒和浮浆。在施工缝边沿周边粘贴断面为1 cm×1 cm的泡沫塑料条，以保证接缝口处光滑平整，防止漏浆和烂根。

5. 楼地面工程施工技术方案

(1)事前基层要充分湿润，刷浆要均匀，冲筋间距不宜太大，最好控制在1.2 m左右，随铺灰随用短杠刮平。水泥焦渣拌和应均匀，细石混凝土宜用滚子滚压，或用木抹子拍打，使表面泛浆，以保证面层的强度和密实度。

(2)水泥地面先用木抹子均匀搓打一遍，使面层材料均匀、紧密，抹压平整，以表面不出现水层为宜。水泥初凝后、终凝前(一般以上人时有轻微脚印但又不明显下陷为宜)，将表面压实、压平整。

(3)水泥地面压光后，应视气温情况，一般在一昼夜后进行洒水养护，或用草包或锯末覆盖后洒水养护。有条件的可用黄泥或石灰膏在门口做坎后进行蓄水养护。连续养护的时间不应少于7昼夜。

(4)水泥地面应尽量安排在墙面、天花板的粉刷等装饰工程完工后进行，以避免对面层产生污染和损坏。如必须安排在其他装饰工程之前施工，应采取有效保护措施，如铺设芦席、草帘、油毡等，并应确保7～10昼夜的养护期。严禁在已做好的水泥地面上拌和砂浆，或倾倒砂浆于水泥地面上。

(5)在低温条件下抹水泥地面时，应防止早期受冻。抹地面前，应将门窗玻璃安装好，或增加供暖设备，以保证施工环境温度在+5 ℃以上。采用炉火烤火时，应设有烟囱，有组织地向室外排放烟气。

(6)厨房、卫生间聚氨酯涂膜涂刷要均匀，厚度要得到保证，周边卷起高150 mm，并做蓄水试验。

(7)铺设低温地板辐射采暖系统的地面施工(土建配合安装施工)。

1)清理基层，待安装队伍将固定分、集水器，铺设苯板，铺设膨胀条，铺设地暖反射膜，敷设并固定地暖管等作业完成，中间试压合格后，进行混凝土填充层浇筑。

2)填充细石混凝土时应用人工抹压密实，不得用机械振捣，不许踩压。

3)当边长超过6 m或地面面积超过30 m² 时，应按不大于6 m的间距设置伸缩缝，伸缩缝的尺寸为5～8 mm。

4)二次试压合格后，抹水泥砂浆找平，做地面。

6. 屋面工程(上人屋面施工措施)施工技术方案

屋面工程的主要功能是排水、防水、保温隔热。目前由于原材料、施工等原因，屋面渗水情况严重，严重影响使用功能，对于防水层施工，所选用原材料必须是国家定点厂家的产品，必须附有质保书，各项理化指标标示明确，并应做好防水材料的检测工作。施工操作必须规范、到位，这对屋面工程质量保证将有重大作用。

(1)屋面水泥焦渣保温层施工：1∶6水泥焦渣拌和均匀，2%找坡，最薄处厚30 mm，滚压密实，表面抹光。

(2)屋面找平层施工：

1)找平层的材料及配合比，必须符合设计要求和施工规范的规定。

2)1∶3水泥砂浆找平层必须无脱皮和起砂等缺陷。水泥砂浆找平层起砂脱皮会影响卷材防水层的黏结力，为了使水泥砂浆找平层和基层黏结牢固，表面不发生起砂、脱皮、空鼓等缺陷，可采取的措施有：材料质量应符合要求，施工时基层应清理干净，水泥砂浆铺设前，先刷水胶比为0.4～0.5的水泥浆一遍，随刷随铺水泥砂浆，并粉平压实，粉平时严禁在表面洒水，不得在终凝后进行粉平压实。水泥砂浆终凝后应注意洒水养护，常温下养护时间不得少于5 d。水泥砂浆未结硬前和养护期间不得在上面行走和堆物。冬期施工应严防冰冻。

3)找平层与凸出屋面结构的连接处和转角处，均应做成圆弧或钝角，且整齐平顺。

(3)屋面防水涂膜施工：2 mm厚聚氨酯涂膜施工同厨、卫间防水涂膜施工做法。

(4)屋面SBS卷材施工：铺贴前将基层清理干净，卷材表面热熔后应立即滚铺卷材，卷材下面的空气应排尽，并辊压黏结牢固，不得空鼓，卷材应平整顺直，搭接尺寸准确，不得扭曲、皱折。

(5)屋面挤塑聚苯板保温层：保温挤塑聚苯板应错缝铺设，铺设平整。

(6)干铺无纺聚酯纤维布一层。

(7)刚性防水层：40 mm厚C20细石混凝土，内配ϕ4@150×150钢筋片，铺设钢筋网片时要保护好纤维布和挤塑聚苯板，避免破损。浇筑混凝土人工抹压密实。

7. 门窗工程施工技术方案

门窗的安装一般采用后塞口施工，即在墙体预留安装门窗的洞口，在墙体施工后安装门窗。

(1)门窗的品种、型号应符合设计要求，五金配件应配套齐全，且有产品出厂合格证明。进场前应在加工厂内进行产品验收，不合格品不得运往工地。

(2)按设计图纸要求的安装位置、尺寸、标高，弹出安装水平线，并用水平尺检查其水平度。做好安装标记。

(3)门窗安装时，应控制门窗上缝隙宽为20 mm，框的左、右缝隙宽度一致，距外墙皮尺寸应符合设计要求。防止出现左右不平顺、上下偏移、里出外进不一致等情况。

(4)当门窗就位，经校正固定后，即可采用1∶(2～3)半干硬水泥砂浆(或细石混凝土)灌实，并洒水养护。残留在门窗上的填塞缝隙的砂浆，应及时清理干净。

8. 装饰工程施工技术方案

(1)外墙保温板抹灰。

1)挤塑聚苯板施工工艺。挤塑泡沫板外保温施工工艺包括基层墙体处理、粘贴挤塑板、钻孔及安装固定件、铺贴耐碱玻璃纤网格布、抹聚合物砂浆保护层和饰面等工序。

基层处理时，必须彻底清除基层墙体表面的浮尘、油污、脱模剂、空鼓及风化物等材料；对旧房保温改造工程，要将原有外饰面层清除，将基层墙体修补平整。当基层不具备黏结条件时，应全部采用机械固定方式，每平方米固定件为6～9个。专用胶黏剂是采用干混砂浆加水搅拌而成的，胶黏剂的配置只许加入净水，不得加入其他添加物，配制好的胶黏剂宜在1 h内用完。

切割挤塑板时，尺寸允许误差为+1.5 mm，粘贴在外墙上时要互相靠紧，用专用胶黏剂粘牢，以避免室内外环境中的水蒸汽由于板缝的存在形成通路，影响保温效果。为保证黏结牢固，黏结方法可采取条黏法和条点法。条黏时，将专用胶黏剂在水平方向均匀地抹在挤塑板上，条宽10 mm，厚度为10 mm，中距为50 mm。条点时，在每块挤塑板沿周边抹宽50 mm、厚10 mm的专用胶黏剂，再在挤塑板分格区内抹直径为100 mm、厚度为10 mm的灰饼(同条黏)，抹好专用胶黏剂的挤塑板要迅速粘贴在墙面上，以防止表面结皮而失去黏结作用，在挤塑板侧面不得涂抹专用胶黏剂。

挤塑板粘贴上墙后，应用靠尺压平，保证其平整度及粘贴牢固，对因切割不直形成的缝隙，要用挤塑板条塞入并磨平。粘贴时应分段自下而上沿水平方向横向铺贴，每排板应错缝1/2板长，局部最小错缝不得小于100 mm。安装固定件要在挤塑板粘贴8 h后开始，并在其后24 h内完成。该系统的膨胀钉采用优质工程塑料制作，尾部有设计独特的回拧锚固结构，适用温度范围为−40 ℃～80 ℃。自攻螺丝采用高强度结构钢及防锈性能优异的灰磷镀层工艺。要用冲击钻在基层墙体上钻10 mm孔，并深入墙体60 mm，以确保牢固可靠。自攻螺丝应拧紧并将工程塑料膨胀钉的钉帽与挤塑板表面齐平或略拧入一些，确保膨胀钉的尾部回拧，使其与基层墙体充分锚固。

施工中应注意的问题：在空调机室外支架安装时，空调安装板及空调穿线孔应提前预留，以免日后安装时破坏外保温层。另外，施工过程中在拆除脚手架后注意堵塞脚手架眼，脚手架眼宜留设成圆形，最后剪一块大小相同的外保温板粘贴牢固。

2)挤塑聚苯板面抹灰。抹灰前应先将浇在聚苯板表面的余浆和与混凝土墙结合不好的聚苯板(有酥松、空鼓现象)清除干净，板面要无灰尘、油渍和污垢。

抹面胶浆同黏结胶浆。胶浆形成干膜后具有良好的弹性，可防止开裂。

玻璃纤维网格布采用特殊耐碱涂覆的玻纤网格布。玻纤网能缓冲墙体位移，经耐碱涂覆后，玻纤网能抵抗水泥固化前的碱性腐蚀。

①涂抹混合物砂浆底层。

a. 涂抹底层砂浆前，应先检查保温板是否干燥、表面是否平整，并去除板面有害物质、杂质等。

b. 用抹子在保温板表面涂抹一层面积略大于网格布的抗裂防水面层剂混合物砂浆。其厚度约为2 mm。

②网格布的铺设。

a. 门窗洞口内侧周边以及洞口四角均加一层网格布进行加强。洞口四角网格布尺寸为300 mm×200 mm，沿45°角方向粘贴在洞口周边的加强网格布上。

b. 对于门窗及其他洞口四周的保温板端头应用网格布和砂浆将其包住，也只有在此时，才允许保温板端边处抹黏结砂浆。

c. 将大面积网格布沿水平方向绷直绷平。注意将网格布弯曲的一面朝里。用抹子由中间向上、下边将网格布抹干，使其紧贴底层混合物砂浆。网格布的搭接宽度不小于70 mm，不得使网格布皱褶空鼓、翘边。

d. 在装饰凹槽处，应沿凹槽将网格布埋入底层混合物砂浆内。若网格布在此断开，必须搭接。搭接宽度不小于60 mm。

e. 对于外架子与墙体连接处(脚手架眼)，在洞口四周100 mm范围内抹黏结砂浆及埋贴网格布后不抹面层砂浆，待大面积施工完修补。

f. 在墙身阳角处需从两边墙身埋贴的网格布双向绕角且相互搭接，各面搭接不小于200 mm。

g. 网格布应在下列系统终端部位进行翻包：

(a)门窗洞口、管道或其他设备需穿墙的洞口处。

(b)勒脚、阳台、雨篷等的尽端部位。

(c)变形缝等需要终止系统的部位和其他处保温板的终端。

h. 翻包网格布方法如下：

(a)裁剪窄幅网格布，长度应由需翻包的墙体部位的尺度而定。

(b)在基层墙体上所有洞口及系统终端处，涂抹上黏结砂浆。其宽度为65 mm，厚度为2 mm。将裁剪好的网格布一端65 mm压入黏结砂浆内，余下的170 mm甩出备用，应保持其清洁。

(c)将要翻包保温板背面涂抹好黏结砂浆，贴在粘贴好网格布的墙面上，将翻包部位的保温板的正面和侧面均涂抹上面层砂浆，将预先甩出的网格布沿板翻转，并压入抹面砂浆。

(d)翻包网格布压在大面网格布之下。

③抹面层混合物砂浆。

a. 抹完底层混合物砂浆并压入网格布后，待砂浆凝固至表面不粘手时，开始抹面层混合物砂浆。抹面厚度以盖住网格布为准，约1 mm使总厚度为3 mm±0.5 mm。

b. 在建筑物的底层等易受外力破坏的地方，为增加面层的抗冲击能力，应外加一层加强网格布，使保护层总厚度在4 mm左右。

④墙面采用瓷砖饰面，镶贴瓷砖的砂浆应采用和上述相同的混合物砂浆。

⑤饰面层可根据图纸设计的不同需求选用涂料。

(2)室内抹灰。

1)作业条件。

①必须经过有关部门对主体、结构工程的验收，合格后方可进行抹灰工程。

②抹灰前必须检查门窗位置是否正确、与墙体连接是否牢固，连接缝隙应用水泥砂浆填实。

③所用管道(穿越墙洞和楼板洞)应及时安装好并用1∶3水泥砂浆或细石混凝土填嵌密实，电线管、消火栓箱安装完毕，将背后露明部位钉好钢丝网，将接线盒用纸堵严。

④壁柜、吊柜及其他预埋铁位置标高准确无误，并做好防腐、防锈工作。

⑤砖墙表面的灰尘、污垢等应清理干净，并洒水湿润。先做样板间，经鉴定合格和确定施工方案后再安排正式施工。

2)操作工艺。

①混凝土面清理干净，用水湿润后，用界面砂浆甩毛后保养到一定强度。

②贴灰饼。首先根据设计图纸的要求，按照基层表面平整度、垂直度情况，进行吊垂直，套方找规矩，经检查后确定抹灰厚度，用靠尺板找好垂直与平整，灰饼宜用1∶3水泥砂浆做成连长为3～5 cm方块形状。

③墙面冲筋。根据灰饼的平整度，用与抹灰层相同的砂浆冲筋，冲筋的根数应根据房间墙面的高度和宽度来决定，一般间距在1 m左右，筋宽在3 cm左右。

④粉护角。所有墙面阳角必须根据灰饼高度用1∶3的水泥砂浆粉护角，护角必须上下垂直，横要水平，角要方正。

⑤墙面抹灰。一般情况下，冲筋半天以后就可以抹底灰刮槽，用直尺刮平，用木抹子搓毛，然后用直尺和托线板全面检查底子灰是否平整垂直，阴阳角是否方正，管道后和阴角交接处、墙顶板交接处是否光滑平整。

⑥抹罩面灰。当底子灰抹好七八成干时，经检查符合要求，细部处理适当，即可抹罩面灰，按先上后下的顺序进行，再赶光压实。

3)成品保护。

①在抹灰层凝结硬化前，应防止快干、水冲、撞击、振动和挤压，以保证抹灰层有足够的强度，不发生裂壳。

②推小车或搬运物件时，要注意不碰坏阳角和抹灰层，抹灰用的刮尺、泥板以及铲柄等不要靠放在刚抹好的抹灰面上。严禁在窗台抹好后尚无足够强度时蹬踩窗台损坏其棱角。

③拆除脚手架时要轻拆轻放。严禁撞坏门窗和抹灰面、角。

④施工用水和管道设备试水或其他液体不得污损抹灰面层。

(3)安全施工。

1)装饰工程开始之前，应先检查脚手架、吊篮是否牢固，凡不合格者应进行加固，必须可靠、安全，否则不得进行施工。

2)脚手板上不允许多人集中在一起操作，一块脚手板上不得超过两人操作，且不允许集中在一起。凡立体交叉作业时，上、下操作手之间至少应有1 m以上的间距，禁止站在同一垂直线操作。

3)操作人员一律要戴好安全帽，高空作业时系好安全带，在脚手架上操作时应将各项工具、物品放在可靠的地方，防止其下落伤人。

4)各种施工机械和电源电器必须由持证人员操作，无证人员不得进行开机和接电，防止伤人。

9. 沉降观测点的设置

按设计要求本工程必须设置沉降观测点，图纸设计要求为2级。

(1)准基点帽头宜用铜或不锈钢制成，用普通钢代替时应注意防锈、防腐处理。

(2)沉降观测次数。主体结构施工阶段每3层做一次；结构封顶装饰施工阶段每2个月不少于一次；工程竣工后，第一年内每隔3～6个月一次，以后每隔6～12个月一次，至沉降稳定为止。如遇特殊情况，应及时增加观测次数，沉降观测记录必须转交给甲方。

(3)施工塔式起重机基座的沉降观测。建筑施工使用的塔式起重机，其吨位和臂长均较大。塔式起重机基座虽经处理，但随着施工的进展，塔身逐步增高，尤其在雨期时，可能会因塔基下沉导致倾斜状况，为确保塔式起重机运转安全，工作正常，应定期进行沉降观测。

10. 电气工程施工技术方案

(1)钢管敷设。

1)本工程的动力照明电源采用380/220 V，照明干线采用阻燃型预制分支电缆，消防及事故照明干线采用耐火型交联聚乙烯电力电缆，一般回路采用阻燃型交联聚乙烯电力电缆，在电气竖井内沿电缆桥架敷设，照明及电力分支线均采用BV阻燃型铜芯聚氯乙烯绝缘线穿钢管沿墙、顶、地暗敷。

2)钢管的连接应符合下列要求：

①薄壁钢管无论是明敷还是暗敷，都必须用合格的配件、管箍等套丝连接，厚壁钢管明配时，全部套丝连接，丝接部分的跨越处必须焊好跨接地线，以保证系统接地的可靠性(包括薄壁钢管丝接跨越处)，厚壁钢管暗配时，可采用套箍连接，套管长度为连接管外径的1.5～3倍，连接钢管的对口处应在套管的中心，焊口应严密焊牢。

②跨接圆钢的选择见表3-2-18。

表3-2-18 跨接圆钢型号表

管子公称口径/mm		接地规格 圆钢	扁铁	焊接长度/mm	
电管	钢管				
≤32	≤25	$\phi 6$		30	
40	32	$\phi 8$		48	
50	40～50	$\phi 10$		60	
70～80			25×4	50	

3)安装钢管时，排列整齐，管口光滑，护圈齐全，连接紧密，跨接良好。弯曲半径不应小于外径的6倍，如明设时只有一个弯，允许其小于管外径的4倍，敷设于地下或混凝土楼板时，不应小于管外径的10倍，表面不应有明显的折皱不平、弯扁现象。

4)安装箱盒，钢管进入灯头盒、开关盒、接线盒及配电箱时，应连接紧密，纳子齐全。

5)明配钢管排列应整齐。固定点的距离应均匀。管卡与终端转弯中点、电气器具或接线盒边缘的距离为150～500 mm。中间的管卡最大距离见表3-2-19。

表3-2-19 钢管中间管卡最大距离

敷设方式	钢管名称	钢管直径/mm			
		15～20	25～30	40～50	65～100
		最大允许距离/m			
吊架	厚钢管	1.5	2.0	2.5	3.5
沿墙敷设	薄钢管	1.0	1.5	2.0	

6)管内穿线。

①在穿入导线之前，应将管中的积水及杂物清除干净。穿管内绝缘导线的额定电压不应低于500 V。

②不同回路、不同电压如交流电压与直流电压的导线，不得穿入同一根管子内，但下列几种回路可以除外：

a. 同一台设备的电机回路和无抗干扰要求的控制回路。

b. 照明花灯所有回路。

c. 同类照明的几个回路，但管内导线总数不应多于8根。

③同一交流回路的导线必须穿于同一钢管内。

④导线穿入钢管后，在箱盒内有一定的余量。

⑤每一回路导线间和对地绝缘电阻值一般不小于0.5 MΩ。

(2)照明器具及照明配电箱(盘)安装技术要求：

1)照明器具和电气设备及器材，均应符合国家或部颁的现行技术标准，并具有合格证件，设备应有铭牌。凡到达现场的设备和器材，应作验收检查并保管好。

2)照明器具及电气设备安装的坐标和标高应准确，固定必须紧密牢固，接线必须牢固，接触良好，需要接地的灯具、插座、开关、配电箱的金属壳，应由接地螺丝连接。

3)暗明平开关安装高度一般为1.4 m，距门柜0.15～0.2 m。

4)电气灯具的相线应经开关控制，螺丝灯头的接线相线应接在中心点端子上，零线接在螺纹端子上，单相二孔、三孔插座面对插座右面极接相线，单相三孔及三相四孔的接地均应接在上方端子上。

(3)盘、柜及母线、电线安装。

1)盘、柜在安装前应对照其型号、规格，必须符合设计要求，外观要完整，附件齐全，排列整齐，密封良好。

2)引进盘、柜的电缆应排列整齐，避免交叉，并应固定牢固，不使所接的端子板受到机械应力。

3)盘、柜的电缆芯线，应按垂直或水平规律配置，不能任意歪斜交叉连接，备用芯线应留有适当余度。

4)成套供应的封闭母线，插接母线槽的各分段应标志清晰，附件齐全，外壳无变形，内部无损伤。

5)母线与母线或母线与电器端子的螺栓搭接，接触连接应紧密，用0.05×10的塞尺检查，母线宽度在63 mm及以上者不得塞进6 mm，母线宽度在56 mm及以下者不得塞入4 mm。

(4)接地体(线)连接技术要求。

1)接地体(线)的连接应采用搭焊接，其长度必须为：

①扁铁宽度的2倍(至少3个棱边焊接)。

②圆钢直径的6倍。

③圆钢与扁铁连接时，其长度为圆钢的6倍。

④扁铁与钢管(或角铁)焊接时，为了焊接可靠，除应在其接触部位两侧进行焊接外，还应用钢带弯成的弧形(或直角形)卡子，或直接将钢带本身弯成弧形(或直角形)与钢管(或角铁)焊接。

2)接地体(线)的连接应采用搭接焊，应焊接牢固、可靠、无虚焊，接至电气设备上的接地线应用螺栓连接，有色金属接地线不能采用焊接时，可用螺栓连接。

3)电气设备每个接地部分应以单独的接地干线相连接，不得在一个接地线中串接几个需要接地的部分。

4)接地线跨越建筑伸缩缝、沉降缝时，应加设补偿器，所用扁铁变成Ω形代替。

(5)主屋面防雷技术要求。

1)本工程为三类防雷设计，屋顶采用Φ10镀锌圆钢作避雷带，避雷带在屋面形成20 m×20 m或24 m×16 m的网格，利用钢筋混凝土框架柱钢筋及剪力墙暗柱内主筋上下焊接连接作为引下线，引下线间距不应大于25 m，利用基础底板钢筋网及桩基内钢筋焊接连通作接地装置，接地电阻$R\leqslant 1\ \Omega$，接地电阻值应在冬期、雨期、竣工前多次测试，如不符合要求应加人工接地装置。

2)45 m及以上钢筋混凝土柱与钢结构钢筋混凝土梁板钢筋焊接连通，45 m及以上外墙上的金属栏杆、门窗等较大金属物应与防雷装置连接，竖直敷设的金属管道及金属物的顶端与底端与防雷装置连接。

11. 管道工程施工技术方案

(1)管道安装。

1)管道穿过地下室或地下构筑物外墙的，应采取防水措施，对有严格防水要求的，应采用柔性防水套管，一般可采用刚性防水套管。

2)暗装于垫层内的硅烷交联聚乙烯(PE-RT)热水盘管不得有接头，并带压隐蔽。

3)在同一房间，安装同类型的采暖设备、卫生器具及管道附件时，除有特殊要求外，应分别安装在同一高度上。

4)明装钢管成排安装时，直线部分应互相平行。曲线部分：当管道水平或垂直并行时，应与直线部分保持等距；当管道水平平行时，曲率半径应相等。

5)管道用法兰连接时，法兰应垂直于管子中心线，其表面应相互平行。法兰的衬垫不得凸入管内，以其外圆到法兰螺栓孔为宜。连接法兰的螺栓，螺杆凸出螺母的长度不宜大于螺杆直径的1/2。

6)管道支、吊、托架的安装，应符合下列规定：

①位置正确，埋设应平整牢固。

②与管接触应紧密，固定应牢固。

③无热伸长的管道吊架时，吊杆应垂直安装。

④有热伸长管道的吊杆时，应向热膨胀的反方向偏移。

⑤固定在建筑结构上的管道支、吊架，不得影响结构的安全。

钢管管道支架的最大间距见表3-2-20。

表3-2-20　钢管管道支架的最大间距

公称直径/m		15	20	25	32	40	50	70	80	100	125	150	200	250	300
支架的最大间距/m	保温管	1.5	2	2	2.5	3	3	4	4	4.5	5	6	7	8	8.5
	不保温管	2.5	3	3.5	4	4.5	5	6	6	6.5	7	8	9.5	11	12

7)阀门安装前，应进行耐压强度试验。试验应在每批(同牌号、同规格、同型号)数量中抽查10%，但不少于一个，如有不合格的应再抽查20%，若仍有不合格的则需逐个试验。对于安装在主干管上起切断作用的闭路闸门，应逐个做强度和严密性试验，强度和严密性试验压力为阀门出厂规定压力。

(2)管道连接。

1)本工程住宅户水表后的给水管采用覆塑铜管硬杆焊接，地下一层给水网采用热镀锌钢管丝接，其他明设管道采用给水用衬塑钢管，螺纹连接；污废水管、通气管采用柔性接口的机制排水铸铁管，平口连接，用橡胶圈密封，用不锈钢卡箍卡紧，$DN<50$ mm的污废水管采用镀锌钢管，丝扣连接；雨水管采用镀锌钢管，丝扣连接；空调冷凝水管采用镀锌钢管，丝扣连接；给水管$DN\leqslant 50$ mm者采用螺纹球阀或角阀丝扣连接，$DN>50$ mm者采用浮动球阀，法兰连接。

①给水管保温。敷设于管井、管槽、吊顶内的给水管采用15 mm厚的玻璃面制品进行防结露保温，厚度为40 mm。

②管网水压试验。给水管网安装完毕后分区做水压试验，高区水压为1.4 MPa，中区水压为1.0 MPa，低区水压为0.6 MPa，10 min压力降小于0.05 MPa，无渗漏。

③给水系统运行前必须用水清洗，冲洗时以系统最大设计流量不小于1.5 m/s的流速进行，直到出水的水色与透明度与进水目测一致。

④管道穿楼板应做刚性套管，套管直径比管道直径大两号，套管顶部高出地面20 mm，套管底部与楼板底面平，套管与管道间填密封膏。

2)本工程排水采用柔性接口的机制排水铸铁管及管件，安装选用平口对接橡胶圈密封，不锈钢卡箍卡紧。每个立管检查口安装高度为1 m，45°角对外，每2 m加装固定支架1个。水平管做好坡度、吊夹。地漏采用新型防反溢高水封地漏，并且在施工中严格按规范要求执行。

3)本工程雨水管采用热浸镀锌钢管丝扣连接。

4)立管在底层或楼层转弯处，底部应设与建筑物墙柱或板连接的可靠支座。

5)横管坡度应符合标准坡度：$\phi150$管为0.007，$\phi100$管为0.012，$\phi75$管为0.015，$\phi50$管为0.025。

6)排污水、雨水管道安装后应做好灌水、通球试验。

(3)卫生器具的安装按S3《给水排水标准图集》(2010)进行。

12. 防护通风及采暖设备施工技术方案

(1)本工程防护通风连接的风管采用δ为3 mm的钢板制作，全部焊接加工，通风机以后的风管采用δ为1 mm的钢板咬口制作。风管法兰及螺栓按照图纸及规范要求制作，风管长边大于500 mm的弯管均设导流片。

1)风管防腐：风管破损及接口处刷防锈漆两道，部件、支吊托架及基础钢构件均应除锈后涂防锈底漆两道，裸露部分刷两道银粉漆。

2)风管连接：风管连接应保持平直严密，本工程采用管上平连接。

(2)矩形风管边长大于或等于630 mm和保温风管边长大于或等于800 mm，其管段长度在1.2 m以上均应采取加固措施。

(3)设备安装前，应根据装箱清单说明书、合格证、检验记录和必要的装配图和其他技术文件，核对型号、规格以及全部零件、部件、附属材料和专用工具。

(4)在设备基础达到养护强度，表面平整，位置、尺寸、标高、预留孔洞及预埋件等均符合设计要求后，方可安装。

(5)支、吊、托架的预埋件或膨胀螺栓，位置应正确，牢固可靠，埋入部位不得油漆，并去除油污。

(6)不保温通风管道支、吊、托架的间距，如设计无要求，应符合下列要求：

1)水平安装。风管直径或大边长小于400 mm时，间距不超过4 m；风管直径或大边长大于或等于400 mm时，间距不超过3 m。

2)垂直安装。间距不应大于4 m，但每根立管的固定件不少于两个。

(7)支、吊、托架不得设置在风口、阀门、检视门处；吊架不得直接吊在阀门上。

(8)本工程住宅采暖管材热水盘管采用硅烷交联聚乙烯管(PE-RT)，暗装于垫层内的硅烷交联聚乙烯(PE-RT)热水盘管不得有接头，并带压隐蔽。

立管热镀锌钢管采用丝扣或法兰连接，管道穿墙、穿楼板均应设钢制套管，散热器采用铜铝复合散热器及卫浴型散热器。

1)防腐与保温。除户内管外，所有管道均用30 mm厚的CAS铝镁质保温材料保温，外包两层玻璃丝布，并刷调合漆两道。

2)水压试验。系统安装后进行水压试验，高区管道做1.2 MPa水压试验，户内系统作1.0 MPa水压试验，低区系统作1.0 MPa水压试验，5 min内压降不超过0.02 MPa，且保证不渗不漏。

3)采暖管道试验合格后，必须进行反复冲洗。

13. 安装工程质量保证措施

(1)进入施工现场的所有设备、主要材料及配件都应有产品合格证或质保书，设备应有铭牌。

(2)焊接钢管及各类吊、支、托架，风管法兰等金属件在安装前应严格除锈并刷防锈漆(埋地应刷两度防锈漆)，竣工前应刷面漆，各类管道的色标应按设计或规范要求执行，并在主干管上标有流向标记。

(3)对于室内给水支管(管径在ϕ20及以下)的安装，管道在转角、水表、水龙头或角阀及管道终端100 mm处应设管卡，管卡必须安装牢固，水管道管径在ϕ40及以上的，应采用型钢、U字螺栓或吊架固定，管道采用螺纹连接的，应有外露螺纹。

(4)消防箱消防栓口应朝外，栓口中心距地面高度应为1.1 m，允许偏差不大于20 mm。

(5)消防喷淋管道固定支架设置应合理、牢固，不应有晃动，吊架与喷头的距离不小于300 mm，距末端喷头的距离不大于750 mm，且间距在一个工程中应一致。成排的喷淋管道，喷头及支架应成一直线。

(6)管道焊接连接时应根据钢管的壁厚在对口处留有一定的间隙(1～3 mm)，并按规范规定坡口，焊缝应平整、饱满。焊坡均匀一致，宽度和高度应符合规范规定，焊瘤、飞溅、药渣等应及时清除。镀锌钢管不得采用焊接连接，管材与配件不得“黑白”混用。

(7)卫生器具安装完毕应进行24 h盛水试验。卫生器具固定必须牢固无松动，不得使用木螺丝。便器固定螺栓应使用镀锌件，并用软垫片和平垫片压紧，不得使用弹簧垫片。严禁在多孔砖或轻型隔墙中使用膨胀螺栓固定卫生器具。

(8)明配钢管，在距灯位、开关、插座、箱盒的150～300 mm处应设管卡或支架固定。在转角、直线段处的管卡或支架的间距应对称均匀，管卡支架的间距应符合规范的规定。

(9)灯具安装应牢固，严禁使用木榫固定，暗设的灯具开关、插座及风扇应有接线盒。荧光灯吊链应用铅丝链。

(10)风管的钢板厚度和法兰的用料规格应符合规定，螺栓或铆钉间距不应大于150 mm，矩形风管的边长大于等于630 mm(保温风管边长大于等于800 mm)，其管段长度大于等于1.2 m时应采取加固措施。

(11)防火阀距墙表面的距离应大于等于200 mm，各类阀门应设在便于使用、检修之处。柔性短管安装应松紧适度。两端法兰应平行，并不得扭曲。

(12)防护通风风管、供回水管、冷凝水管的绝热层和防潮层应完整无损，无漏包现象。支、托架和管道间采取隔热措施，不得与管道直接接触。

(13)通风空调系统的所有设备应作单机试运转，正常后对系统进行测定调试，其结果应符合规范要求。

14. 安装工程成品保护措施

(1)现场专设设备主材仓库(室内),合理安排和协调机电设备(主材)进场时间,凡机电设备(包括主材)经验收进场后,一律进仓库保管,并安排专人值班。

(2)同土建施工单位协调好交叉作业流程,合理安排施工进度,积极落实预埋箱、预埋件、预埋接头等先期施工工作,将设备(主材)定位,固定安装,碰头原则上等土建单位内粉刷收尾后安排施工,以免设备(主材)污损,确因特殊原因或施工需要而提前施工的,应落实好临时保护措施(如覆盖保护罩、保护面层、隔离等)。

(3)所有设备支架、管件、阀门等面漆施工及系统落手工作应配合土建内粉刷进度逐层逐项收尾,协调好施工程序搭接,尽最大可能减少双方返工修补的工作量。

(4)项目竣工前,通过自检互检及调试,确认层面无施工问题后,应协调业主、土建单位落实层面看护事宜,配备专职保卫人员,执行严格的出入制度。

(5)材料设备到现场后直至交付使用前确需采取保护的产品,应采用以下具体措施:

1)防水保护:用防火帆布或塑料布等。

2)防碰撞保护:用木板或其他材料做成防护罩保护。

3)防盗保护:派人进行三班 24 h 值班看管。

第五章　施工进度计划(见后附)

第六章　施工平面布置图

1. 施工现场的布置原则

(1)布置的临时设施尽量不占用永久建筑物和道路区域,临时道路或临时堆场按照永久道路的路基或地基标准来进行实施,尽量减少以后的工作量及避免返工。

(2)本工程施工区域较为紧张,在施工过程中必须充分利用建设空间,根据工程施工特点,进行科学的、动态的现场管理,对施工现场平面布置图按施工进度进行合理调整。

(3)平面布置要符合施工流程要求,减少对专业工种和其他方面的干扰。

(4)施工区域与生活区域分开,各种生产设施布置便于施工生产安排,且满足安全防火、劳动保护的要求。

2. 施工现场总平面布置(见后附)

第七章　资源需用量计划

资源需用量计划见表 3-2-21 和表 3-2-22。

表 3-2-21　劳动力计划表(单栋)

工种	按工程施工阶段投入劳动力情况						
	土方工程	基础工程	主体工程	装修工程	安装工程		
木工		40	50	20			
钢筋工		40	40	10			
混凝土工		10	15	10			
架子工		20	20	10			
瓦工		5	30	20			
抹灰工		10	40	50			
电工		2	2	2	20		

续表

工种	按工程施工阶段投入劳动力情况						
	土方工程	基础工程	主体工程	装修工程	安装工程		
管工		2	2	0	20		
运转工		2	5	5	3		
钳工		2	2	2	4		
油工		0	5	5	10		
焊工		5	8	5	10		
力工	30	20	20	30	15		
合计	30	158	239	169	82		

表 3-2-22　主要施工机械设备计划表

序号	机械或设备名称	型号规格	数量	国别产地	制造年份	额定功率/kW	生产能力	用于施工部位	备注
1	挖掘机	1 m^3	2	日本	2000 年	180	良好	基础	
2	自卸汽车	8 t	6	陕西	2003 年		良好	基础	
3	塔式起重机	80 t·m	2	山东	2005 年	40	良好	基础、主体	
4	装载机	KLD80	2	日本	2006 年		良好	基础	
5	人货电梯	SCM100	2	四川	2007 年	25	良好	主体	
6	混凝土拖式泵	HTB80	2	山东	2006 年	90	良好	基础、主体	
7	龙门架	100 m	2	山东	2008 年	3.5	良好	主体	
8	混凝土搅拌机	250 L	2	山西	2005 年	7.5	良好	基础、主体	
9	砂浆搅拌机	200 L	2	山西	2008 年	5.5	良好	基础、主体	
10	钢筋切断机	GQ-40	4	山西	2008 年	4	良好	基础、主体	
11	钢筋弯曲机	GW-40	4	山西	2008 年	5.5	良好	基础、主体	
12	钢筋剥肋滚丝机	SG-40 E	4	山西	2007 年	2.5	良好	基础、主体	
13	卷扬机	2 t	2	山西	2006 年	7	良好	基础、主体	
14	木工机械	500 型	4	山西	2006 年	10.7	良好	基础、主体	
15	弯管机	WYQ	4	山西	2008 年	3.5	良好	基础、主体	
16	电焊机	BX-500	8	山西	2006 年	18	良好	基础、主体	
17	切割机	1.1 km	6	山西	2007 年	2.5	良好	基础、主体	
18	套丝机	SZ-50 A	6	山西	2004 年	3.75	良好	基础、主体	
19	空压机	0.6 m^3	6	山西	2007 年	2.5	良好	基础、主体	
20	振动器		15	山西	2008 年	1.5	良好	基础、主体	
21	潜水泵	300 QJ200-125/7	5	山西	2007 年	3.5	良好	基础、主体	

第八章　质量保证措施

1. 质量保证体系

重视工程质量，坚决贯彻“百年大计，质量第一”的方针，牢固树立“质量第一求效益，用户至上求信誉”的精神，在质量管理中，坚持做到“三级检查，五步到位”的质量控制，消灭返工现象，以工作质量保证产品质量。

通过加强和强化质量管理，确保工程质量目标的实现。

有关质量的预检及检测是保证工程质量的又一方面，项目部从施工图着手，认真研究、熟悉图纸，计划考虑周密的施工方案和方法，按图纸、规范施工，每道工序认真验收合格后，转入下一道工序，并有专人负责验收，直至竣工。

公司质量保证体系如图 3-2-13 所示。

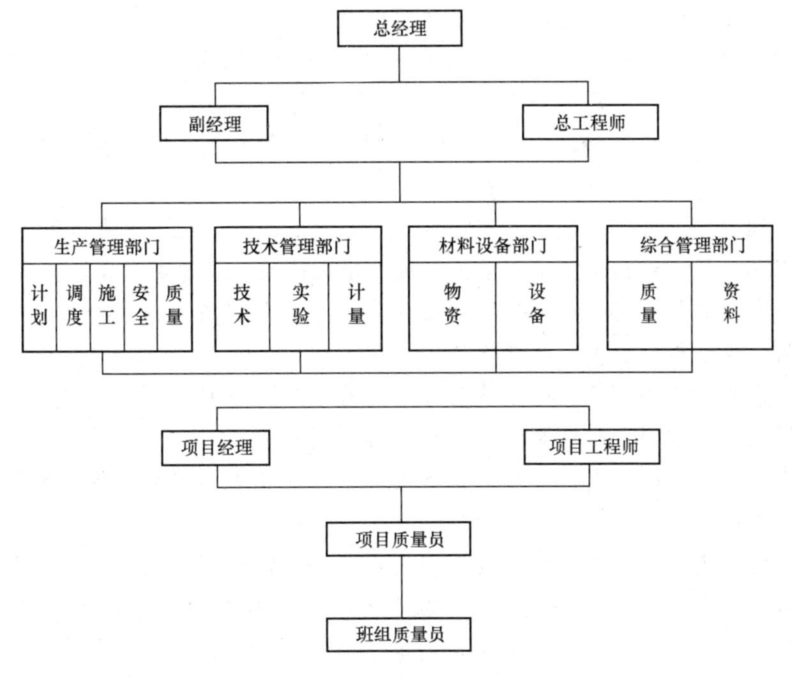

图 3-2-13　质量保证体系

(1)思想保证体系。用全面质量管理的思想、观点和方法，使全体人员真正树立起强烈的质量意识。

重实效，树立“一切为用户服务”的观点。“用户”对外部来讲，是指建设单位，对内部来讲，后一道工序是前一道工序的“用户”，为“用户”服务就是使“用户”满意，要面向“用户”、了解“用户”、研究“用户”、全心全意为“用户”服务，以达到提高施工质量的目的。

(2)组织保证体系。工程质量是各项管理的综合反映，也是管理水平的具体体现，必须建立健全各级组织，分工负责，做到以预防以主，预防与检查相结合，形成一个有明确任务、职责、权限，互相协调和互相促进的有机整体。

1)建立质量管理小组。质量管理小组又称为 QC 小组，由管理部门的专业人员或施工班组的生产人员分别组成，以施工质量为目标，运用科学的管理方法，开展公关活动。

2)健全各种规章制度，主要是技术管理制度、施工质量管理细则、测量工作管理办法，全优工程管理制度、QC 小组活动条例，以及技术责任制、质量责任制、岗位经济责任制等。

3)明确规定各职能部门主管人员和参与施工人员，保证和提高工程质量中所承担的任务、职责和权限，做到各尽其职、各负其责。

4)建立质量信息系统。由于施工项目涉及面广、工作环节多、形成过程比较复杂，加之手工操作多，要把影响工程质量的各种因素都控制起来，做到工程质量的预防、预控，就必须建立一个高效、灵敏的信息传递及反馈系统，确定各种质量信息传递的程序，及时掌握外部和内部的质量动态，以便于项目经理和有关人员及时作出相应的决策。

(3)工作保证体系。

1)施工准备阶段的质量控制。施工准备是整个工程建设的基础，准备工作的好坏，不仅直接关系到工程建设高速、优质地完成，而且也对工程质量起着一定的预防、预控作用，除应正常进行施工准备外，还应做好以下各项技术准备：

①加强技术培训，不断提高职工的技术水平，结合施工需要，事先组织各种专业技术培训、业余技术培训和技术讲座等。

②严格原材料、半成品检验，把好材料质量关，把不合格的材料或半成品消灭在施工前。

③根据工程对象，补充、制订、完善各种内控标准，保证在操作中达到使用的要求。

④对新工艺、新材料、新技术，应预先进行模拟试验，通过实践掌握基本操作要领。

2)施工阶段的质量控制。施工过程是建筑产品形成的过程，这个阶段的质量控制是非常关键的。为了保证得到优良的建筑产品，应做好以下工作：

①加强工序管理。将单位工程分解为分项工程进行质量控制，对每道工序进行详细的技术交底，明确操作方法、质量要求和质量标准。对主要工序和易发生质量事故的薄弱环节，明确设立主要质量控制点，进行重点管理，始终使工程质量处于预控状态，把质量问题消灭在产品形成的过程中，避免事后的返工。

②建立质量检查制度。明确提出质量控制点和要求，根据部位的重要程度对控制点进行分级。A级为主要工程部位控制点，由发包单位、监理单位、施工单位三方共检确认，质量合格后才能进行下道工序；B级为次要部位控制点，由监理单位和施工单位二方共检确认后，才能继续施工；C级为一般工程部位，由施工单位自行检查。凡需共检的部位，必须先进行自检，不合格不能申请共检。

③在工序管理中，开展群众性QC活动。进行PDCA循环是加强工序控制的一个重要手段。它对提高工程质量、不断克服质量的薄弱环节、创造全优工程起着十分重要的作用。

④建立内控标准。为了达到高精度要求，可通过试验、总结和实测建立一套内控标准，主要包括操作标准和精度标准。这是达到工程质量要求的重要措施。

3)竣工验收阶段的质量控制。产品竣工验收，是指单位工程或单项工程完全竣工，移交给建设单位；同时，还指分部、分项工程中的某一道工序完成，移交给下一道施工工序。在这一阶段主要做好以下工作：

①做好成品保护。在工程交工时，向使用单位下一道工序交代成品保护有关事宜，并严格执行对损坏成品责任者的惩罚制度。

②加强工序联系，不断改进措施。本着“为用户服务”的原则，及时征求下一道工序的意见，根据下一道工序的反映，及时调整与制订相应的改进措施，绝不能让不合格产品转入下一道工序。

③建立回访制度。摆正与“用户”的关系，对工程进行回访，虚心听取用户意见，检查工程质量，尽量满足用户对工程质量的要求。

2. 质量管理措施

(1)认真进行图纸学习、自审和层层技术交底制度，按设计图纸及规范、规程要求组织施工。

(2)加强施工人员的质量意识教育，认真执行专检、自检、工序交接检，混凝土浇筑挂牌及每月质量大检查和质量评定等制度，工程质量经三级检验合格后报监理工程师检查，合格后方可进入下道工序的施工。在施工过程中做到各工序质量达标，杜绝不合格工序注入下道工序。

(3)执行隐蔽工程检验制度，隐蔽工程检验必须在其隐蔽前或后道工序之前进行，在规定的时间内通知质量监督机构和现场监理工程师，由监理工程师组织有关单位进行检验，检验时必须办理隐蔽工程签证手续，并在隐蔽工程记录单上签认。隐蔽工程验收时，应提供检验资料、隐蔽工程验收记录等技术档案。

(4)做好测量控制，保护好测量标志，经常进行复测和检查，保证各项工程的位置、轴线、高程正确。

(5)认真做好施工记录、施工技术总结和各项原始资料的管理，做到工完资料齐全，并及时整理归档。

(6)自觉组织质量攻关。为了根治质量通病，在工程施工中成立QC小组，运用质量管理的原理和统计分析方法，以“预防为主”为核心，从技术质量管理标准化入手，通过分析现状，找出问题的原因，确定主要对策，把质量管理从事后检验转变为事前控制，把结果转变为主观因素，通过预检的手段达到预定的目标。

(7)物资供应的质量保证贯穿于组织货源、采购、运输、进库、发放及施工使用等全过程，要求层层把关。工程所用的钢材、水泥、砂石料及其他成品或半成品需有完整的质保书，应做好这些原材料的抽样复试工作，要求资料正确齐全后交监理验收通过。

(8)对施工中的混凝土施工，必须在施工前做配合比、坍落度等试验，根据配合比挂牌搅拌，并列出不同龄期的混凝土试块强度交现场监理审核。

(9)树立质量效益意识。经常对员工进行“质量是企业的生命”的观念教育，实施名牌战略方针，树立质量和效益意识，只有靠优质的工程质量，才能获得丰硕的经济效益和社会效益。

3. 技术复核措施

(1)在施工中严格各项技术复核，杜绝任何差错的发生，以免影响工程质量。

(2)技术复核应在项目分项施工前，由施工人员按施工组织设计复核计划表项目和要求，填写技术资料或隐蔽工程单，资料一式四份(一份验收人自留、一份交甲方、一份交监理、一份交资料员)。

(3)坚持三级复查制度，上一级复查下一级。发生技术差错时，按级追查责任。

(4)技术复核措施由项目工程师督促各级技术人员执行。

第九章　安全管理措施及各分项工程安全施工措施

1. 安全组织保证体系

建立健全现场管理网络，落实安全责任制，实行项目经理负责制，由项目经理对现场安全工作全面负责，项目工程师负责安全技术工作，项目部有专职安全员，作业队设兼职安全员，并与员工签订安全生产责任书。本公司的安全组织保证体系如图3-2-14所示。

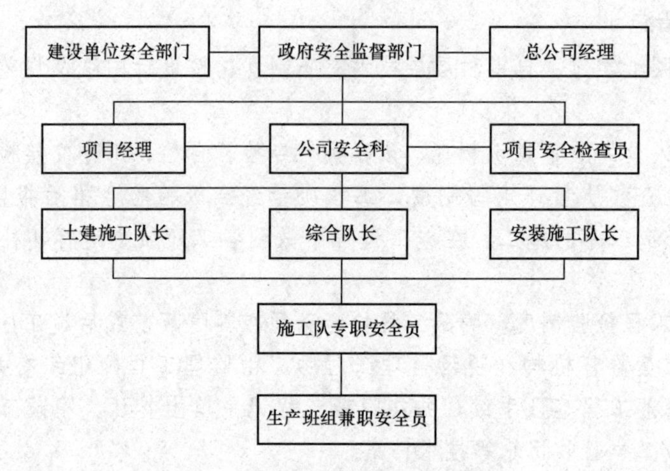

图3-2-14　安全组织保证体系

(1)现场建立定期的安全活动制度，及时组织抽检安全生产情况，发现问题及时处理，各班组安全员应每天认真检查现场有无安全隐患，每星期进行一次现场全面性安全检查，建立安全奖惩制度，对各班组和管理人员的奖惩与安全生产挂钩，各工种的施工操作要严格遵守安全操作规程，对违反安全规程者应令其作出改正，对情节后果严重的给予处罚，对安全生产成绩好的应给予奖励。

(2)施工人员必须身体健康，有精神病史、高血压的工人及其他不适应高空作业的工人应禁止参加施工操作，新工人进场时应及时对其做好“三级”教育和安全交底工作，要教育施工人员在施工中树立“安全预防为主，自我防护意识第一”的思想，执行各项生产规章制度，正确使用安全防护用品，上班前不喝酒，严禁在不允许吸烟处吸烟，严禁在上班时开玩笑和哄闹，监督好施工人员的安全生产。现场应布置大幅安全标语，在有关部位挂醒目安全牌，制造浓厚的安全生产气氛。同时各班组做好安全日记及安全巡回记录。

(3)施工中经常保持现场运输主干道畅通，现场各阶段完工后，及时清理干净。各种材料的堆放应合理和整齐，模板上的钉子及时清理，无朝天钉。施工斜道、架子、脚手板严格按规程搭设，安全设施用品必须符合有关规定，并经验收后方可使用，及时做好“四口、五临边”的防护工作，根据现场情况(高压线等)，对主要通道及时做好防护工作(采取封闭式)，防止触电和落物伤人。

(4)现场架设电线、电缆必须符合供电部门的有关规定，所有电器设施一律按规定安装“一机一闸、一保险”及铁壳标准配电箱，电源挂锁，由专人负责开启，工地电工对进入新工地的各种电机、电器设备必须严格检查，必要时进行绝缘性能测定检查，验收合格后方可使用。塔式起重机、井架、外脚手架必须设有避雷装置，所有机电设备按规定由专人操作、专人保养、定期维修、经常检查，对各部位机械检查的情况做好记录，以便随时了解机械设备的情况。

(5)做好现场防火安全工作，各楼层设有一定数量的灭火器，易燃品、危险品及仓库应设有可靠的消防隔离并与明火隔绝，装饰及安装阶段施工的有关区域应挂禁止烟火警告牌，并制订有效措施和制度。工地另设各工种兼职消防员，发现问题及时整改。

2. 安全施工措施

(1)参加施工的所有施工人员均要求熟知本工种的安全技术操作规程，电工、焊工、架子工及各类机械操作人员均要严格执行持证上岗的安全法规，并按规定使用安全“三宝”。

(2)做好“五口”的防护工作，预留洞口用竹笆或安全网围护好，并着重做好防止高空物体坠落的各种措施，在出入口要搭好防护棚。

(3)确实做好安全用电工作，所用供电箱均应按规定正确使用电熔丝，并配齐触电保护装置。

(4)切实做好防火工作，特别是针对装饰阶段施工面广、易燃物品较多，建筑物自身的消防系统未完全建好的特点，结合成品保护工作，加强防火管理，除在各易燃区配制一定数量的灭火器材外，还要建立班后巡查制度，对易燃、易爆物品要集中管理，在重点防火区域要设立禁烟标志。

(5)现场设有醒目的安全标志及安全宣传图牌，增强职工的安全意识。

3. 分项工程安全施工措施

(1)砌体工程。

1)施工前先检查脚手架是否符合安全操作规程的要求，在大风雨之后，应对脚手架进行严格检查，如发现立杆沉陷或悬空、连接松动、架子歪斜、变形等情况，应及时采取加固措施。

2)高空砌筑时不得在脚手架上奔跑、戏闹或许多人拥挤在一起，以防脚手架负重过度而发生意外，严禁站在砖墙上砌筑和行走。

3)不准用不稳固的工具或物体在脚手板面垫高操作，更不准在未经过加固的情况下，在一层脚手架上随意再叠加一层，脚手板不允许有空头现象。

4)冬期施工时，脚手板上有冰霜、积雪时，应先清除后才能上架子进行操作。

5)如遇雨天及每天下班时，要做好防雨措施，以防雨水冲走砂浆，使砌体倒塌。

6)在同一垂直面内上下交叉作业时，必须设置安全隔板，下方操作人员必须戴好安全帽。

(2)钢筋工程。

1)钢筋断料、配料等工作应在地面进行，不准在高空操作。

2)搬运钢筋时要注意附近有无障碍物、架空电线和其他临时电器设备，防止钢筋在回转时碰撞电线或发生触电事故。

3)现场绑扎钢筋时，不得站在模板上操作，必须要在脚手板上操作；绑扎独立柱头钢筋时，不准站在钢箍上绑扎，也不准将材料、管子、钢模板穿在钢箍内作为立人板。

4)起吊钢筋时，下方禁止站人，必须待骨架降到距模板 1 m 以下才准靠近，就位支撑好方可摘钩。

5)起吊钢筋时，规格必须统一，不准长短参差不齐，不准一点吊。

6)钢筋头子应及时清理，成品堆放要整齐，工作台要稳，钢筋工作棚照明灯必须加网罩。

(3)混凝土工程。在现场安装模板时所用工具应装在工具袋内，上下交叉作业时应戴好安全帽，垂直运输模板或其他材料时，应有统一指挥、统一信号，拆模时应有专人负责安全监护或设立警告标志。高空作业时应穿防滑鞋，系好安全带，模板在支撑未钉牢前，不得上下，未安装好的梁底板或平台上禁止放重物和行走，在已安装的模板上不准堆放过多的材料或设备等，非拆模人不准在拆模范围内通过，拆除模板后应将模板的朝天钉向下，并及时运往指定地点，然后拔除钉子，堆放整齐。在高空绑扎钢筋时，需注意不要将钢筋集中堆放在模板或脚手架的某一部位，绑扎柱钢筋时不准站在钢筋箍上施工，电焊工应戴好防护镜，在浇捣混凝土之前，检查脚手架、工作台是否牢固，如有空板要及时搭好，脚手架需搭设保护栏，搅拌机、卷扬机和振动机等应接电安全、可靠，绝缘装置良好，并进行试运转。

(4)塔式起重机的安装。

1)塔式起重机基础的设置必须符合塔式起重机生产厂家说明书的规定和有关技术监督部门的要求，并需经上级部门验收。

2)塔式起重机整体安装或每次爬升后，均需经规定程序验收通过后，才可使用。

3)起重机必须有安全可靠的接地。

4)工作前应检查钢丝绳、安全装置、制动工作传动机构等。如有不符合要求的情况，应予修整，经试运转确认无问题后才能投入施工。

5)操作工应持证上岗，应由持有有效指挥证的指挥工实施指挥。

①禁止越级调速和高速时突然停车。

②当机构出现不正常情况时，应及时停车，将重物放下，切断电源，找出原因，排除故障后才能继续工作，禁止在工作过程中调整或检修。

③必须遵守“十不吊”等有关安全规程。

④爬升操作时，应按说明书规定的步骤进行。注意校正垂直度，使之偏差不大于1‰，按施工组织设计固定好套架，四级风以上不准爬升。

⑤工作完毕后，应把吊钩提起，小车收进，所有操作手把置于零位，切断电源，锁好配电箱，关闭司机室门窗。

(5)龙门架的搭设。

1)龙门架搭设高度和起重重量必须有严格规定，严禁超负荷使用。

2)龙门架采用附墙者应用刚性支撑与建筑物牢固连接，吊点必须经过计算，附墙杆不得附着在脚手架上。

3)吊篮必须装有防坠装置、冲顶限位器和安全门；吊篮两侧装有安全挡板或网片，高度不得低于1 m，防止手推车等物件滑落；吊篮的焊接必须符合规范要求。

4)龙门架必须装设可靠的避雷和接地装置；卷扬机应单独接地并装设防雨罩。

5)吊篮内严禁乘人。

(6)施工电梯作业条件。

1)基础座5 m以内，不得开挖井沟。30 m范围内不得进行对基础座有较大振动的机械施工。

2)为保证电梯的整体稳定性，电梯导轨架的纵向中心线至建筑物外墙面的距离应选用较小的安装尺寸。

3)电梯应单独安装接地保护和避雷接地装置，并应经常保护接地情况良好。

4)安装导轨架时，应用经纬仪对电梯在两个方向进行测量校准。其垂直度偏差不得大于万分之五。

5)导轨架顶端自由高度、导轨架与附壁距离、导轨架的两附壁连接点间距和最低附壁点高度均不得超过厂家规定。

6)电梯的专用电闸箱应设在底架附近便于操作的位置，馈电容量应满足电梯直接启动的要求。

7)电梯底笼周围2.5 m范围内必须设置稳固的防护栏杆，各层站过桥和运输通道应平整牢固，出入口的栏杆应安全可靠。全行程四周不得有危害安全运行的障碍物，并应搭设必要的防护屏障。

8)限速制动器必须由专人管理并按厂家规定进行调整、试验、检查、维修。

9)电梯的安装和拆卸必须在专业人员统一指挥下按照规定程序进行。安装后，由有关技术人员会同有关部门对基础座和附壁支座以及电梯架设安装的质量、精度等进行全面检查，经签证后方可投入运转。

作业和启动前的检查：

①作业前应重点检查：

a. 各部结构是否无变形。

b. 连接螺栓是否无松动。

c. 节点是否无开焊，是否装配正确、附壁牢固、站台平行。

d. 各部钢丝绳是否固定良好。

e. 运行范围内是否无障碍。

②启动前，检查地线、电缆是否完整无损，控制开关是否在零位。电源接通后，检查电压是否正常、机件是否无漏电。试验各限位装置、梯笼门、维护门等处的电器连锁装置良好可靠，电器仪表灵敏有效。经过启动，如情况正常，即可进行空车升降试验，测定各传动机构和制动器的效能。

作业中的安全注意事项如下：

①电梯在每班首次载重运行时，必须从最低层上升。严禁自上而下。当梯笼升离地面1～2 m时要停车试验制动器的可靠性，如发现制动器不正常，经修复后方可运行。

②梯笼内乘人或载物时，应使载荷均匀分布，防止偏重，严禁超载荷运行。

③操作人员应与指挥人员密切配合，根据指挥信号操作，作业前必须鸣声示意。在电梯未切断总电源开关前，操作人员不得离开操作岗位。

④电梯运行中如发现机械有异常情况，应立即停机检查，排除故障后方可继续运行。

⑤大雨、大雾和六级及以上大风时，电梯应停止运行，并将梯笼降到底层，切断电源。暴风雨后，应对电梯各有关安全装置进行一次检查。

⑥电梯运行到最上层和最下层时，严禁以行程限位开关自动停车来代替正常操纵按钮的使用。

作业后的安全注意事项：作业后，将梯笼降到底层，将各控制开关拨到零位，切断电源，锁好电闸箱，闭锁梯笼门和维护门。

(7)液压脚手架的搭设。

1)主框架的组装。

①用垫木把主框架的下节、中节和上节从中部垫平，穿好螺栓(M16×50、M16×80)、垫圈，并紧固所有螺栓。注意：拼接时要把每两节之间的导轨及方钢主肢找正对齐。

②把导向装置从主框架上节的导轨滑进去至中节。注意：导向装置辊轮及轴要加润滑油；辊轮轴要加平垫、弹垫，并紧固。

③把下支座(固定附着支承构造)固定在下节连接位置上，并紧固。

④把上支座(滑动附着支承构造)固定在导向装置的连接位置上，并紧固。

⑤用 8#铁丝固定上支座，保证上、下支座间距约为标准层层高。

⑥把三角挂架安装固定在上节的安装孔内，并紧固。

⑦主框架拼接、组装完毕后，检查是否合格。质量要求：上、中、下三节各连接部位的主肢要对齐，不能错位；各处螺栓均达到标准扭紧力。

2)主框架的吊装。

①用起重设备把拼接好的单榀主框架吊起，吊点设在上部 1/3 位置上。

②把上支座(滑动支承构造)安装固定在首层的预留孔位置上，用专用 T 形螺栓及专用平垫铁紧固。注意：紧固时，专用紧固扳手需加加力杆。紧固后，把铁丝松开。

③把下支座(固定附着支承构造)安装固定在首层的预留孔位置上，用专用 T 形螺栓及专用平垫铁紧固。

④调整铅垂度和水平位置，并按规定扭力紧固穿墙螺栓。单榀主框架安装完毕，可以指挥摘钩。

3)脚手架体的搭设。

①脚手杆采用 $\phi 48\times 3.5$ 的焊接钢管，其化学成分及机械性能应符合现行国标《碳素结构钢》(GB/T 700—2006)的规定，不得使用严重锈蚀或变形的钢管。

②扣件应符合《钢管脚手架扣件》(GB 15831－2006)的有关规定。

③扣件与钢管贴合面必须严格整形，保证接触面良好。

④扣件不得有裂纹、气孔、砂眼、锈蚀及其他影响使用的缺陷。

⑤扣件活动部位应能灵活转动，旋转扣件两旋转面间隙不小于 1 mm。

⑥立杆纵距≤1 600 mm，立杆轴向最大偏差应小于 200 mm，相邻立杆接头不应在同一步架内。

⑦内外侧大横杆步距为 1 800 mm，外侧每步距之间搭设 900 mm 高的护身栏，上、下横杆接头应布置在不同立杆纵距内。最下层大横杆搭设时应起拱 30～50 mm。

⑧小横杆贴近立杆布置，搭于大横杆之上。外侧伸出立杆 100 mm，内侧伸出立杆 100～400 mm。内侧悬臂端可铺脚手板。

⑨架体外侧必须搭设两道剪刀撑，倾角为 45°～60°，架体内侧应搭设一道剪刀撑。剪刀撑应与所有立杆进行连接。

⑩架体内可以搭设马道，但具体搭设事宜必须和厂家进行协商后方可进行。

⑪脚手板最多可以铺设四层，最下层脚手板距离外墙不超过 100 mm 或用翻板封闭。

架体内水平向应有两道以上大眼网与墙体进行密封性连接；架体底部应有大眼和密眼网双层网进行兜底并封闭；架体外侧应有密眼网(在每 100 cm^2 的面积上不小于 2 000 目)进行封闭式围护，围护时要保证横平竖直，应有尽可能多的点与架体进行连接。

4)液压爬架的升降。

①架体操作的人员组织。下设组长 1 名，负责全面指挥；控制台操作人员 1 名，负责液压装置管理、操作、调试、保养的全部责任；千斤顶升降过程中，每 3 个机位安排 1 人，负责升降中架体的监护，发现障碍物和故障及时发出指令并排除。操作人员要相对稳定，不要随时更换。

②液压提升装置的操作步骤。控制台放置到与千斤顶同一标准层→安装千斤顶→接通液压油路→接通电源(380 V)→启动控制台(检查电机转向)→千斤顶空程试验(不加载)→提

升架体。

③架体升降前的准备。

a. 提升防倾支座及上支座：以主框架上部的三角挂架为吊点，使用 1 t 的手拉葫芦把防倾支座从第三层提升到第四层，把上支座从第二层提升到第三层。

b. 提下支座：用 1 t 手拉葫芦把下支座提升到第二层，当下支座固定位置的混凝土强度达到 C15 以上时即可对架体进行提升。

c. 爬架提升前的准备与检查：由安全技术负责人对爬架提升的操作人员进行安全技术交底，明确分工，将责任落实到位，并记录和签字。按分工清除架体上的活荷载、杂物与建筑的连接物、障碍物，安装液压升降装置，接通电源，进行空载试验，准备操作工具，如专用扳手、手锤、千斤顶、撬棍等。

5)架体的升降操作工艺。

①安装升降联接块，启动控制台，使所有千斤顶负载架体自重。

②拆除上支座导向架的限位销，拆除架体与结构的连接物及障碍物。

③启动控制台，千斤顶不断作上升操作，直至上升到上一个楼层。

④固定下支座导向架限位销，做好安全防护。

⑤爬架下降方法与架体提升顺序相反。

6)爬架提升后的检查验收。

①检查安装后的螺栓螺母是否真正按扭矩拧到位，检查是否有该装的螺栓没有装上；架体上拆除的临时脚手杆及与建筑的连接杆要按规定搭接的，检查脚手杆、安全网是否按规定围护好。

②架体提升后，要由爬架施工负责人组织对架体各部位进行认真的检查验收，每跨架体都要有检查记录，若存在问题必须及时整改。检查合格达到使用要求后，爬架方可投入使用。

7)液压爬架在工况状态下的使用。

①升降工作完成，技术管理人员必须按照规定严格检查后，方能投入使用。

②在静止工况状态下，结构施工荷载为 3 kN/m^2 和二层作业，装修施工荷载为 2 kN/m^2 和三层作业，且两种架的施工荷载总和不得超过 6 kN/m^2。

③爬架不得超载使用，不得使用较重的集中荷载，使用时要安上保险销。

④爬架只能作为操作架，不得作为外墙模板支撑架。

⑤禁止下列违章作业：任意拆除脚手架部件和穿墙螺栓；起吊构件时碰撞或扯动脚手架；在脚手架上拉结吊装缆绳，在脚手架上安装卸料平台；在脚手架上推车；利用脚手架吊重物。

⑥在架体外侧禁止设置用于起重吊装等增大倾覆力矩的装置，施工用的接料平台，应采用与建筑直接连接的自成系统的悬挑、斜撑(拉)构造。

8)液压爬架的维修和保养。

①施工期间，每次浇筑完混凝土后，必须将导向架滑轮表面的杂物及时清除，以便导轨自由上下。

②工程竣工后，应将爬架所有零部件表面的异物清除干净，重新刷漆。将已损坏的零件重新更换，以待新工程继续使用。

③有关液压提升装置的维修与保养，详见《爬架液压系统使用说明书》。

④施工期间，应定期对架体及爬架连接螺栓进行检查，如发现连接螺栓脱扣或架体变形现象，应及时处理。

⑤每次提升，使用前都必须对穿螺栓进行严格检查，如发现裂纹或螺纹损坏现象，必须予以更换。

⑥穿墙螺栓正常使用100次后，应进行更换。

⑦对架体上的杂物要及时清理，对重要部位的焊缝应进行检查，发现裂纹要及时补焊。

⑧当提升工作结束后，应立即拆除并妥善保管液压提升装置。

9)爬架的拆除。

①拆除前的准备工作。

a. 组织现场技术人员、管理人员、操作人员、安全员等进行技术交底。明确拆除顺序、安全保护措施、特殊构件的拆除方法。

b. 现场总指挥、安全员及班组长要明确分工，职责分明，到岗到位，认真负责。

c. 清除架体上的杂物、垃圾、障碍物。

②拆除步骤。

a. 经有关部门批准方可拆除。

b. 检查爬架各部分情况，如有异常需妥善处理后方可拆除。

c. 由上至下顺序拆除横杆、立杆及斜杆、超长临边斜杆，最后拆下底部支承桁架前应绑上防坠绳。严禁上、下同时拆除。

10)主框架的拆除。

①用铁丝把防倾支座、上支座、下支座绑在主框架上，拆去防倾支座、上支座、下支座穿墙螺栓。

②利用起重机将主框架直接吊至平地。

③妥善保管爬架各部件。

11)液压爬架的安全措施。

①贯彻“安全第一、预防为主”的原则。

②施工工人应遵守《建筑安装工人安全操作规程》。

③要做到“四不升降”：遇下雨、六级以上大风时不升降；视线不好时不升降；没进行升降检查时不升降；分工责任不明确时不升降。

(8)现场用电制度。

1)供电路线分清高底，间距为25 cm。

2)电箱离地高1.5 m，箱内电器齐全，装好220 V、380 V漏电自动开关，并做好防雨加锁措施。

3)各电机必须装好开关箱，做到一机一闸，定人定机，各种机械要装好点触开关。

4)熔丝应按相应的电流确定，不得用大容量。

5)电器设备和线路必须绝缘良好，有防雨、防潮措施，各种电压不同的线路，不能混在一根管或绑扎在一起，电动机具必须做到接地良好，设置单独开关控制，禁止一闸多用。

6)电器设备和线路要定期检查，不能带电操作。

7)完工后各种机械电器设备需切除电源。

(9)中小型机械安全措施。

1)各种机械设备必须附件齐全，安全可靠。

2)各种机械设备必须有接地或接零装置，必须做到一机一闸，定人定机。

3)维修机械时必须拉闸停机，不得在运转中进行。

4)砂浆机防护盖在运转时必须盖好，不准站在防护盖上面，不准用铁铲或铁条等工具伸入机内拨弄料斗内的叶片。

5)搅拌机料斗下严禁站人，如需进入拌筒内检修或清理，要切除电源。

6)工作完毕后，必须保养清洁机械，做到“工完料尽机身清”。

7)现场必须挂醒目的安全宣传标语。

第十章　季节性施工技术措施

1. 冬期施工措施

当室外日平均气温连续 5 d 稳定低于 5 ℃即进入冬期施工；当室外日平均气温连续 5 d 高于 5 ℃时解除冬期施工。本工程施工期间必须采取冬期施工措施，以确保工程进度和工程质量，针对各分部(分项)工程，其措施如下：

(1)砌筑工程。

1)黏土空心砖、加气混凝土砌块在砌筑前应清除表面污物、冰雪等，不得使用遭水浸和受冻后的冰或砌块。

2)砂浆应优先采用普通硅酸盐水泥拌制。冬期砌筑不得使用无水泥拌制的砂浆。

3)冬期施工的砖砌体，应按“三一”砌筑法施工，灰缝不应大于 1 cm。

4)为保证冬期砌筑质量，砌砖尽量控制在正常温度条件下施工，砖适量浇水，倘若浇水有困难，可控制砂浆稠度进行调节，砂浆稠度约为 8～12 cm，砌筑砖的表面不得有冰霜。

5)冬期施工中，每日砌筑后，应及时在砌筑表面进行保护性覆盖，砌筑表面不得留有砂浆。在继续砌筑前，应扫净砌体表面。

6)冬期砌筑工程应进行质量控制，在施工日记中应记录室外空气温度、砌筑时砂浆温度、外加剂掺量以及其他有关资料。

7)对砂浆试块的留置，应增设不少于两组与砌体同条件养护的试块，分别用于检验各龄期强度和转入常温 28 d 的砂浆强度。

(2)混凝土工程。

1)混凝土工程冬期施工应优先选用硅酸盐水泥和普通硅酸盐水泥，水泥强度不应低于 42.5 级。最小水泥用量不应小于 300 kg/m^3，水胶比不应大于 0.6。

2)混凝土浇筑前注意气象预报，尽可能在正常温度条件下进行。因为当温度在 0 ℃以下时，水泥水化作用基本停止，温度降至－3 ℃以下时，混凝土内水分结冰，破坏混凝土结构，大大影响强度。

3)浇筑后，必须在模板外侧及混凝土表面覆盖多层草帘，以保温，防止混凝土表面冰冻，影响混凝土质量。

4)检查混凝土表面是否受冻、黏连、收缩裂缝，边角是否脱落，施工缝处有无受冻痕迹，并检查同条件养护试块是否与施工现场结构养护条件一致。

5)冬期施工时，每天下班前对备有水箱的现场施工机械，需把水箱内存水及时放掉。现场水管可用草绳包扎，外面再抹水泥纸筋灰用泥土覆盖保护。

(3)砂浆工程。

1)拌制砂浆所用的砂，不得含有直径大于 1 cm 的冻结块或冰块。

2)拌制砂要用热水拌和，但水的温度不得超过 80 ℃，拌制好的砂浆温度不得超过

40 ℃，同时可适当增大砂浆的稠度。

3)拌制砂浆应优先采用普通硅酸盐水泥拌制，石灰膏采用干粉袋装粉末制作。

2. 雨期施工措施

(1)合理调整施工作业时间，尽可能避免中午高温时间。

(2)砌筑用的砖要充分润湿，砂浆随拌随用，夏季由于温度高，应提高砂浆的保水性，对砌完的墙体待砂浆初凝后应在墙上浇水养护。

(3)夏季温度高，水分蒸发快，为保证水泥充分水化和防止干缩裂缝，应在混凝土浇捣后 8 h 内覆盖并浇水养护。

(4)在雷雨天应防止雷电袭击，在施工现场的各类机械设备要设防雷装置。

(5)做好防暑降温工作，合理安排作息时间，尽量减少中午高温工作时间。

(6)雨季前对现场临边的道路进行修整，加大坡度，保证排水、运输畅通，为保证工程质量，应控制砂浆、混凝土水分，及时调整配合比、混凝土坍落度，防止钢筋锈斑出现，做好墙面清洁工作。

(7)在雨期到来前根据工程进展情况，对易潮物品提前购进入库备用，对易受潮变质的材料，如水泥等提前搭好防雨棚，底下用木板油毡铺设，四周开好排水沟，保证水泥不受潮。

(8)做好雨期施工的思想教育和安全教育工作。

第十一章　工期目标及保证措施

1. 工期目标

经认真研究，本工程的工期可确保工程质量达到合格，开工日期为 2017 年 9 月 8 日，竣工日期为 2018 年 12 月 17 日，共计 466 天，确保在此工期内交付业主使用。

2. 保证工期措施

为了保证工期目标的实现，我公司经过认真研究、反复讨论，调动各方面积极因素，发挥各方的主观能动性，并采取以下措施：

(1)首先从组织体系上着手，组建强有力的项目经理部，在项目经理的领导下，配备得力的领导班子，选派熟练的操作队伍，进行分段流水施工，这有利于扩大工作面，加快施工进度。

(2)根据本工程的具体情况，我公司选派技术水平高、素质好、吃苦耐劳、富有战斗力的工人队伍，为便于管理，我公司把工人根据作业队按班组的形式组织好，并设班组长。

(3)在本工程施工周期内，合理安排节假日、休息日，充分利用夜间作业时间，以此满足工期要求。

(4)强化管理，按照进度计划，采用工期倒排的方法，在确保质量的前提下，力争提前，决不拖延。项目管理部人员实施全天候目标跟踪管理，不间断跟踪现场施工节点，发现问题后有序而及时地上报并及时处理。

(5)按照制定的先后工期，划分出难点和重点，对各工序流程进行工程量计算，以优化工序方案。施工方案中，采用分段分层流水施工作业，使各施工工种交错进行，保证整项工程的节奏性、连续性。

(6)编制详细的周计划、月计划，使之与总工期匹配，月度与季度计划的控制是实现总工期计划的关键，计划的编制以工作量为基础，需科学制定。在确定总工期进度计划、周计划的前提下制定切实可行的施工作业计划，向各班组下达施工作业计划时，在确保质量的前提下缩短时间，提前完成目标。

(7)依据施工作业计划相应编制各个施工阶段的各种物资资源的供应计划，根据所需物资资源的市场供应情况，或成品、半成品的加工周期以及运输等情况超前编制各类物资材料及设备的供应计划。凡该工程上所需的一切材料，按照计划表确保供应。

(8)加强计划完成量的数据统计，根据施工实际情况，收集项目施工实际进度数据进行必要的整理，将之与计划进度数据相比较，以此来控制计划的完成。

(9)在施工方法上尽一切技术手段确保工期。总之，只要有利于提高质量，加快施工进度，缩短工期，我公司将采取一切有效措施，确保目标工期的实现。

第十二章　成品保护措施

(1)各类物资的搬运、储存、维护应根据物资的特性，选择适当的运输工具，对于易燃、易碎的物品要有特殊保护，物资储存场所环境应满足物资的特性。

(2)水泥进场后要入水泥库，库房要防雨、防潮，使用时要按先来的先用、后来的后用的顺序使用。

(3)各种成品、半成品材料进场后要妥善保管，确保其不变质。

(4)施工现场的钢筋，在雨天时上面应加盖塑料布，底下放枕木，将钢筋垫起，避免钢筋污染、锈蚀。

(5)现场的机械电气设备应有防雨罩，雨天时上面覆盖塑料布，要经常检查、维修、保养。

(6)现场的周转料具派专人清理、回收，模板表面应涂刷隔离剂，堆放整齐，卡扣上的螺丝应经常浸油，保证其能转动。周转料具上的混凝土等杂物必须清理干净。

(7)混凝土在浇筑过程中，应派专人检查模板、钢筋，保证其满足设计及规范要求，为防止踩踏钢筋，在板上安装专用马道，以便于施工行走。混凝土表面应覆盖麻袋塑料薄膜，浇水养护。混凝土板在初凝前将通行口拦住，防止上人踩踏，拆模时间控制在初凝 24 h后，以防止棱角损坏，预留孔模外缠油毡纸，以防止拔模时被破坏。

(8)门窗框安装后要用铁皮、橡胶皮或塑料纸保护，其高度以手推车轴承中心为准。已安装好的门窗扇应设专人管理，防止刮风时损坏，严禁将窗框扇作为架子支点使用，防止脚手架的砸碰和损坏。

(9)内墙抹灰时，推小车、搬运东西时要注意不要碰坏口角和墙面，抹灰用的大杠和铁锹把不要靠在墙上，严禁踩踏窗台板，防止损坏其棱角。拆除架子要轻拿轻放，拆后材料不要撞坏门窗、墙面和口角等。抹灰层凝结硬化前应防止水冲、撞击、振动和挤压，以保证抹灰层有足够的强度。抹灰时，不得将电器槽盒堵死，要割边方正、整齐。

(10)厨房、卫生间聚氨酯涂膜防水层做好后，要采取保护措施，防止损坏。施工遗留的钉子、木棒等杂物应及时清理干净，操作人员不得穿带钉子的鞋作业，涂膜未固化前不许踩踏，以免损伤防水层，造成渗漏。地漏应保持通畅，不得落入异物，要临时用塑料布包扎。

(11)各种块料面层完活后应注意保护，及时清理面层上的各种杂物。

(12)内外装修时要及时将残留在门窗框上的砂浆清理干净。

(13)吊顶施工时，轻钢龙骨及纸面石膏板材料在入场存放使用过程中，应严格管理，保证其不变形、不受潮、不生锈。轻钢龙骨的吊杆、龙心骨不准固定在通风管道及其他设备上，纸面石膏板安装必须在棚内管道保温试水等一切工序全部验收后进行。

(14)室内喷涂料时，要注意对电器槽盒、机电设备、门窗、玻璃、地面保护，防止污染。

(15)油漆粉刷不得喷滴在已完的饰面砖、墙面、地面、门窗、玻璃等成品上。

(16)屋面施工时，施工人员应保护已做好的保温层、找平层等成品，雨水口、天沟等处应及时清理，不得有杂物堵塞。

(17)成品保护除合理安排施工顺序，采取有效的对策、措施外，还必须加强对成品保护工作的检查。

(18)加强对施工人员的教育，增强每一个人的成品保护意识，做好成品保护工作。

附表 3-2-1　9 号、10 号高层住宅楼施工进度计划表

任务名称	工期	开始时间	完成时间
施工准备	7 工作日	2017 年 9 月 8 日	2017 年 9 月 14 日
土方开挖	8 工作日	2017 年 9 月 15 日	2017 年 9 月 22 日
截桩	5 工作日	2017 年 9 月 19 日	2017 年 9 月 23 日
褥垫层	6 工作日	2017 年 9 月 24 日	2017 年 9 月 29 日
基础垫层、找平层	5 工作日	2017 年 9 月 30 日	2017 年 10 月 4 日
基础及桩头防水	4 工作日	2017 年 10 月 5 日	2017 年 10 月 8 日
防水保护层	3 工作日	2017 年 10 月 9 日	2017 年 10 月 11 日
基础测量放线	2 工作日	2017 年 10 月 12 日	2017 年 10 月 13 日
筏板基础钢筋	9 工作日	2017 年 10 月 13 日	2017 年 10 月 21 日
筏板基础模板	10 工作日	2017 年 10 月 16 日	2017 年 10 月 25 日
筏板基础混凝土	3 工作日	2017 年 10 月 26 日	2017 年 10 月 28 日
地下一层梁板墙钢筋	7 工作日	2017 年 10 月 29 日	2017 年 11 月 4 日
地下一层梁板墙模板	8 工作日	2017 年 10 月 31 日	2017 年 11 月 7 日
地下一层梁板墙混凝土	2 工作日	2017 年 11 月 8 日	2017 年 11 月 9 日

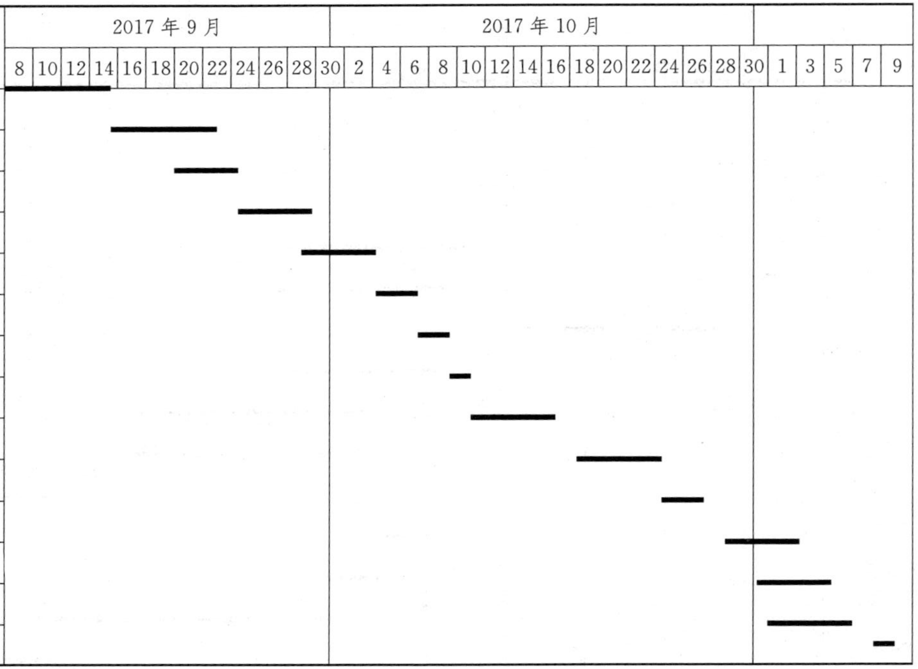

2017 年 9 月												2017 年 10 月																		
8	10	12	14	16	18	20	22	24	26	28	30	2	4	6	8	10	12	14	16	18	20	22	24	26	28	30	1	3	5	7	9

注：计划开工日期为 2017 年 9 月 8 日；计划竣工日期为 2018 年 12 月 17 日。

附表 3-2-2　孝义市桥北新农村建设 9 号、10 号高层住宅楼施工进度计划表

任务名称	工期	开始时间	完成时间
一层～十层结构施工	90 工作日	2017 年 11 月 10 日	2018 年 2 月 7 日
十一层～二十层结构施工	100 工作日	2018 年 2 月 8 日	2018 年 5 月 18 日
二十一层～二十四层结构施工	24 工作日	2018 年 5 月 19 日	2018 年 6 月 11 日
屋面结构及楼梯间施工	10 工作日	2018 年 6 月 12 日	2018 年 6 月 21 日
五层以下砌筑	40 工作日	2018 年 1 月 1 日	2018 年 2 月 9 日
五层～二十四层砌筑	135 工作日	2018 年 3 月 10 日	2018 年 7 月 22 日
门窗工程	130 工作日	2018 年 3 月 20 日	2018 年 7 月 27 日
室内抹灰	120 工作日	2018 年 4 月 10 日	2018 年 8 月 7 日
室外抹灰	85 工作日	2018 年 6 月 30 日	2018 年 9 月 22 日
楼地面工程	110 工作日	2018 年 4 月 25 日	2018 年 8 月 12 日
室内装修工程	120 工作日	2018 年 5 月 1 日	2017 年 11 月 26 日
屋面工程	20 工作日	2018 年 9 月 23 日	2018 年 10 月 12 日
室外装饰工程	45 工作日	2017 年 10 月 13 日	2017 年 11 月 26 日
室外台阶、散水及其他工程	10 工作日	2018 年 11 月 26 日	2018 年 12 月 5 日
水电暖穿插施工	459 工作日	2017 年 9 月 8 日	2018 年 12 月 10 日
工程收尾	7 工作日	2018 年 12 月 6 日	2018 年 12 月 12 日
工程竣工验收	5 工作日	2018 年 12 月 13 日	2018 年 12 月 17 日

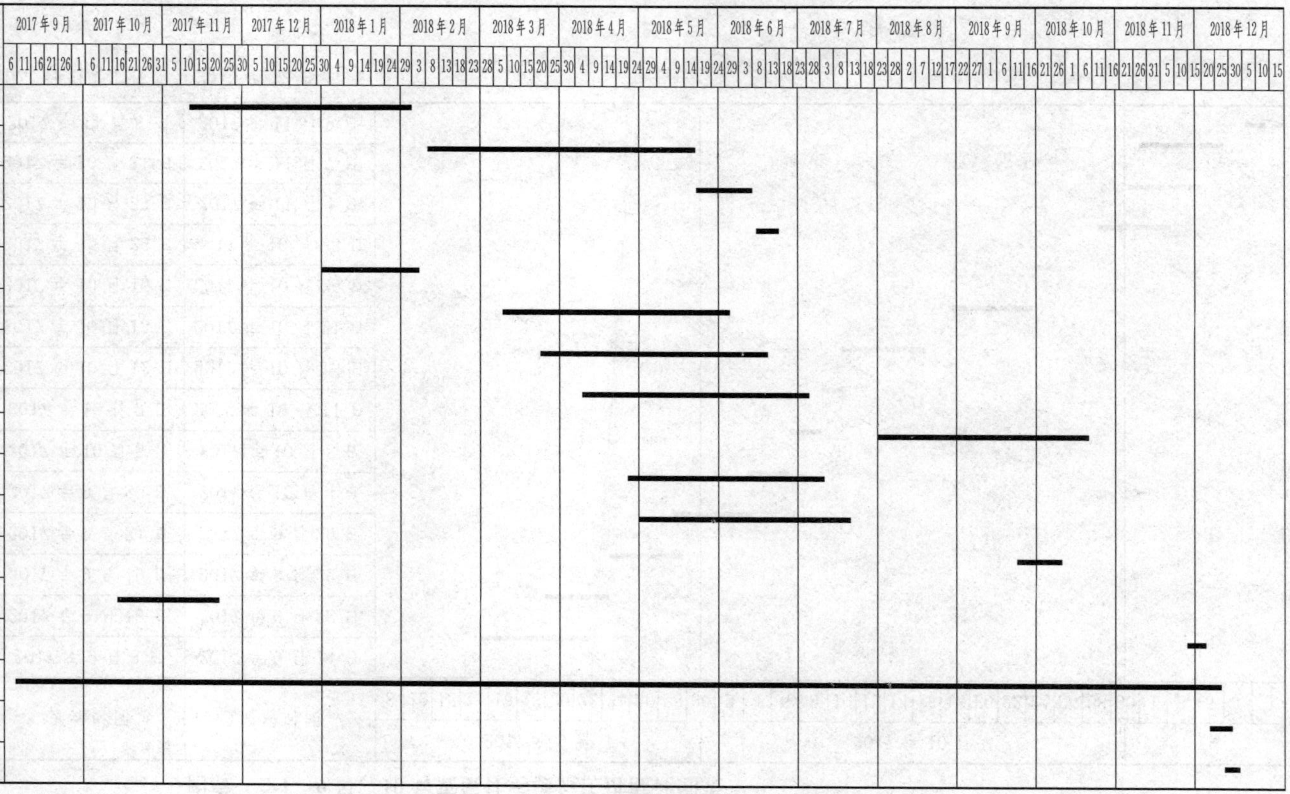

2017 年 9 月	6 11 16 21 26
2017 年 10 月	1 6 11 16 21 26 31
2017 年 11 月	5 10 15 20 25 30
2017 年 12 月	5 10 15 20 25 30
2018 年 1 月	4 9 14 19 24 29
2018 年 2 月	3 8 13 18 23 28
2018 年 3 月	5 10 15 20 25 30
2018 年 4 月	4 9 14 19 24 29
2018 年 5 月	4 9 14 19 24 29
2018 年 6 月	3 8 13 18 23 28
2018 年 7 月	3 8 13 18 23 28
2018 年 8 月	2 7 12 17 22 27
2018 年 9 月	1 6 11 16 21 26
2018 年 10 月	1 6 11 16 21 26 31
2018 年 11 月	5 10 15 20 25 30
2018 年 12 月	5 10 15

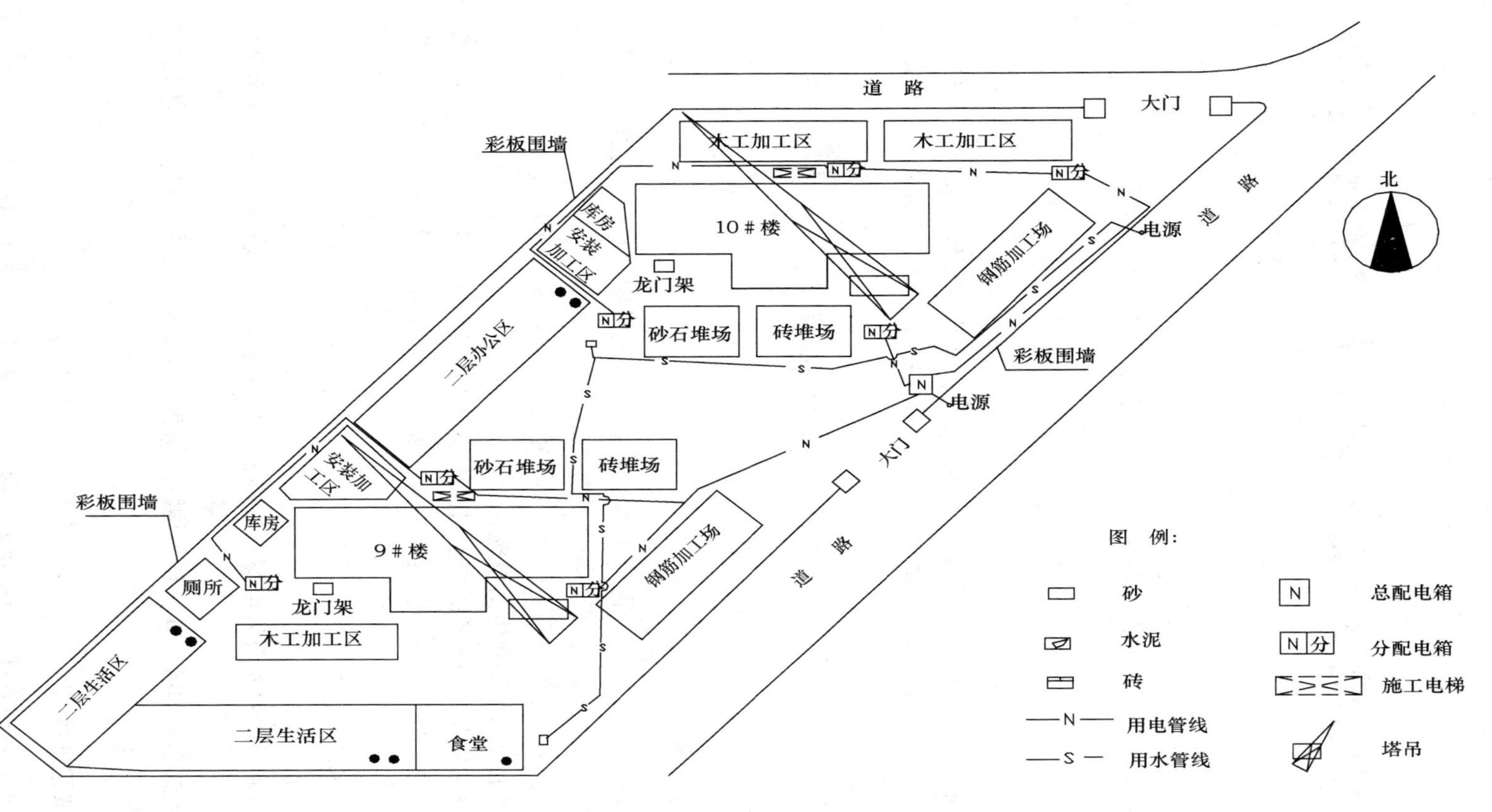

附图3-2-1 施工现场平面布置图

学习情境3　建设项目施工组织总设计

能力描述

会编制施工现场总平面图；能编制施工部署与关键项目施工方案；能统筹编制施工组织总设计。

目标描述

熟悉施工组织总设计的编制内容；掌握建设项目施工总进度计划的编制方法；掌握施工现场总平面图的布局方法；了解施工部署、关键项目的施工方案的优选方法。

3.1　任务描述

一、工作任务

编制××水泥有限责任公司拟建的水泥生产线(生料库、窑尾、窑中、窑头、中央控制室、成品库工程)及配套生活设施项目的施工组织总设计。

项目简介：××水泥有限责任公司拟建的2 500 t/天新型干法生产线位于××市郊，该工程包括水泥生产线及配套生活设施。

该厂土建工艺由C设计院承担。工程厂区占地面积约200 000 m²，单体工程为26～30项。工程结构主要为现浇钢筋混凝土框架，设有跨度为18 m的熟料库2个、跨度为15 m的成品水泥库6个、跨度为18 m的水泥均化库1个、跨度为15 m的水泥原料库3个、跨度为8.5 m的水泥配料库3个，辅助车间及皮带输运栈桥为混凝土框架或钢结构桁架及轻钢结构。

工程建设地点地貌成因为山麓斜坡堆积，地貌单元为山前坡积裙，场地地形起伏，微向东北倾斜。

本地区属副热带季风气候。年平均降水量为1 050 mm左右，雨量多集中于7月份，无霜期为220天左右。

二、可选工作手段

(1)××水泥有限责任公司扩建项目建筑工程招标书、施工图纸及文件。

(2)国家和省市现行建筑施工的有关法规、规程。

(3)建筑水泥生产相关工艺标准。

(4)《建筑施工组织设计规范》(GB/T 50502—2009)。

3.2 案例示范

一、案例描述

1. 工作任务

编制某市行政中心的新建群体工程施工组织总设计。工程包括一栋综合楼和四栋办公楼，总建筑面积为 36 961.2 m^2，主体结构采用框架结构，筏板基础，填充墙采用黏土烧结多孔砖和普通砖。工程建筑总平面如图 3-3-1 所示，总工期为 455 天。

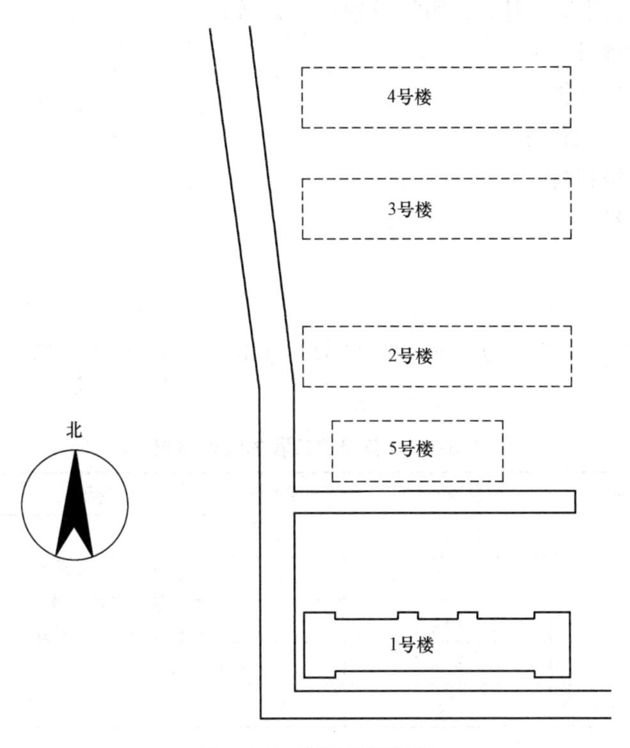

图 3-3-1 现场总平面图

2. 可选工作手段

(1)《中华人民共和国建筑法》。

(2)《中华人民共和国安全生产法》。

(3)《建设工程安全生产管理条例》。

(4)现行国家行业施工技术标准、规范、规程。

(5)《建筑施工组织设计规范》(GB/T 50502—2009)。

二、案例分析与实施

1. 案例分析

(1)施工组织总设计的编写内容通常包括：工程概况及特点分析、施工部署和主要工程项目施工方案、施工总进度计划、资源需要量计划、施工总平面图和主要技术经济指标等。

(2)施工组织总设计的编制程序。

1)熟悉有关文件，如计划批准文件、设计文件等；

2)进行施工现场调查研究，了解有关基础资料；

3)分析整理调查所得的资料，听取建设单位及有关方面的意见，确定施工部署；

4)估算工程量；

5)编制施工总进度计划；

6)编制材料、预制构件需用量计划及运输计划；

7)编制劳动力需要量计划；

8)编制施工机械、设备需用量计划及进退场计划；

9)编制施工临时用水、用电、用气及通信计划等；

10)编制临时设施计划；

11)编制施工总平面图；

12)编制施工准备工作计划；

13)计算技术经济指标；

14)整理上报审批。

2. 案例实施

(1)工程概况。

1)单位工程概况。本工程为某市行政中心的新建工程，属群体工程。各单位工程的设计概况见表3-3-1。

表3-3-1　各单位工程的设计概况

序号	单位工程名称	建筑面积/m^2	层数	结构概况	备注
1	综合楼	23 780.9	9	主体结构采用框架结构，筏板基础，填充墙采用黏土烧结多孔砖和普通砖	1号楼设地下室
2	办公楼	2 659	4		
3	办公楼	2 734.6	4		
4	办公楼	3 806.7	4		
5	办公楼	3 980	4		

1号楼设一层地下室，内设人防及变配电房、锅炉房、冷冻机房、水泵房、停车场等，1号楼一层设大型汽车库和自行车库，二～九层为各办公用房、会议用房、计算机房、档案馆库房等，屋顶设冷却塔。2号楼～5号楼为办公及会议用房。1号楼设楼梯3部，并设电梯6台，2号楼～5号楼每幢设楼梯2部。

2)工程地质情况。由地质勘察报告提供的建设场地的持力层为粉质黏土，持力层承载力 $f_k=160$ kPa，基底无地下水。

3)水电等情况。从建设单位指定位置接入水源，管径为 *DN*100，并做水表井；施工现场地面硬化，并形成一定坡度。雨水废水有组织地排至沉淀池；根据施工现场的实际情况来布置施工临时用电的线路走向、配电箱的位置及照明灯具的位置。本工程临时用电按设计安装1台干式节能型变压器(400 kW)，并引入本施工现场的红线内，在红线内设总配电箱，施工现场内配电方式采用TN-S系统。

4)承包合同的有关条款。

①总工期。2017年2月开工，2018年5月竣工，总工期为455日历天。

②奖罚。以实际交用时间为竣工时间，按单位建筑面积计算，按合同工期每提前一天奖工程造价的万分之一，每拖后一天相应罚款。

③拆迁要求。影响各栋楼施工的障碍物必须在工程施工之前全部动迁完毕，如果拆迁不能按期完成，则工期相应顺延。

(2)施工部署。

1)施工任务的分工与安排。本工程中单位工程较多，用工量较大，拟调入项目组的两个施工队承包施工。1号楼从－6.00 m标高开始到±0.000 m结构按其后浇带划分为两个施工段，2号、3号、4号、5号楼以幢号各划分为一个施工段进行流水。当基础工程完成后，2号、3号、4号、5号楼各划分为一个施工段进行流水施工，而1号楼按其伸缩缝划分为三个施工段进行内部流水施工，如图3-3-2所示。

2)主要工程项目的施工方案。

①施工测量。按设计图纸上的坐标控制点进行场区建筑方格网测设，并对建筑方格网轴线交点的角度及轴线距离进行测定。建筑平面控制桩及轴线控制桩距基础外边线较远，在基础开挖时不易被破坏，故在开挖基础时无须引桩。基础开挖撒线宽度不应超过15 cm。

由于几幢楼同时开工，为防止交叉干扰，采用激光经纬仪天顶内控法进行竖向投测。工程结构施工时设标高传递点分别向上进行传递，以保证在各流水段施工层上附近有三个标高点，进行互相校核。

②土方工程。采用大型机械及人工配合，开挖选用反铲挖掘机W-100两台及自卸汽车。开挖时，采用1∶0.75自然放坡。机械大开挖挖除表面1.5 m深杂土后，由人工挖带基。本工程房心土方回填采用2∶8灰土。回填土采用蛙式打夯机夯实，每层至少夯实三遍，并做到一夯压半夯，夯夯相连，行行相连，纵横交叉，并加强对边缘部位的夯实。

③钢筋工程。钢筋进场应备有出厂质量证明，物资人员应对其外观、材质证明进行检查，核对无误后方可入库。使用前按施工规范要求进行抽样试验及见证取样，合格后方可使用。钢筋在现场的堆放应符合现场平面图的要求，并保证通风良好。钢筋下侧应用木方架起，高出地面。底板钢筋连接采用闪光对焊，局部辅搭接焊，其他部位的钢筋连接均采用绑扎搭接连接，暗柱钢筋采用电渣压力焊。

④模板工程。该工程柱用18 mm厚九合板，梁用25 mm厚木板，板用12 mm厚竹胶板，模板按照截面尺寸定型制作，安装时纵向龙骨间距不大于400 mm，柱子设置柱箍连接，用钢管加扣件进行固定。

⑤混凝土工程。该工程所有现浇混凝土全部由现场混凝土搅拌站供应，采用HBT600型混凝土泵输送至浇筑部位。

⑥防水工程。该工程屋面设计为非上人屋面，防水层采用3 mm厚的改性沥青柔性防水卷材(Ⅲ型)。卷材铺贴采用满铺法施工，纵、横向搭接宽度不小于100 mm，上、下层卷材接头位置要错开，采用热熔铺贴法。

⑦脚手架工程。根据本工程的特点，采用全高搭设双排扣件式钢管外脚手架。内脚手架采用碗扣式满堂红支架，脚手架拉结利用剪力墙上的穿墙螺栓孔，用一根焊有穿墙螺栓的脚手管与墙体拉结。在脚手架外立杆内侧满挂密目网封闭，首层设水平兜网，每隔四层设水平兜网，并设随层网。作业层必须满铺脚手板，操作面外侧设两道护身栏杆和一道挡脚板。

3)施工准备工作。

①技术准备工作。项目总工组织各专业技术人员认真学习设计图纸，领会设计意图，做好图纸会审；根据《质量手册》和《程序文件》的要求，针对本工程的特点进行质量策划，编制工程质量计划，制定特殊工序、关键工序、重点工序质量控制措施；依据施工组织设计，编制分部(分项)工程施工技术措施，做好技术交底，指导工程施工；做模板设计图，进行模板加工。认真做好工程测量方案的编制，做好测量仪器的校验工作，认真做好原有控制桩的交接核验工作。编制施工预算，提出主要材料用量计划。

②劳动力及物资、设备准备工作。组织施工力量，做好施工队伍的编制及其分工，做好进场三级教育和操作培训；落实各组室人员，制定相应的管理制度；根据预算提出材料供应计划，编制施工使用计划，落实主要材料，并根据施工进度控制计划安排，制定主要材料、半成品及设备进场时间计划；组织施工机械进场、安装、调试，做好开工前的准备工作。

③施工现场及管理准备工作。做好施工总平面布置(土建、水、电)并报有关部门审批。按现场平面布置要求，做好施工场地围挡和施工三类用房的施工，做好水、电、消防器材的布置和安装；按要求做好场区施工道路的路面硬化工作；完成合同签约，组织有关人员熟悉合同内容，按合同条款的要求组织实施。

(3)施工总进度计划安排。建筑物的三大工序——基础、结构、装修所需工期统计结果见表 3-3-2。根据各主要工序安排总进度计划，如图 3-3-2 所示。

表 3-3-2　主要建筑物三大工序所需工期

工序	基础结构	主体结构	内外装修
4 层框架/月	1	3	2
9 层框架/月	4(地下室+2)	6	5

(4)各种资源需要量计划。

1)劳动力配备计划见表 3-3-3。

表 3-3-3　各工种高峰期劳动力安排

工　种	人　数
机械挖土	25(配合)
泥工、混凝土工、普工	140
木工	185
钢筋工	80
架子工	25
装修工	150
水电安装工	75
机械操作工	30
合计	710

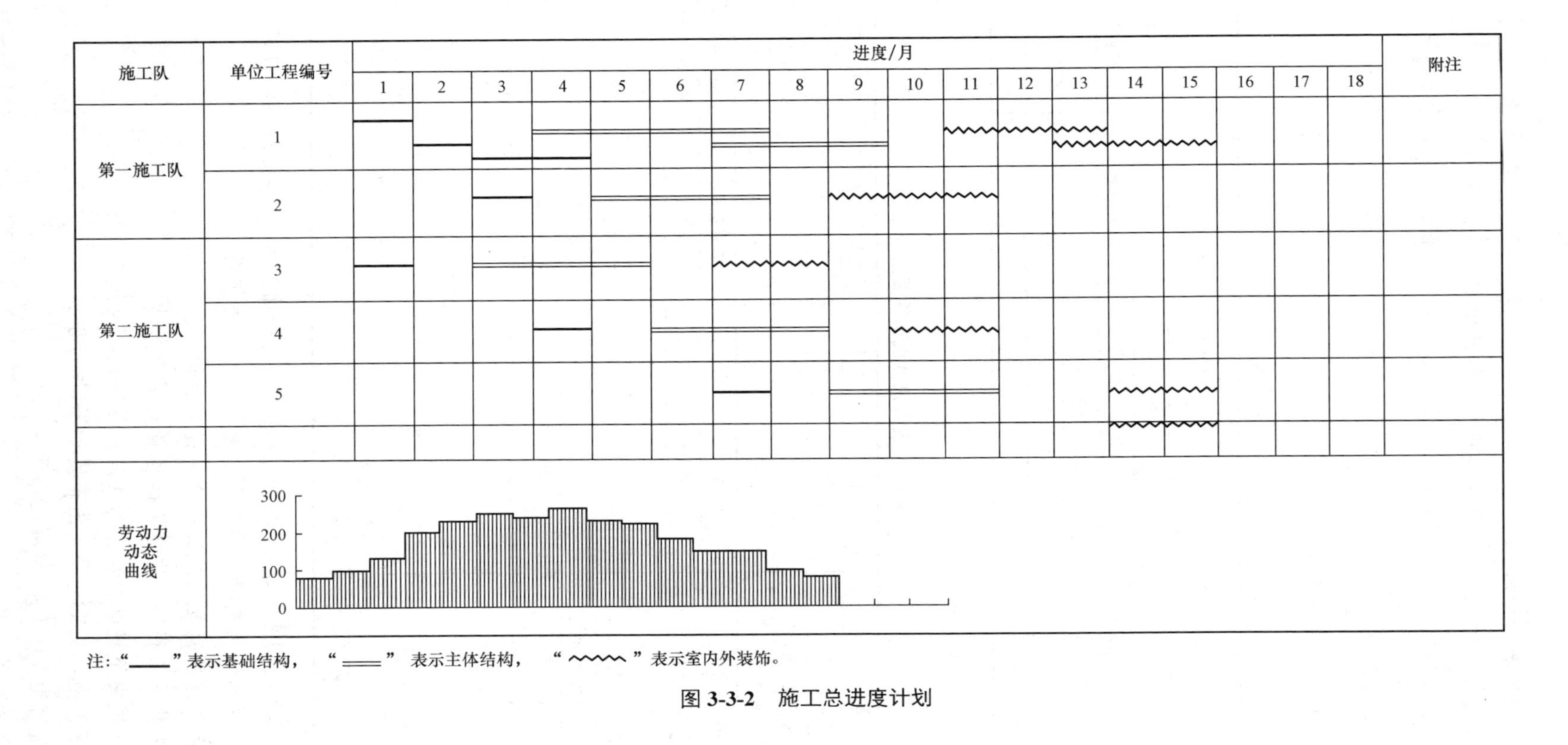

注：“——”表示基础结构，“══”表示主体结构，“〰〰”表示室内外装饰。

图 3-3-2 施工总进度计划

2)主要材料需要量计划。

①混凝土为 19 800 m³，由现场混凝土搅拌站供应。

②木模板安装约为 45 000 m²，从××工地、××工地陆续调入，余缺部分从公司租赁站租用。

③钢筋为 2 510 t 左右。

④主要周转材料需要量计划见表 3-3-4。

表 3-3-4　主要周转材料需要量计划

序号	名称	规格	单位	数量
1	钢　管	ϕ48×3.5	t	根据实际用量调拨
2	扣　件		万只	根据实际用量调拨
3	夹　板	1 820×920	百张	根据实际用量调拨
4	安全网	6 000×3 000	条	19 000
5	竹　片		张	16 000
6	门架式支撑		吨	180

3)主要机械设备需要量计划见表 3-3-5。

表 3-3-5　主要机械设备需要量计划

机械名称、牌号、产地	功率	数量	目前在何地	计划进场与退场时间
HBT-60 混凝土泵	55 kW	1	工地仓库	2017 年 2 月底—10 月底
QTZ60 塔式起重机	29 kW	2	工地仓库	2017 年 2 月底—10 月底
JJK-1A 卷扬机	7.5 kW	6	工地仓库	2017 年 2 月底—竣工
UTW-200 灰浆机	3 kW	4	工地仓库	2017 年 2 月底—竣工
GQ40 钢筋切断机	3 kW	2	工地仓库	2017 年 2 月底—10 月底
GJT-40 钢筋弯曲机	3 kW	2	工地仓库	2017 年 2 月底—10 月底
JZY350 混凝土搅拌机	8.05 kW	2	工地仓库	2017 年 2 月底—竣工
Z×50 插入式振动器	1.1 kW	20	工地仓库	2017 年 2 月底—竣工
ZB11 平板振动器	1.1 kW	4	××工地	2017 年 2 月底—竣工
MB1 043 木工平刨机	3 kW	6	工地	2017 年 2 月底—竣工
BX6-160 电焊机	9.5 kV·A	6	工地	2017 年 2 月底—竣工
WNI-100 对焊机	100 kV·A	2	工地	2017 年 2 月底—竣工
LDI-32 A 电渣压力焊	32 kV·A	2	工地	2017 年 2 月底—竣工
电动机总功率	269.6 kW			
电焊机总容量	321 kV·A			

(5)施工总平面图布置。设计本工程的施工总平面图时，主要考虑以下原则：

1)充分利用部分正式(已成)工程，充作临时工程使用。

2)先、后工序所需要的施工用地，需重叠使用。

3)合理安排施工程序，主要道路尽量利用永久性道路。

4)施工区域内不建或少建临时住房，尽可能把空地用于施工。

按照上述原则，施工总平面图布置如下(图 3-3-3)：

1)施工临时道路为 C10 混凝土路面。

2)施工现场临时用水。

①本工程施工用水水源是城市供水管网。考虑本工程主要使用泵送混凝土，因此施工用水主干管线为 $DN100$，支线为 $DN50$，分线为 $DN25$，采用镀锌钢管供给，水源由建设单位总管接入场地。

②施工用水量计算。

其计算式为：$q_1 = K_1 \cdot \sum Q_1 N_1 \cdot \dfrac{K_2}{3\,600 \times 8}$

$$= 1.1 \times (300 \times 300 + 10 \times 300) \times \frac{1.5}{3\,600 \times 8} = 5.33\ (\mathrm{L/s})$$

K_1 为未预计的施工用水系数，取 1.1；Q_1 为日工程量，按每日混凝土养护量为 300 m^3，每日砂浆用量为 10 m^3 计算；N_1 为施工用水定额；K_2 为用水不均衡系数，取 1.5。

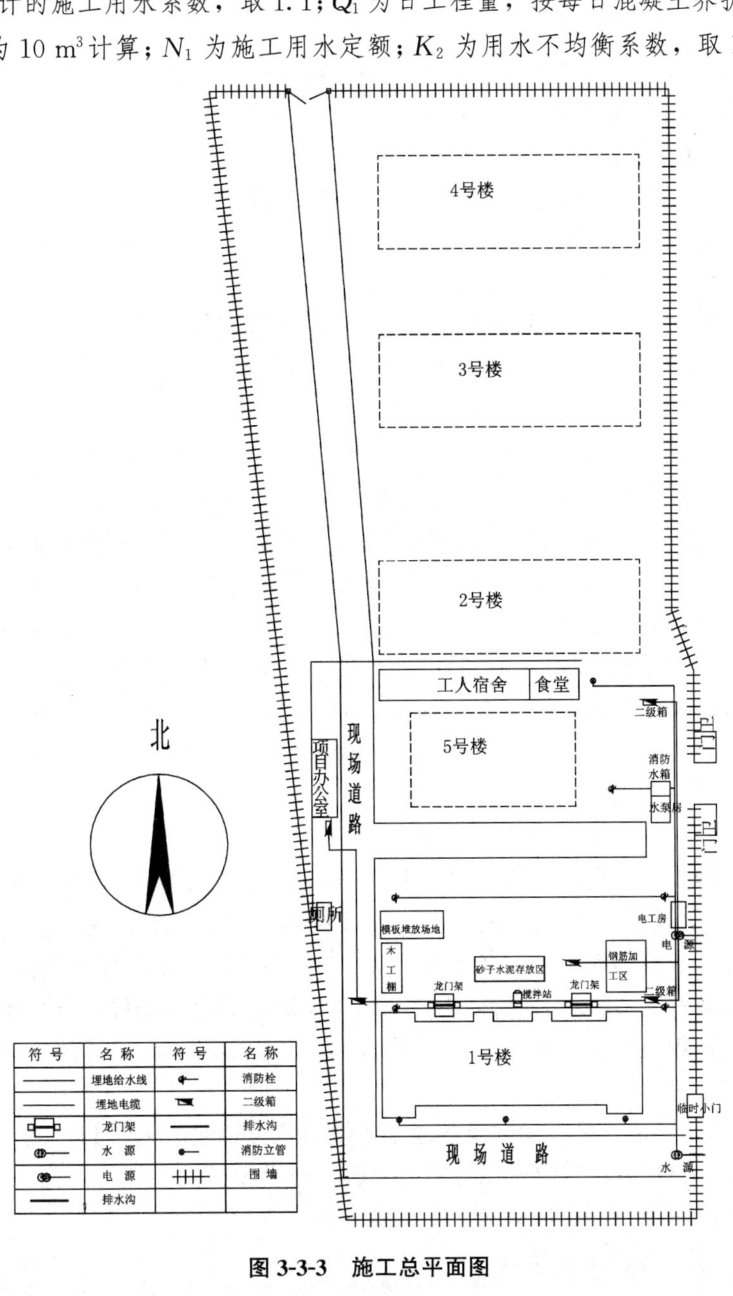

图 3-3-3　施工总平面图

3.3　知识链接

一、施工组织总设计

施工组织总设计是以一个建设项目或一个建筑群为编制对象，用以指导整个建设项目或建筑群施工全过程的各项施工活动的技术、经济和组织的综合性文件。

1. 施工组织总设计的作用

施工组织总设计一般在初步设计或扩大初步设计被批准之后，由总承包单位的总工程师主持编制。施工组织总设计的主要作用如下：

(1)确定设计方案的施工可行性和经济合理性。

(2)为建设项目或建筑群的施工作出全局性的战略部署。

(3)为做好施工准备工作、保证资源供应提供依据。

(4)为建设单位编制工程建设计划提供依据。

(5)为施工单位编制施工计划和单位工程施工组织设计提供依据。

(6)为组织项目施工活动提供合理的方案和实施步骤。

2. 施工组织总设计的内容

施工组织总设计的内容和深度，视工程的性质、规模、工期要求、建筑结构特点和施工复杂程度、工期要求和建设地区的自然条件的不同而有所不同，但都应突出“总体规划”和“宏观控制”的特点，通常包括：工程概况及特点分析、施工部署和主要工程项目施工方案、施工总进度计划、资源需要量计划、施工总平面图和主要技术经济指标等。

在编制一个建设项目或建筑群的施工组织总设计时，首先需要扼要说明其工程概况内容。工程概况是对整个建设项目或建筑群的总说明和总分析，是对拟建项目或建筑群所作的一个简明扼要的文字介绍，有时为了补充文字介绍的不足，还可以附有建设项目总平面图，主要建筑的平面、立面、剖面示意图及辅助表格等。

编写工程概况一般需要阐明以下几点内容：

(1)建设项目特点。建设项目特点是对拟建工程项目的主要特征的描述，其内容包括：工程性质，建设地点，建设总规模，总工期，总占地面积，总建筑面积，分期分批投入使用的项目和工期，总投资，主要工种工程量，设备安装及其吨数，建筑安装工程量，生产流程和工艺特点，建筑结构类型，新技术、新材料、新工艺的复杂程度和应用情况等。

(2)建设场地特征。建设场地特征主要介绍建设地区的自然条件和技术经济条件，其内容包括：地形、地貌、水文、地质、气象等自然条件，建设地区的资源、交通、水、电、劳动力、生活设施等。

(3)施工条件及其他。施工条件及其他主要说明施工企业的生产能力、技术装备、管理水平、主要设备、材料和特殊物资供应情况；有关建设项目的决议、协议、土地征用范围、数量和居民搬迁时间等与建设项目施工有关的情况。

3. 施工组织总设计的编制依据

(1)计划文件及有关合同。计划文件及有关合同包括国家或有关部门批准的基本建设计划、工程项目一览表、分期分批施工项目和投资计划、主管部门的批件、施工单位上级主管部门下达的施工任务计划、招投标文件及签订的工程承包合同、工程和设备的订货合同等。

(2)设计文件及有关资料。设计文件及有关资料包括建设项目的初步设计、扩大初步设计或技术设计的有关图纸、设计说明书、建筑总平面图、总概算或修正概算和已批准的计划任务书等。

(3)建筑地区的工程勘察和原始资料。建筑地区的工程勘察和原始资料包括建设地区的地形、地貌、工程地质及水文地质、气象等自然条件；交通运输、能源预制构件、建筑材料、水电供应及机械设备等技术经济条件；建设地区的政治、经济、文化、生活、卫生等社会生活条件。

(4)建筑地区的工程勘察和原始资料。建筑地区的工程勘察和原始资料包括国家现行的设计、施工及验收规范，操作规范，操作规程，有关定额、技术的规定和技术经济指标等。

(5)类似工程的施工组织总设计和有关参考资料。

4. 施工组织总设计的编制方法和程序

(1)施工组织总设计的编制方法。

1)当拟建工程中标后，施工单位必须编制建设工程施工组织设计。建设工程实行总包和分包的，由总包单位负责编制施工组织设计或者分阶段施工组织设计。分包单位在总包单位的总体部署下，负责编制分包工程的施工组织设计。施工组织设计应根据合同工期及有关的规定进行编制，并且要广泛征求各协作施工单位的意见。

2)对结构复杂、施工难度大以及采用新工艺和新技术的工程项目，要进行专业性的研究，必要时组织专门会议，邀请有经验的专业工程技术人员参加，集中群众智慧，为施工组织设计的编制和实施打下坚实的群众基础。

3)在施工组织设计的编制过程中，要充分发挥各职能部门的作用，吸收他们参加编制和审定；充分利用施工企业的技术素质和管理素质，统筹安排、扬长避短，发挥施工企业的优势，合理地进行工序交叉配合的程序设计。

4)当比较完整的施工组织设计方案提出之后，要组织参加编制的人员及单位进行讨论，逐项逐条地研究，修改后确定，最终形成正式文件，送主管部门审批。

(2)施工组织总设计的编制程序。施工组织总设计是整个工程项目或建筑群的全面性和全局性的指导施工准备和组织施工的技术经济文件，其编制程序如图 3-3-4 所示。

5. 施工组织总设计编制的基本原则

(1)保证重点、统筹安排、信守合同工期。

(2)科学、合理地安排施工程序，尽量多地采用新工艺、新技术。

(3)组织流水施工，合理地使用人力、物力、财力。

(4)恰当安排施工项目，增加有效的施工作业天数，以保证施工的连续和均衡。

(5)提高施工技术方案的工业化、标准化水平。

(6)扩大机械化施工范围，提高机械化程度。

(7)采用先进的施工技术和施工管理方法。

(8)减少施工临时设施的投入，合理布置施工总平面图，节约施工用地和费用。

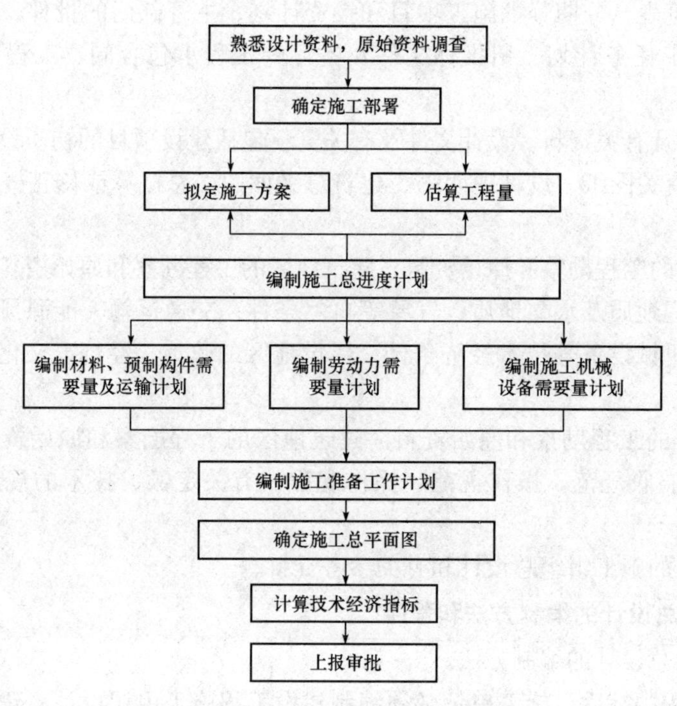

图 3-3-4　施工组织总设计的编制程序

二、施工总体部署

施工总体部署是对整个建设工程项目进行的统筹规划和全面安排，主要解决影响建设项目全局的重大问题，是编制施工总进度计划的前提。

施工总体部署所包括的内容，因建设项目的性质、规模和施工条件等而不同。一般应考虑的主要内容有：确定施工任务的组织分工及程序安排、拟定主要工程项目的施工方案、选择主要工程的施工方法、编制施工准备工作计划等。

1. 确定施工任务的组织分工及程序安排

(1)确定施工任务的组织分工。在已明确施工项目管理体制、机构的条件下，划分参与建设的各施工单位的施工任务，明确总包与分包单位的关系，建立施工现场统一的组织领导机构及职能部门，确定综合的和专业的施工队伍，划分施工阶段，确定各施工单位分期分批的主导施工项目和穿插施工项目。

(2)确定工程开展程序。确定建设项目中各项工程施工的合理开展程序是关系到整个建设项目能否顺利完成，投入使用的关键。根据建设项目总目标的要求，确定合理的工程建设项目开展程序，主要考虑以下几个方面：

1)对于一些大中型工业和民用建设项目，在保证工期的前提下，实行分期分批建设，这既可以使各具体项目尽快建成，尽早投入使用，又可在全局上实现施工的连续性和均衡性，减少临时设施工程数量，降低工程成本。在建造时，需要分几期施工，各期工程包括哪些项目，要根据生产工艺要求、建设部门要求、工程规模大小和施工难易程度、资金状况、技术资源等情况确定。

对于小型工业和民用建筑或大型建设项目的某一系统，由于工期较短或生产工艺的要求，也可不必分期分批建设而一次性建成投产。

2)各类项目的施工应统筹安排，保证重点，兼顾其他，其中应优先安排工程量大、施工难度大、工期长的项目；供施工、生活使用的项目及临时设施；按生产工艺要求，先期投入生产或起主导作用的工程项目等。

3)建设项目的施工程序一方面要满足上级规定的投产或投入使用的要求，另一方面也要遵循一般的施工顺序，如先地下后地上、先深后浅等。

4)应考虑季节对施工的影响，如大规模土方和深基础土方施工一般要避开雨期，寒冷地区应尽量使房屋在入冬前封闭，而在冬期转入室内作业和设备安装。

2. 拟定主要工程项目的施工方案

施工组织总设计中要拟定一些主要工程项目和特殊分项工程项目的施工方案，其与单位工程组织设计中的施工方案所要求的内容和深度是不同的。这些项目通常是建设项目中工程量大、施工难度大、工期长，对整个建设项目的完成起关键作用的建筑物或构筑物，以及影响全局的特殊分项工程。拟定主要工程项目施工方案的目的是进行技术和资源的准备工作，以及为了施工进程的顺利开展对现场进行合理布置。其内容主要包括：

(1)确定施工方法，要兼顾技术工艺上的先进性和经济上的合理性。

(2)划分施工段，要兼顾工程量与资源的合理安排。

(3)采用施工工艺流程，要兼顾各工种和各施工段的合理搭接。

(4)选择施工机械设备，应既能使主导机械满足工程需要，又能使辅助配套机械与主导机械相适应。

3. 选择主要工种的施工方法

施工组织总设计中，施工方法的选择主要是针对建设项目或建筑群中的主要工程施工工艺流程提出原则性的意见，如土石方、混凝土、基础、砌筑、模板、结构安装、装饰工程以及垂直运输等。关键性的分部(分项)工程的施工往往对整个工程项目的建设进度、工程质量、施工成本等起着控制性的作用。需要指出的是，施工组织总设计中提出的意见，通常是原则而不是具体，但它对编制单位工程施工组织设计具有指导意义，具体的施工方法应在单位工程施工组织设计中进行细化，使之具有可操作性。

对施工方法的选择要考虑技术工艺的先进性和经济上的合理性，着重确定工程量大、施工技术复杂、工期长、结构特殊的工程或由专业施工单位施工的特殊专业工程的施工方法，如基础工程中的各种深基础施工工艺，结构工程中的大模板、滑模施工工艺等。

4. 编制施工准备工作计划

为保证工程建设项目的顺利开工和总进度计划的按期实现，在施工组织总设计中应编制施工准备工作计划，其内容主要包括：按照建筑总平面设计要求，做好现场测量控制网，引测和设置标准水准点；办理土地征用手续；进行居民迁移及障碍物(如房屋、管线、树木等)的拆除工作；对工程设计中拟采用的新结构、新技术、新材料、新工艺进行试制和试验工作；安排场地平整，场内外道路、水、电、气引入方案；建设有关大型临时设施；编制组织材料、设备、加工品、半成品和机具等的申请、订货、生产等工作计划；建立工程管理指挥机构及领导组织网络。

三、施工总进度计划

施工总进度计划是以拟建项目交付使用的时间为目标而确定的控制性施工进度计划，是施工组织总设计的中心工作，也是施工部署在时间上的体现，其对资源需要量计划的编制、施工总平面图的设计和大型临时设施的设计具有重要的决定作用。因此，正确编制施工总进度计划是保证各个建设工程以及整个建设项目按期交付使用，充分发挥投资效益，降低建筑工程成本的重要条件。

编制施工总进度计划的基本要求是：保证拟建工程在规定的期限内完成，采用合理的施工方法，保证施工的连续性和均衡性，发挥投资效益，节约施工费用。

1. 施工总进度计划的编制原则与内容

(1)施工总进度计划的编制原则。

1)合理安排施工顺序，保证在人力、物力、财力消耗最少的情况下，按规定工期完成施工任务。

2)采用合理的施工组织方法，使建设项目的施工保持连续、均衡、有节奏地进行。

3)在安排全年度工程任务时，要尽可能按季度均匀分配基本建设投资。

(2)施工总进度计划的编制内容。施工总进度计划的编制内容一般包括：列出主要工程项目一览表并计算其实物工程量，确定各单位工程的施工期限，确定各单位工程开工、竣工时间和相互搭接关系，编制施工总进度计划表。

2. 列出工程项目一览表并计算工程量

施工总进度计划主要起控制总工期的作用，因此在列出工程项目一览表时，项目划分不宜过细。通常按分期分批投产顺序和工程开展程序列出工程项目，一些附属项目、辅助工程及临时设施可以合并列出。

在列出工程项目一览表的基础上，计算各主要项目的实物工程量。此时计算工程量的目的是选择施工方案和主要的施工、运输机械，初步规划主要施工过程的流水施工，估算各项目的完成时间，计算劳动力及技术物资的需要量。

计算工程量，可按初步(或扩大初步)设计图纸，根据各种定额手册进行计算。常用的定额资料如下：

(1)每万元、每10万元投资的工程量、劳动力及材料消耗扩大指标。这种定额规定了某一种结构类型建筑，每万元或每10万元投资中劳动力和主要材料的消耗量。根据图纸中的结构类型，即可估算出拟建工程各分项工程需要的劳动力和主要材料的消耗量。

(2)概算指标定额或扩大结构定额。这两种定额都是预算定额的进一步扩大(概算指标定额以建筑物的每100 m^3体积为单位；扩大结构定额以每100 m^2建筑面积为单位)。查定额时，分别按建筑物的结构类型、跨度、高度分类，查出这种建筑物按定额单位所需的劳动力和各项主要材料消耗量，从而推算出拟计算建筑物所需要的劳动力和主要材料的消耗数量。

(3)标准设计或已建房屋、构筑物的资料。在缺少定额手册的情况下，可与标准设计或已建类似工程实际所消耗劳动力和材料进行类比，按比例估算。由于和拟建工程完全相同的已建工程是极为少见的，因此在采用已建工程资料时，一般都要进行折算、调整。

除建设项目本身外，还必须计算主要的全工地性工程的工程量，例如场地平整面积、铁路及道路长度、地下管线长度等。这些可以根据建筑总平面图来计算。

将按上述方法计算出的工程量填入统一的工程量计算表，见表 3-3-6。

表 3-3-6　工程项目一览表

工程项目分类	工程项目名称	结构类型	建筑面积/m^2	幢（跨）数	概算投资/万元	主要实物工程量								
						场地平整/m^2	土方工程/m^2	桩基工程/m^2	…	砖石工程/m^3	钢筋混凝土工程/m^3	…	装饰工程/m^2	…
全工地性工程														
主体项目														
辅助项目														
永久住宅														
临时建筑														
…														
合计														

3. 确定各单位工程的施工期限

影响单位工程施工期限的因素很多，如施工技术、施工方法、建筑类型、结构特征、施工管理水平、机械化程度、劳动力和材料供应情况、现场地形、地质条件、气候条件等。由于施工条件不同，各施工单位应根据具体条件对各影响因素进行综合考虑，确定工期的长短。此外，也可参考有关的工期定额来确定各单位工程的施工期限。

4. 确定各单位工程的开工、竣工时间和相互搭接关系

在确定了施工期限和施工程序后，就需要具体对每一个单位工程的开工、竣工时间进行确定。通过对各单位工程的工期进行分析，应考虑下列因素确定各单位工程的开工、竣工时间和相互搭接关系。

(1)保证重点，兼顾一般。在同一时期进行的项目不宜过多，以免人力、物力的分散。

(2)满足连续性、均衡性的施工要求。尽量使劳动力和技术物资消耗量在施工全程上均衡，以避免出现使用高峰或低谷；组织好大流水作业，尽量保证各施工段能同时进行作业，达到施工的连续性，以避免施工段的闲置。为实现施工的连续性和均衡性，需留出一些后备项目，如宿舍、附属或辅助项目、临时设施等，作为调节项目，穿插在主要项目的流水作业中。

(3)综合安排，一条龙施工。做到土建施工、设备安装、试生产三者在时间上的综合安排，使每个项目和整个建设项目在安排上合理化，争取一条龙施工，缩短建设周期，尽快发挥投资效益。

(4)认真考虑施工总平面图的关系。建设项目的各单位工程的分布，一般在满足规范的要求下，为了节省用地而布置比较紧凑，从而导致施工场地狭小，使场内运输、材料堆放、设备拼装、机械布置等产生困难。故应考虑施工总平面图的空间关系，对相邻工程的开工时间和施工顺序进行调整，以免互相干扰。

(5)全面考虑各种限制条件。在确定各单位工程开工、竣工时间和相互搭接关系时，还应考虑各种客观条件的限制，如施工企业的施工力量，各种原材料、机械设备的供应情况，设计单位提供图纸的时间，各年度建设投资数量等情况。同时，由于建筑施工受季节、环境影响较大，经常会对某些项目的施工时间提出具体要求，从而对施工的时间和顺序安排产生影响。

5. 施工总进度计划的编制

施工总进度计划常以图表的形式表示。目前采用较多的是横道图和网络图。由于施工总进度计划只起控制作用，因此项目划分不必过细。当用横道图表达施工总进度计划时，施工项目的排列可按施工部署确定的工程展开程序排列。横道图式的施工进度表是将所有的建筑物或构筑物列于表的左侧，表的右侧则为时间进度。施工总进度计划上的时间常以月份进行安排，也有以季度、年度进行安排的，见表 3-3-7。

表 3-3-7　施工总进度计划

序号	工程项目名称	建筑面积/m^2	施工总进度计划														
			××年									××年					

施工总进度计划还经常采用网络图的形式。网络图的结构严谨，比横道图更加直观明了，还可以表达出各施工项目之间的逻辑关系。但其计算复杂，调整也比较麻烦。近年来，由于网络图可以应用计算机计算和输出，便于对进度计划进行调整、优化，统计资源数量等，因此，网络图在实践中已得到广泛应用。

施工总进度计划绘制完成后，将同一时期各项工程的工作量加在一起，用一定比例画在施工总进度计划的底部，即可得出建设项目工作量的动态曲线。若曲线上存在较大的高峰和低谷，则表明在该时间内各种资源的需求量较大，需要调整一些单位工程的施工速度或开工、竣工时间，以便消除高峰和低谷，使各个时期的工作量尽可能达到均衡。

四、资源需要量计划

编制各项资源的需要量计划，其依据一是施工总进度计划，二是施工图预算。应力求做到供应及时，平衡协调。其内容主要有劳动力需要量计划，材料、构件及半成品需要量计划和施工机械需要量计划等。

1. 劳动力需要量计划

劳动力需要量计划是规划临时设施工程和组织劳动力进场的依据。编制时，首先根据工程量汇总表中分别列出的各个建筑物的主要实物工程量，查预算定额或有关资料即可求出各个建筑物主要工种的劳动量，再根据施工总进度计划表中各单位工程、各工种的持续时间，即可得到某单位工程在某段时间里的平均劳动力数量。按同样方法可计算出各施工阶段各工种的用工人数和施工总人数。确定施工人数高峰期的总人数和出现时间，力求避免劳动力进退场频繁，尽量达到均衡施工。同时，应提出解决劳动力不足的措施以及有关专业工种技术培训计划等。表 3-3-8 所示为劳动力需要量计划。

表 3-3-8　劳动力需要量计划

序号	工种名称	高峰期需用人数	××年						××年					现有人数	多余或不足人数
1	瓦工														
2	木工														
…	…														
	合计														

根据劳动力需要量计划，有时在施工总进度计划的下方，用直方图的形式表示施工人数随工程进度时间的动态变化。这种表示方法直观易懂，见表 3-3-9。表的上半部分为施工总进度计划，下半部分为劳动力动态。

表 3-3-9　××工程施工总进度计划及劳动力动态

序号	工程项目		施工总进度计划													附注
1																
2																
3																
…																
	劳动力动态/人	300 250 200 150 100 50														

2. 材料、构件及半成品需要量计划

根据工种工程量汇总表和施工总进度计划的要求，查概算定额即可得到各单位工程所需的建筑材料、构件和半成品的需要量，从而编制需要量计划，其表格形式见表3-3-10。

表3-3-10　主要材料、构件及半成品需要量计划

序号	工程名称	材料、构件、半成品名称							
		水泥/t	砂/m^3	砖块	…	混凝土/m^3	砂浆/m^3	…	木结构/m^2

3. 施工机械需要量计划

施工机械需要量计划是组织机械进场、计算施工用电量、选择变压器容量等的依据。根据施工进度计划、主要建筑物施工方案和工程量，套用机械产量定额，即可得到主要机械需要量，辅助机械需要量可根据工程概算指标求得。其表格形式见表3-3-11。

表3-3-11　施工机械需要量计划

序号	机具名称	规格型号	数量	生产效率	需要量计划										
					××年					××年					

五、施工总平面图设计

施工总平面图是施工组织总设计的一个重要组成部分，是具体指导现场施工部署的平面布置图，也是施工部署在空间上的反映，对于有组织、有计划地进行文明和安全施工、节约施工用地、减少场内运输、避免相互干扰、降低工程费用具有重大的意义。

1. 施工总平面图的设计内容

(1)建筑项目的建筑总平面图上应有一切地上、地下的已有和拟建建筑物、构筑物及其他设施的位置和尺寸。

(2)一切为全工地施工服务的临时设施的布置，包括：

1)施工用地范围，施工用道的各种道路；

2)加工厂、搅拌站及有关机械的位置；

3)各种建筑材料、构件、半成品的仓库和堆场的位置，取土弃土的位置；

4)办公、宿舍、文化生活和福利设施等建筑的位置；

5)水源、电源、变压器的位置，临时给排水管线和供电、通信、动力设施的位置；

6)机械站、车库的位置；

7)安全、消防设施的位置。

(3)永久性测量放线标桩的位置。

2. 施工总平面图的设计依据

施工总平面图的设计，应力求真实、详细地反映施工现场情况，以便于对施工现场进行控制，为此，掌握以下资料是十分必要的：

(1)设计资料。设计资料包括建筑总平面图，地形地貌图，区域规划图，建设项目范围内有关的一切已有的和拟建的各种地上、地下设施及位置图。

(2)建设地区资料。建设地区资料包括当地的自然条件和经济技术条件、当地的资源供应状况和运输条件等。

(3)建设项目的建设概况。建设项目的建设概况包括施工方案、施工总进度计划，某有利于了解各施工阶段情况，合理规划施工现场。

(4)物资需求资料。物资需求资料包括建筑材料、构件、加工品、施工机械、运输工具等物资的需要量表，通过其可规划现场内部的运输线路和材料堆场的位置。

(5)各构件加工厂、仓库、临时性建筑的位置和尺寸。

3. 施工总平面图的设计原则

(1)尽量减少施工土地，使平面布置紧凑合理。

(2)做到道路畅通，运输方便。合理布置仓库、起重设备、加工厂和机械的位置，减少材料及构件的二次搬运，最大限度地降低工地的运输费。

(3)尽量降低临时设施的修建费用，充分利用已建或待建建筑物及可供施工的设施。

(4)要满足防火和安全生产方面的要求，特别是恰当安排易燃易爆品和有明火操作场所的位置，并设置必要的消防设施。

(5)要便于工人生产和生活，合理地布置生活福利方面的临时设施。

(6)施工区域的划分和场地的确定，应符合施工流程要求，尽量减少专业工种和各工程之间的干扰。

4. 施工总平面图的设计步骤与要求

(1)场外运输道路的引入。场外运输道路的引入，主要取决于大批材料、设备、预制成品和半成品等进入现场的运输方式。通常有三种，即铁路、公路和水路。

当场外运输主要采用铁路运输方式时，首先要解决铁路的引入问题。铁路应从工地的一侧引入，不宜从工地中间引入，以防影响工地的内部运输。当大批物资由水路运输时，应考虑码头的吞吐能力和是否增设专用码头的问题。当大量物资由公路运进现场时，由于汽车运输路线可以灵活布置，一般先布置场内仓库、加工厂等生产性临时设施，然后再布置通向场外的汽车路线。

(2)仓库与堆场的布置。工地仓库与堆场是临时储存施工物资的设施。在设置仓库与堆场时，应遵循以下几点原则：

1)尽量利用永久性仓库，以节约成本。

2)仓库和堆场位置应尽量接近使用地，以减少二次搬运。

3)当采用铁路运输物资时，仓库尽量布置在铁路线旁边，并且要有足够的装卸前线。布置铁路沿线仓库时，应将仓库设在靠近工地一侧，避免跨越铁路运输，同时仓库不宜设置在弯道或坡道上。

4)根据材料用途设置仓库与堆场。如砂、石、水泥等的仓库或堆场宜布置在搅拌站、预制场附近；钢筋、金属结构等的仓库或堆场布置在加工厂附近；油库、氧气库等布置在僻静、安全处；砖、瓦和预制构件等直接使用材料的仓库或堆场，应布置在施工现场吊车半径范围之内。

(3)加工厂的布置。加工厂一般包括混凝土搅拌站、预制厂构件、钢筋加工厂、木材加工厂、金属结构加工厂等。布置这些加工厂时，应主要考虑使成品、半成品运往需要地点总运输费用最小，且加工厂的生产和工程项目施工互不干扰。

1)搅拌站：根据工程的具体情况可采用集中、分散或集中与分散相结合三种方式布置。当现浇混凝土量大时，宜在工地设置混凝土搅拌站；当运输条件好时，以采用集中搅拌为好；当运输条件较差时，宜采用分散搅拌。

2)预制构件厂：一般建在空闲地带，这样既能安全生产，又不影响现场施工。

3)钢筋加工厂：根据不同情况，采用集中或分散布置。对于需要进行冷加工、对焊、点焊的钢筋或大片钢筋网，宜布置在中心加工厂；对于小型加工件，利用简单机具成型的钢筋加工，宜分散在钢筋加工棚中进行。

4)木材加工厂：根据木材加工的性质、加工的数量，采用集中或分散布置。一般原木加工、批量生产的产品等加工量大的应集中在铁路、公路附近；简单的小型加工件可分散布置在施工现场，设几个临时加工棚。

5)金属结构、焊接、机修等车间：应集中布置在一起，以适应其在生产上的密切联系。

6)其他会产生有害气体和污染环境的加工厂，如沥青熬制、石灰熟化等场所，应布置在施工现场的常年主导风向的下风向。

(4)场内运输道路的布置。根据各加工厂、仓库及各施工对象的相对位置，考虑货物运转，区分主要道路和次要道路，进行道路的整体规划。在布置内部运输道路时应考虑以下几个方面：

1)尽量利用拟建的永久性道路。将它们提前修建，或先修路基和简易路面，作为施工所需的临时道路。

2)保证运输畅通。道路应设两个以上的进出口，避免与铁路交叉，一般场内主要道路应设成环形，宜采用双车道，宽度不小于 6 m，将次要道路设为单车道，宽度不小于 3.5 m。

3)合理规划拟建道路与地下管网的施工顺序。在修建拟建永久性道路时，应考虑路下的管网，避免将来重复开挖，尽量做到一次性到位，节约投资。

(5)临时设施布置。临时设施一般有办公室、汽车库、职工休息室、开水房、浴室、食堂、商店、厕所、俱乐部等。布置时应考虑以下几个方面：

1)全工地性管理用房(办公室、门卫等)应设在工地入口处。

2)工人生活福利设施(商店、俱乐部、浴室等)应设在工人较集中的地方。

3)食堂可布置在工地内部或工地与生活区之间。

4)职工住房应布置在工地以外的生活区，一般以距工地 500～1 000 m 为宜。

(6)临时水电管网的布置。布置临时水电管网时，尽量利用可用的水源、电源。一般排水干管和输电线沿主要道路布置；水池、水塔等储水设施应设在地势较高处；总变电站应设在高压电入口处；消防站应布置在工地出入口附近，消防栓沿道路布置；过冬的管网要采取保温措施。

综上所述，场外交通、仓库与堆场、加工厂、内部道路、临时设施、水电管网等的布置应系统考虑，将多种方案进行比较，确定后绘制在总平面上。

5. 施工总平面图的绘制

施工总平面图是指导实际施工管理、归入档案的技术经济文件之一。因此，必须做到精心设计、认真绘制。其绘制步骤和要求如下：

(1)图幅大小和绘图比例。图幅大小和绘图比例应根据工地大小及布置内容的多少来确定，图幅一般可选 A1 或 A2 图纸，比例为 1∶1 000～1∶2 000。

(2)设计图面。施工总平面图，除了要反映施工现场的布置内容，还要表示周围环境和面貌(如已有建筑物、现有管线、道路等)。故绘图前，应作合理部署。此外，还要有必要的文字说明、图例、比例及指北针等。

(3)绘制要求。绘制施工总平面图时应做到比例正确、图例规范、字迹端正、图面整洁美观。施工总平面图的常用图例见表 3-3-12。

表 3-3-12　施工总平面图的常用图例

序号	名　称	图　例	序号	名　称	图　例
一、地形及控制点			13	水　塔	
1	水准点	点号 高程	三、交通运输		
2	房角坐标	x=1 530 y=2 156	14	现有永久道路	
3	室内地面水平标高	105.10	15	施工用临时道路	
二、建筑、构筑物			四、材料、构件堆场		
4	原有房屋		16	临时露天堆场	
5	拟建正式房屋		17	施工期间利用的永久堆场	
6	施工期间利用的拟建正式房屋		18	土　堆	
7	将来拟建正式房　屋		19	砂　堆	
8	临时房屋：密闭式、敞篷式		20	砾石、碎石堆	
9	拟建的各种材料围　墙		21	块石堆	
10	临时围墙	—×—×—	22	砖　堆	
11	建筑工地界线		23	钢筋堆场	
12	烟　囱		24	型钢堆场	LIE

续表

序号	名　称	图　例	序号	名　称	图　例
25	铁管堆场		41	消防栓(原有)	
26	钢筋成品场		42	消防栓(临时)	L
27	钢结构场		43	原有化粪池	
28	屋面板存放场		44	拟建化粪池	
29	一般构件存放场		45	水　源	水
30	矿渣、灰渣堆		46	电　源	
31	废料堆场		47	总降压变电站	
32	脚手架、模板堆场		48	发电站	
33	锯材堆场		49	变电站	
五、动力设施			50	变压器	
34	原有的上水管线		51	投光灯	
35	临时给水管线	—s——s—	52	电杆	
36	给水阀门(水嘴)		53	现有高压 6 千伏线路	— WW6 —— WW6 —
37	支管接管位置	—S—	54	施工期间利用的永久高压 6 千伏线路	— LWW6 — LWW6 —
六、施工机械			55	推土机	
38	塔轨		56	铲运机	
39	塔式起重机		57	混凝土搅拌机	
40	井架		58	灰浆搅拌机	

续表

序号	名　称	图　例	序号	名　称	图　例
59	门架	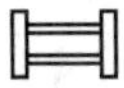	66	洗石机	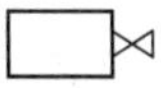
60	卷扬机		67	打桩机	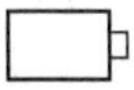
61	履带式起重机	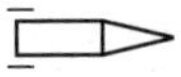	七、其他		
62	汽车式起重机	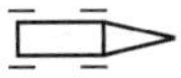	68	脚手架	
63	缆式起重机		69	淋灰池	 灰
64	铁路式起重机	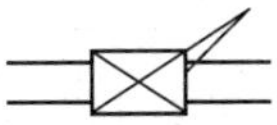	70	沥青锅	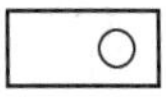
65	多斗挖土机	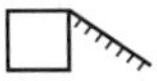	71	避雷针	

六、大型临时设施设计

1. 临时仓库和堆场设计

确定临时仓库和堆场的面积，主要依据建筑材料的储备量。如何选择既能满足连续施工的需要，又能使仓库面积最小的最经济的储备量，这是确定仓库面积时应首先研究的问题。

(1)工地物资储备量的确定。

1)建设项目(建筑群)全现场的材料储备量。建筑项目(建筑群)全现场的材料储备量，一般按年、季组织储备。其储备量可按下式计算：

$$P_1 = K_1 Q_1 \tag{3-3-1}$$

式中　P_1——某项材料的总储备量，t(m^3、…)；

K_1——储备系数，根据具体情况确定；

Q_1——该项材料最高年、季需用量。

2)单位工程的材料储备量。单位工程的材料储备量根据工程的具体情况而定，场地小、运输方便的可少储存；运输不便、受季节影响的材料可多储存。

经常或连续使用的材料，如砖、瓦、砂、石、水泥、钢材等的储备量可按下式计算：

$$P_2 = \frac{T_c Q_i K_j}{T} \tag{3-3-2}$$

式中　P_2——某种材料的储备量，m^3或kg；

T_c——材料储备天数，又称储备期定额，d(表3-3-13)；

Q_i——某种材料年度或季度的总需要量，可根据材料需要量计划表求得，t或m^3；

T——有关施工项目的施工总工作日；

K_j——某种材料使用的不均衡系数(表3-3-13)。

(2)确定仓库和堆场面积。求得某种材料的储备量后，便可根据某种材料的储备定额，用下式计算其面积：

$$F=\frac{P}{qK} \tag{3-3-3}$$

式中 F——某种材料所需的仓库总面积，m^2；

P——仓库材料储备量，用于建设项目(建筑群)时为 P_1，用于单位工程时为 P_2；

q——每平方米仓库面积能存放的材料、半成品和成品的数量；

K——仓库面积有效利用系数(考虑人行道和车道所占面积，见表 3-3-13)。

表 3-3-13 计算仓库和堆场面积的有关系数

序号	材料及半成品	单位	储备天数 T_c	不均衡系数 K_j	每平方米储存定额 P	有效利用系数 K	仓库类别	备注
1	水泥	t	30～60	1.3～1.5	1.5～1.9	0.65	封闭式	堆高 10～12 袋
2	生石灰	t	30	1.4	1.7	0.7	棚	堆高 2 m
3	砂子(人工堆放)	m^3	15～30	1.4	1.5	0.7	露天	堆高 1～1.5 m
4	砂子(机械堆放)	m^3	15～30	1.4	2.5～3	0.8	露天	堆高 2.5～3 m
5	石子(人工堆放)	m^3	15～30	1.5	1.5	0.7	露天	堆高 1～1.5 m
6	石子(机械堆放)	m^3	15～30	1.5	2.5～3	0.8	露天	堆高 2.5～3 m
7	块石	m^3	15～30	1.5	10	0.7	露天	堆高 1.0 m
8	预制钢筋混凝土槽形板	m^3	30～60	1.3	0.26～0.30	0.6	露天	堆高 4 块
9	梁	m^3	30～60	1.3	0.8	0.6	露天	堆高 1.0～1.5 m
10	柱	m^3	30～60	1.3	1.2	0.6	露天	堆高 1.2～1.5 m
11	钢筋(直筋)	t	30～60	1.4	2.5	0.6	露天	占钢筋的 80%，堆高 0.5 m
12	钢筋(盘筋)	t	30～60	1.4	0.9	0.6	封闭式	占钢筋的 20%，堆高 1 m
13	钢筋成品	t	10～20	1.5	0.07～0.1	0.6	露天	
14	型钢	t	45	1.4	1.5	0.6	露天	堆高 0.5 m
15	金属结构	t	30	1.4	0.2～0.3	0.6	露天	
16	原木	m^3	30～60	1.4	1.3～15	0.6	露天	堆高 2 m
17	成材	m^3	30～45	1.4	0.7～0.8	0.5	露天	堆高 1 m
18	废木料	m^3	15～20	1.2	0.3～0.4	0.5	露天	约占锯木量的 10%～15%
19	门窗扇	m^3	30	1.2	45	0.6	露天	堆高 2 m
20	门窗框	m^3	30	1.2	20	0.6	露天	堆高 2 m
21	木屋架	m^3	30	1.2	0.6	0.6	露天	
22	木模板	m^3	10～15	1.4	4～6	0.7	露天	
23	模板正理	m^3	10～15	1.2	1.5	0.65	露天	
24	砖	千块	15～30	1.2	0.7～0.8	0.6	露天	堆高 1.5～1.6 m
25	泡沫混凝土制作	m^3	30	1.2	1	0.7	露天	堆高 1 m

注：储备天数根据材料来源、供应季节、运输条件等确定。一般就地供应的材料取表中之低值，外地供应采用铁路运输或水运者取高值。现场加工企业供应的成品、半成品的储备天数取低值，工程处的独立核算加工企业供应者取高值。

2. 临时建筑物设计

在工程项目建设中，必须考虑施工人员的办公、生活用房及车库、修理车间等设施的建设。这些临时性建筑物是建设项目顺利实施的必要条件，必须组织好。规划这类临时建筑物时，首先确定使用人数，然后计算各种临时建筑物的面积，最后布置临时用房的位置。

(1)确定使用人数。

1)直接生产工人(基本工人)，其数量一般用下式计算：

$$n = \frac{T}{t}k_2 \tag{3-3-4}$$

式中 n——直接生产的基本工人数；

T——工程项目年(季)度所需总工作日；

t——年(季)度有效工作日；

k_2——年(季)度施工不均衡系数，取1.1～1.2。

2)非生产人员，按国家规定比例计算，见表3-3-14。

3)家属：职工家属人数与建设工期的长短、工地与建筑企业生活基地远近有关，一般可按职工人数的10%～30%估算。

表3-3-14 非生产人员比例

序号	企业类别	非生产人员比例/%	其中		折算为占生产人员比例/%
			管理人员	服务人员	
1	中央省市自治区属	16～18	9～11	6～8	19～22
2	省辖市、地区属	8～10	8～10	5～7	16.3～19
3	县(市)企业	10～14	7～9	4～6	13.6～16.3

注：1. 工程分散，职工数较大者取上限；
2. 新辟地区、当地服务网点尚未建立时应增加服务人员5%～10%；
3. 大城市、大工业区服务人员应减少2%～4%。

(2)确定临时建筑物的建筑面积。当人数确定后，可按下式计算临时房屋的面积：

$$S = NP \tag{3-3-5}$$

式中 S——建筑面积，m^2；

N——施工工地人数；

P——建筑面积参考指标(表3-3-15)。

表3-3-15 行政、生活福利临时建筑面积参考指标 单位：m^2/人

序 号	临时建筑物名称	指标使用方法	参考指标
一	办公室	按使用人数	3～4
二	宿舍		
1	单层通铺	按高峰年(季)平均人数	2.5～3.0
2	双层床	(扣除不在工地住的人数)	2.0～2.5
3	单层床	(扣除不在工地住的人数)	3.5～4.0
三	家属宿舍		16～25 m^2/户

续表

序号	临时建筑物名称	指标使用方法	参考指标
四	食堂	按高峰年平均人数	0.5～0.8
	食堂兼礼堂	按高峰年平均人数	0.6～0.9
五	其他		
1	医务所	按高峰年平均人数	0.05～0.07
2	浴室	按高峰年平均人数	0.07～0.1
3	理发室	按高峰年平均人数	0.01～0.03
4	俱乐部	按高峰年平均人数	0.1
5	小卖部	按高峰年平均人数	0.03
6	招待所	按高峰年平均人数	0.06
7	托儿所	按高峰年平均人数	0.03～0.06
8	子弟学校	按高峰年平均人数	0.06～0.08
9	其他公用	按高峰年平均人数	0.05～0.10
10	开水房	每个项目设置一处	10～40 m²
11	厕所	按工地平均人数	0.02～0.07
12	工人休息室	按工地平均人数	0.15

3. 临时供水设计

为了满足建设工地在施工生产、生活及消防方面的用水需要，建设工地应设置临时供水系统。施工临时供水设计一般包括计算整个施工工地的用水量、选配适当的管径和管网布置方式、选择供水水源等。

(1)确定用水量。施工临时用水主要由施工生产用水、生活用水及消防用水三方面组成。

1)施工生产用水量包括工程施工用水和施工机械用水，可用下式计算：

$$q_1 = k_1 \sum \frac{Q_1 N_1}{T_1 b} \times \frac{k_2}{8 \times 3\,600} + k_1 Q_2 N_2 \times \frac{k_3}{8 \times 3\,600} \tag{3-3-6}$$

式中 q_1——施工生产用水量，L/s；

k_1——未预见的施工用水系数(1.05～1.15)；

Q_1——年度(或季、月)工种最大工程量(以实物计量单位表示)；

Q_2——同一种机械台数，台；

N_1——施工用水定额(表 3-3-16)；

N_2——施工机械用水定额(表 3-3-17)；

T_1——年(季)度有效作业日，d；

b——每天工作班数，班；

k_2——用水不均衡系数(表 3-3-18)；

k_3——施工机械用水不均衡系数(表 3-3-18)。

表 3-3-16　施工用水(N_1)参考定额表

序号	用水对象	单位	耗水量 N_1/L	备注
1	浇筑混凝土全部用水	m^3	1 700～2 400	
2	搅拌普通混凝土	m^3	250	实测数据
3	搅拌轻质混凝土	m^3	300～350	
4	搅拌泡沫混凝土	m^3	300～400	
5	搅拌热混凝土	m^3	300～350	
6	混凝土养护(自然养护)	m^3	200～400	
7	混凝土养护(蒸汽养护)	m^3	500～700	
8	冲洗模板	m^3	5	
9	搅拌机清洗	台班	600	实测数据
10	人工冲洗石子	m^3	1 000	
11	机械冲洗石子	m^3	600	
12	洗砂	m^3	1 000	
13	砌砖工程全部用水	m^3	150～250	
14	砌石工程全部用水	m^3	50～80	
15	粉刷工程全部用水	m^3	30	
16	砌耐火砖砌体	m^3	100～150	包括砂浆搅拌
17	洗砖	千块	200～250	
18	洗硅酸盐砌块	m^3	300～350	
19	抹面	m^2	4～6	不包括调制用水
20	楼地面	m^2	190	找平层同
21	搅拌砂浆	m^3	300	
22	石灰消化	t	3 000	

表 3-3-17　施工机械(N_2)用水参考定额表

序号	用水对象	单位	耗水量 N_2	备注
1	内燃挖土机	L/(台班·m^3)	200～300	以斗容量 m^3 计
2	内燃起重机	L/(台班·t)	15～18	以起重 t 计
3	蒸汽起重机	L/(台班·t)	300～400	以起重 t 计
4	蒸汽打桩机	L/(台班·t)	1 000～1 200	以锤重 t 计
5	蒸汽压路机	L/(台班·t)	100～150	以压路机 t 计
6	内燃压路机	L/(台班·t)	12～15	以压路机 t 计
7	拖拉机	L/(昼夜·台)	200～300	
8	汽车	L/(昼夜·台)	400～700	
9	标准轨蒸汽机车	L/(昼夜·台)	10 000～20 000	
10	窄轨蒸汽机车	L/(昼夜·台)	4 000～7 000	

续表

序号	用水对象	单位	耗水量 N_2	备注
11	空气压缩机	L/[台班·(m^3/min^{-1})]	40～80	以压缩空气机排气量 m^3/min 计
12	内燃机动力装置(直流水)	L/(台班·马力)	120～300	
13	内燃机动力装置(循环水)	L/(台班·马力)	25～40	
14	锅驼机	L/(台班·马力)	80～160	不利用凝结水
15	锅炉	L/(h·t)	1 000	以 h 蒸发量计
16	锅炉	L/(h·m^2)	15～30	以受热面积计
17	点焊机 25 型	L/h	100	实测数据
	点焊机 50 型	L/h	150～200	实测数据
	75 型	L/h	250～350	实测数据
	100 型	L/h	—	
18	冷拔机	L/h	300	
19	对焊机	L/h	300	
20	凿岩机 01-30(CM-56)	L/min	3	
	01-45(TN-4)	L/min	5	
	01-38(KⅡM-4)	L/min	8	
	YQ-100	L/min	8～12	

表 3-3-18　施工用水不均衡系数

k 号	用水名称	系数
k_2	施工工程用水	1.5
	生产企业用水	1.25
k_3	施工机械运输机具	2.00
	动力设备	1.05～1.10
k_4	施工现场生活用水	1.30～1.50
k_5	居民区生活用水	2.00～2.50

2)生活用水量主要包括现场生活用水和生活区生活用水，可用下式计算得到：

$$q_2 = \frac{P_1 N_3 k_4}{b \times 8 \times 3\,600} + \frac{P_2 N_4 k_5}{24 \times 3\,600} \tag{3-3-7}$$

式中　q_2——施工现场生活用水量，L/s；

P_1——施工现场高峰期职工人数，人；

N_3——施工现场生活用水定额，一般为 20～60 L(人·班)，视当地气候、工种定；

k_4——施工现场生活用水不均衡系数(表 3-3-18)；

b——每天工作班数，班；

P_2——生活区居民人数，人；

N_4——生活区昼夜全部用水定额(表 3-3-19)；

k_5——用水不均衡系数。

表 3-3-19　生活用水量(N_4)参考定额表

序号	用水对象	单位	耗水量 N_2	备注
1	工地全部生活用水	L/(人·日)	100～120	
2	生活用水(盥洗生活饮用)	L/(人·日)	25～30	
3	食堂	L/(人·日)	15～20	
4	浴室(沐浴)	L/(人·次)	50	
5	沐浴带大池	L/(人·次)	30～50	
6	洗衣	L/人	30～35	
7	理发室	L/(人·次)	15	
8	小学校	L/(人·日)	12～15	
9	幼儿园(托儿所)	L/(人·日)	75～90	
10	医院病房	L/(病床·日)	100～150	

3)消防用水量。消防用水主要供应工地消防栓用水，其用水量 q_3 见表 3-3-20。

表 3-3-20　消防用水量

序号	用水名称	火灾同时发生次数	单位	用水量/L
1	居民区消防用水 5 000 人以内 10 000 人以内 25 000 人以内	 1 2 3	L/s	 10 10～15 15～20
2	施工现场消防用水 施工现场在 25 h·m^{2}以内 每增加 25 h·m^{2}递增	1	L/s	10～15 5

4)总用水量 Q 。

①当 $(q_1+q_2)\leqslant q_3$ ，且工地面积大于 5 公顷[①]时，只考虑一半工程施工，其总用水量为

$$Q=\frac{1}{2}(q_1+q_2)+q_3 \tag{3-3-8}$$

②当 $(q_1+q_2)>q_3$ 时，则

$$Q=q_1+q_2 \tag{3-3-9}$$

③当 $(q_1+q_2)<q_3$ ，且工地面积小于 5 公顷时，则

$$Q=q_3 \tag{3-3-10}$$

当总用水量 Q 确定后，还应增加 10%，以补偿不可避免的管网渗漏等损失，即

$$Q_{总}=1.1Q \tag{3-3-11}$$

(2)供水管径计算。当总用水量确定后，即可按下式计算供水管道的管径：

$$D=\sqrt{\frac{4Q_i\times1\,000}{\pi v}} \tag{3-3-12}$$

① 1 公顷=10 000 平方米。

式中　D——某管道的供水管直径，mm；

Q_i——某管段用水量(L/s)，供水总管段按总用水量 $Q_{总}$ 计算，环形管网布置的各管段采用环管内同一用水量计算，枝状管段按各枝管内的最大用水量计算；

v——管网中水流速度(m/s)，可查表 3-3-21 获得。

表 3-3-21　管网中水流速度 v

项　次	管径/m	流速/(m·s^{-1})	
		正常时间	消防时间
1	支管 $D<0.10$	2	
2	生产消防管道 $D=0.1\sim0.3$	1.3	>3.0
3	生产消防管道 $D>0.3$	1.5～1.7	2.5
4	生产用水管道 $D>0.3$	1.5～2.5	3.0

(3)选择水源。建筑工地临时供水水源一般有两种方案，即采用供水管道或天然水源系统。当城市供水管道能满足供水要求时，应优先采用供水管道方案。若供水能力不能满足时，可以利用其一部分作为生活用水，而生产用水可以利用江河、水库、泉水、井水等天然水源。

选择水源时应注意以下因素：①水量充足可靠；②生活饮用水、生产用水的水质应符合要求；③与农业、水资源综合利用；④取水、输水、净水设施要安全、可靠、经济；⑤施工运转、管理和维护方便。

(4)确定供水系统。临时供水系统可由取水设施、储水构筑物(水塔及蓄水池)、输水管线和配水管线综合而成。这个系统应优先考虑建成永久性给水系统，只有在工期紧迫、修建永久性给水系统难以满足急需要求时，才修建临时给水系统。

1)确定取水设施。取水设施一般由进水装置、进水管和水泵组成。取水口距河底(或井底)一般为 0.25～0.9 m。给水工程所用的有水泵、隔膜泵及活塞泵三种。所选用的水泵应具有足够的抽水能力和扬程。

2)确定储水构筑物。储水构筑物一般有水池、水塔或水箱。在临时供水时，如水泵房不能连续抽水，则需设置储水构筑物。其容量以每小时消防用水量来决定，但不得小于 10～20 m^3。储水构筑物(水塔)高度应按供水范围、供水对象位置及水塔本身的位置来确定。

(5)临时给水管网的布置。布置临时给水管网应注意以下事项：

1)尽量利用永久性给水管网。

2)临时管网的布置应与场地平整、道路修筑统一考虑。注意避开永久性生产下水道和电缆沟的位置，以免布置不当，造成返工浪费。

3)在保证供水的情况下，尽量使铺设的管道总长度最短。

4)过冬的临时给水管道要埋置在冰冻线以下或采取保温措施。

5)临时给水管网的铺设，可采用明管或暗管，一般以暗管为宜。

6)临时水池、水塔应设在地势较高处。

7)消防栓沿道路布置，其间距不大于 120 m，距拟建房屋不大于 5 m，距路边不大于 2 m。

4. 临时供电设计

建筑工地临时供电设计的主要内容有：计算用电量、选择电源、确定变压器、选择导线截面、布置临时供电线路等。

(1)计算用电量。建筑工地用电主要包括动力设备用电和照明用电两大部分。在计算用电量时应考虑以下因素：全工地所使用的动力设备及照明设备的总数量、整个施工阶段中同时用电的机械设备的最高数量以及照明情况。其总用电量按下式计算：

$$P=(1.05\sim 1.10)\left(K_1\frac{\sum P_1}{\cos\varphi}+K_2\sum P_2+K_3\sum P_3+K_4\sum P_4\right) \tag{3-3-13}$$

式中 P——供电设备总需要容量，kV·A；

P_1——电动机额定功率，kW；

P_2——电焊机额定功率，kV·A；

P_3——室内照明容量，kW；

P_4——室外照明容量，kW；

$\cos\varphi$——电动机的平均功率因数，施工现场最高为 0.75～0.78，一般为 0.65～0.75；

K_1、K_2、K_3、K_4——需要系数，参见表 3-3-22。

表 3-3-22　需要系数(*K* 值)

用电名称	数量/台	需要系数				备注
		K_1	K_2	K_3	K_4	
电动机	3～10 11～30 30 以上	0.7 0.6 0.5				如施工中需要电热时，将其用电量计算进去。式中各动力照明用电量应根据不同工作性质分类计算
加工厂动力设备		0.5				
电焊机	3～10 10 以上		0.6 0.5			
室内照明				0.8		
室外照明					1.0	

其他机械动力设备以及工具用电量可参考有关定额。

由于照明用电量远小于动力用电量，为简化计算，可取机械设备用电量的 10%作为照明用电量，即

$$P_{总}=1.1P_{动} \tag{3-3-14}$$

(2)选择电源。选择工地临时用电电源通常有以下几种情况：

1)从建设单位配电房或厂区供电线路引入工地，在工地入线处设立总配电箱和电表计量，然后再布线通往各用电施工点。

2)由工地附近的电力系统供给，将附近的高压电通过设在工地的变压器引入工地。

3)当工地附近的电力系统只能供给一部分时，工地需增设临时电站以补不足。

4)如工地属于新开发地区，附近没有供电系统，则电力完全由工地临时电站供给。

采用哪种方案，可根据工程所在地区的具体情况进行技术经济比较后确定。

(3)确定变压器。建筑工地所用的电源，一般都是由工地附近已有的高压电通过设在工地的变压器引入工地。因为工地的电力机械设备和照明所需的电压大都为 380/220 V 的低电压，需要选择容量合适的变压器。

变压器的功率可按下式计算：

$$P = K\left(\frac{\sum P_{max}}{\cos\varphi}\right) \tag{3-3-15}$$

式中 P——变压器的功率，kV·A；

K——功率损失系数，可取1.05；

$\sum P_{max}$——施工现场的最大计算负荷(kW)，即 $P_{总}$；

$\cos\varphi$——功率因数。

计算出变压器功率后，可从产品目录中选取功率略大于该结果的变压器。

安装工地临时变压器时应注意：尽可能设在负荷中心；高压线进线方便，尽可能靠近高压电源；当配电电压为380 V时，其供电半径不应大于700 m；运输方便、易于安装并避免设在剧烈震动和空气污染的地方。

(4)选择导线截面。配电导线的选择，应满足以下基本要求：

1)按机械强度选择。导线在各种敷设方式下，应按其强度需要，保证必需的最小截面，以防因拉、折而断。导线按机械强度所允许的最小截面可参见表3-3-23。

表3-3-23 导线按机械强度所允许的最小截面

导线用途	导线最小截面/mm²	
	铜线	铝线
照明装置用导线：户内用	0.5	2.5①
户外用	1.0	2.5
双芯软电线：用于吊灯	0.35	—
用于移动式生活用电设备	0.5	—
多芯软电线及软电缆：用于移动式生产用电设备	1.0	—
绝缘导线：用于固定架设在户内绝缘支持件上，其间距：2 m及以下	1.0	2.5①
6 m及以下	2.5	4
25 m及以下	4	10
裸导线：户内用	2.5	4
户外用	6	16
绝缘导线：穿在管内	1.0	2.5①
木槽板内	1.0	2.5①
绝缘导线：户外沿墙敷设	2.5	4
户外其他方式	4	10

①目前已能生产小于2.5 mm²的BBLX、BLV型铝芯绝缘电线，因此可以根据具体情况，采用小于2.5 mm²的铝芯截面。

2)按允许电流选择。导线必须能承受负荷电流长时间通过所引起的温升。

①三相四线制线路上的电流可按下式计算：

$$I = \frac{P}{\sqrt{3}V\cos\varphi} \tag{3-3-16}$$

②二线制线路上的电流可按下式计算：

$$I = \frac{P}{V\cos\varphi} \tag{3-3-17}$$

式中　I——电流值，A；

P——功率，W；

V——电压，V；

$\cos\varphi$——功率因数，临时管网取0.7～0.75。

当计算出某配电线路上的电流值后，可参考有关资料选择所用导线的截面。

3)按允许电压降选择。导线满足所需要的允许电压，其本身引起的电压降必须限制在一定范围内。因此，应考虑容许电压降来选择导线截面。

通过以上三个条件选择的导线，取截面面积最大的作为现场使用的导线。通常导线的选取先根据计算负荷电流的大小来确定，而后根据其机械强度和允许电压降进行复核。

(5)布置临时供电线路。施工用电临时供电线路的布置有三种方式：枝状式、环状式和混合式。一般3～10 kV的高压线路采用环状式布线；380/220 V的低压线路采用枝状式布线。

临时供电线路的布线应遵守以下一些原则：线路应尽量架设在道路的一侧，不得妨碍交通；要考虑到塔式起重机的装、拆、进、出；避开将要堆料、开槽、修建临时设施等用地；选择平坦路线，保持线路水平且尽量取直，以免电杆受力不均。线路距建筑物应大于1.5 m。在380/220 V低压线路中，木杆或水泥杆间距应为25～40 m，高度一般为4～6 m，分支线和引入线应由电杆接出，不得由两杆之间接出。各用电设备必须装配与设备功率相应的闸刀开关，其高度与装设点应便于操作，单机单闸。配电箱与闸刀在室外装配时，应有防雨措施。

3.4　任务解决建议方案

一、工程概况

红旗水泥有限责任公司拟建的2 500 t/天新型干法生产线位于B县C镇附近，工程包括水泥生产线及配套生活设施。

1. 工程地质情况

(1)地基土工程地质特征。在勘察揭示深度30 m范围内，地基土由12层不同土层组成，现将各土层主要工程地质特征描述如下(略)。

(2)地下水。场地地下水主要为松散岩类孔隙承压水和基岩裂隙孔隙承压水，水量较贫乏。

(3)地震烈度。场地地层较稳定，抗震设防烈度为Ⅵ度，场地类别为Ⅰ～Ⅱ类，为建筑抗震一般地段，属较稳定场地，适宜工程建设。

2. 主要建(构)筑物简况

主要建(构)筑物均为现浇钢筋混凝土单层多层框架。

3. 主要安装工程简况(按日产2 500 t主要设备预测)

设备安装特点是体积大、笨重、精度要求高。生料设有中卸烘干磨，磨机重290 t，成品磨机重220 t，破碎机重136 t，选粉机重10 t，增湿塔重216 t，窑尾电除尘器重310 t，窑尾预热及预分解系统重280 t，熟料篦式冷却机重176 t，窑头电除尘器重180 t，煤磨重118 t，粗粉分离器重5 t，选粉机重3 t，空压机重15 t，预热器旋风筒、风管分别安装在5个不同标高的现浇混凝土平台上，顶层标高一般在80 m左右。

二、施工部署

1. 施工总体设计

(1)主要指导思想。该项目工期短、质量要求高、施工难度大，因此，在编制本施工组织总设计时，应确定以下指导思想：

1)采用先进可行的科技成果和有效的组织措施，创造一流的质量、一流的工期，为业主争创良好的效益。

2)在编写过程中，充分体现业主对工程项目建设的总体要求，以对今后施工组织实施起到良好的指导作用。

3)在具体施工组织方案编制过程中，不但要遵守本总施工组织设计的要求，更要贯彻各级主管部门提出的意见，融合国外先进施工工艺和管理方法与我国实际于一体，结合项目部先进的施工工艺，克服不足，顺利实现质量、工期目标要求。

4)按照国家规范规定要求，建立和完善施工质量保证体系，做好质量管理，严格按设计及规范规定要求施工，保证工程质量目标的实现。

(2)主要决策。项目部组织对水泥生产线有专业施工经验的精兵强将和先进的施工机械设备进场，与业主密切配合，科学组织，精心施工，以优质、快速的施工手段完成该项目的施工，为企业树形象、立丰碑，为创建一流水泥企业奠定基础。

(3)主要目标。宏观上，围绕“重信誉、守合同，取信于建筑业主，保质量，创名牌，树一座丰碑”这一总体方针目标，项目部实行全面的方针目标管理。微观上，具体化的各项管理目标可概括为“一个创造”“一个确保”。

1)“一个创造”：创建现场文明施工双标化工地。

2)“一个确保”：确保合同工期。

2. 项目组织体系

(1)组织体制。为有效地保证项目总方针目标的实施，统一协调土建、安装施工，确保优质、高速、安全地完成施工任务，经研究决定，选派具有专业施工经验的同志担任项目技术总负责人，向业主和项目部全面负责，组织管理制度完全按项目法管理要求实施运作。

(2)机构组织设置。机构组织设置如图3-3-5所示。

3. 施工准备

(1)场地平整。在“三通一平”的基础上，采用机械化整体按总图平场，周围围墙按总图的要求以固定式和零设式搭设，且符合现场双标化管理规范，完成时间不影响工程进展。

(2)技术准备。技术准备应做好以下工作：

1)施工组织总设计由项目部在施工图会审前完成。

2)项目各专业应编制单位工程(项目)施工组织设计(方案)。

3)现场项目部必须在开工前做好原材料资源准备，混凝土强度等级试配和加工车间、职工宿舍、食堂、仓库、塔式起重机的搭设和主要施工机械的进场。

4)现场用电。

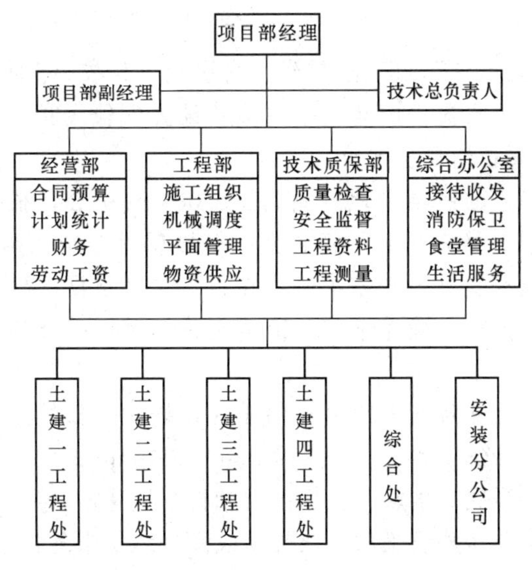

图 3-3-5 机构组织设置

①按现场施工机具设备计算，动力用电总量为 1 000 kV·A 左右。

②照明负荷按动力用电量的 10%计算，则总用电量为 1 100 kV·A，按总用电量的 70%计算，施工用电安装两台 400 kV·A 变压器能满足要求。

③场地线路采用三相五线架空设置。

5)施工用水。由于施工现场无自来水，施工用水就近取水库蓄水。

4. 施工段划分

本工程施工项目单体较多，结构情况繁杂不一，施工难度差异较大。根据各单位工程的建筑结构情况结合生产系统的整体性，将整个工程划分为四个施工段，分别由四个工程处负责施工，各工程处对项目部包进度、包质量、包安全、包成本。

四个施工阶段划分如下：

(1)第一施工段：石灰石破碎及输送→石灰石配料库。

(2)第二施工段：生料均化库→窑中→窑尾→原料粉磨及废气处理＋增湿塔。

(3)第三施工段：窑头→熟料库→煤粉制备→水泥配料库。

(4)第四施工段：水泥粉磨→成品库→水泥库。

土建分公司一、二、三、四土建工程处及综合处进入施工现场，其施工任务分述如下：

(1)一处：承担第一施工段。

(2)二处：承担第二施工段。

(3)三处：承担第三施工段。

(4)四处：承担第四施工段。

(5)综合一处：负责钢筋加工、钢筋成捆运输、钢筋绑扎、钢筋焊接。

(6)综合二处：负责施工现场金属结构和铁件的加工制作、安装。

(7)水电工程处：负责施工现场用水、用电的安装服务。

5. 主要项目施工方法及技术措施

(1)工程测量。本工程平面形状较为复杂，现场自然地坪起伏较大，拟建建筑物、构筑物多单体，对定位放线提出了较高的要求，我们根据提供的施工图纸作了认真的分析研究后，提出如下定位方法：

1)平面控制。采用“坐标法”，即“设辅线、内引投、外校核”的施工手段进行平面轴线定位。基础施工定位时，根据提供的建筑平面形状设置纵轴线和辅助线，设立平面轴线控制网(辅助线由现场坐标网控制测出定位)。

2)基准轴设置。为将基准线准确地投测到±0.000 m平台，根据施工流程和单体分层流水作业的需要，当地下工程完成后，将新坐标基准轴十分准确地投测到建筑±0.000 m平台并经场外设置的轴线控制桩校核基准轴，在预定位置预设的铁板上标出基准点，把纵横轴红点连起来就成了基准轴。确保单体上部建筑施工时以基准轴形成的四方形建立内部定位系统。

3)“内引投”。各单体上部轴线采用激光铅垂仪，把四个轴线点引到每一施工层，地面以上每层楼层垂直于轴线点位置预置四个200 mm×200 mm的洞，以便激光束穿过，投测完毕后，把四点连起来，形成基准轴，根据基准轴再分别弹出轴线。

4)“外校核”。利用各单体外设置的校核辅助线用经纬仪来复核，并由基准轴定出轴线。

5)高程控制及沉降观测。

①根据业主提供的水准高程，在各单体四周布设水准点，组成水准控制网，进行高程控制用沉降观测。

②对上部结构，用水准仪把标高引至建筑四角，选择外墙上下无凸出墙面阻挡的位置设置标高基准点，用50 m钢卷尺向上引，应注意所引每层都应从底层往上引，以减少累积误差。

③根据设计要求设置沉降观测标，并根据要求定时测量沉降量。

④所有仪器、工具由专人负责保管，规定专人使用，做好原始记录。并将沉降量及时传送监理人员及设计单位。

(2)基础工程。根据地质勘探报告，地质情况较好，除主要大荷载构筑物基础根据设计采用满堂基础外，其余为条形基础和平板基础。

1)基础土方开挖。窑头、窑中、窑尾、磨坊、筒库、破碎均为满堂基础开挖，采用机械挖土、人工整修。

①土方开挖的顺序、方法必须与设计工艺一致，并遵循“开槽支撑、先撑后挖、分层开挖、严禁超挖”的原则。

②土方开挖前应检查定位放线、排水和降低地下水位系统，合理安排土方运输车的行走路线及弃土场地。

③在施工过程中应检查平面位置，水平标高，边坡坡度、压实度，雨后排水，降低地下水位系统，并随时观测周围环境的变化。

④基槽开挖，根据施工现场实况，基本为粉质黏土，其开挖边坡值(高，宽)为1∶0.75～1∶1.00。对于挖土深度，软土不应超过4 m，硬土不应超过8 m，如超深应采用技术加固防护措施，确保基底施工安全。

⑤其余基础若位于基岩，基坑开挖则采用松动爆破与人工修凿相结合的方法，相邻基础基坑应一次性开挖。当基础下为黏土时，则基础应挖至老土。

⑥土方开挖质量应符合质量验收规范的规定，进入基底施工前应会同业主和监理进行挖土工程质量检验和尺寸复核，并必须由设计方认可合格后，再进入基底垫层施工。

⑦基底垫层C10素混凝土层采用铁板压光，以便于放样，施工时要求工完场清。垫层

养护完后，即进行基础底板施工。

2)基础混凝土浇筑。设备基础为钢筋混凝土浇筑，水泥厂的工艺设备基础是一大、二多、三复杂，破碎、烘干、原料粉磨、煤粉制备、窑中、窑头、篦式冷却、烟囱、筒库、水泥磨等混凝土量大以及螺栓孔多，型号各异，要注意设备基础预留孔位和解决大体积混凝土施工温差问题。其施工方法如下：

①基础工程工艺流程：基坑处理、验收→垫层施工→弹线、复核→底板、承台、地墙梁、柱扎筋→支模→验收→底板、承台、地墙梁、柱混凝土浇捣→养护、验收。

②构筑物满堂基础，提升机槽坑和凡较大的设备基础与柱基、墙基连成片时，尽量使地下部分结构一次浇筑。连续浇筑，不允许留施工缝，水泥采用 42.5 级普通硅酸盐水泥，为减少大体积混凝土的发热量，掺入粉煤灰来改善混凝土的和易性，减少水泥用量，控制、调整混凝土的温升和体内的温度，降低混凝土内部早期水化热，同时在浇筑过程中，设专人看管，随时复查孔位尺寸。

浇筑基础混凝土垂直运输、窑头、窑中、煤粉制备、原料粉磨、生料均化库、窑尾及水泥储存库、水泥粉磨、熟料库等均采用 TQ60 塔式起重机，其余采用井架垂直运输。

(3)主体结构工程。

1)钢筋混凝土框架。生料磨、水泥磨钢筋混凝土框架一般高 20～30 m，其底层框架高 10～12 m，生料均化提升机楼框架高 54 m 左右。

框架施工顺序：弹线→扎柱钢筋→柱、梁、楼板支撑→钢筋、模板验收→混凝土浇至梁底→梁、楼板钢筋绑扎→梁、楼板隐蔽→梁、楼板浇混凝土→养护→拆除支撑→清理归类→周转使用。

2)砌体工程。

①砌体工程工艺流程：砌三皮砖后弹线找平→立皮数杆→立门樘或留洞→摆头角→拉通线→先砌三皮砖后内墙(或同时并进) →校正门窗樘→最上一皮砖浇水括斗。

②原材料要求：

a. 水泥按品种、强度等级、出厂日期分别堆放，并保持干燥。如遇水泥强度等级不明或出厂日期超过 3 个月等情况，经试验鉴定后方可使用，且不得用于重要部位。不同品种的水泥不得混合使用。

b. 砂浆用砂采用中砂并过筛，砂的含泥量不超过 5%。

c. 混合砂浆中生石灰膏用网过滤并使其充分熟化，熟化时间不少于 7 d 的石灰膏需防止干燥、冻结和污染。不使用脱水硬化的石灰膏。

d. 砂浆须符合下列要求：符合设计要求的种类与强度等级、砂浆的稠度为 7～10 cm、保水性良好(分层度不大于 2 cm)、拌和均匀。

e. 砂浆的配合比经试验确定。如砂浆的组成材料有变更，重新进行试验确定其配合比，试配砂浆，按设计强度等级提高 15%，砂浆的配合比采用质量比。

f. 为使砂浆具有良好的保水性，在砂浆中掺入无机塑化剂或皂化松香(微沫剂)等有机塑化剂，掺入量由试验确定。

g. 砂浆采用机械拌和，拌和时间自投料完算起不少于 90 s；砂浆拌成后使用时将其盛入储灰器内，如砂浆出现泌水现象，在砌筑前再次拌和；砂浆随拌随用，水泥砂浆和水泥混合砂浆必须分别在 3～4 h 内使用完毕。

h. 砖的品种、强度应符合设计要求，规格一致。

i. 砌筑砖砌体时，空心砖提前浇水湿润，含水率控制在10%～15%，加气混凝土块含水率控制在15%以内。

③砖砌体砌筑施工要求：

a. 铺灰均匀，一次铺灰长度为1 m左右，要每皮拉线保证砌体表面平整垂直，灰缝均匀。

b. 砖墙拉线应在操作者一面。

c. 上下皮应错缝砌筑，做到横平竖直、灰缝饱满，水平灰缝砂浆饱满度不得低于80%，断砖要合理使用，严禁集中一处。

d. 每层楼面砌砖前必须测定标高，如灰缝超过50 mm，要先用C20细石混凝土找平后再砌筑。

e. 纵横墙交接处或转角处如不能同时砌筑则应留斜槎，斜槎长度不小于高度的2/3，如留直槎，应按规范设拉结筋(山墙与面墙转角处不允许留直槎)。在处理接槎时，需将旧砂浆清理干净，砖要湿润，灰缝要平直，不得有错缝、通缝。

f. 在砌筑中应按设计图纸将预留孔洞、沟槽和预埋铁等正确留置，不得遗漏，以防止今后凿洞开槽。

g. 砖砌体水平灰缝的砂浆应饱满，竖向灰缝采用挤浆或加浆方法使其砂浆饱满，灰缝厚度一般为10 mm，误差控制在2 mm以内。

h. 对出入口处的门挡作好保护措施，以免碰坏。

i. 冬季低于5 ℃时，要采取防冻措施。

(4)屋面工程。

1)工艺流程。混凝土结构层蓄水试验→基层处理、找平→按屋面建筑构造关系逐层施工→做后蓄水试验(自由落水可不做蓄水试验)。

2)屋面工程主要施工方法如下：

①水泥砂浆找平层施工。钢筋混凝土结构层面做20 mm厚水泥砂浆找平层。用1∶3水泥砂浆每1 500 mm间距做冲筋，按6 m×6 m间距设置木条分格，找平层施工前应浇水湿润，用素水泥浆扫底。出屋面的墙根、管根等处，应先抹成半径不小于100 mm的圆弧或钝角。内部排水的落水口周围应做成略低的凹坑。施工完的找平层应及时浇水养护，不得有酥松、起砂、起皮等现象。

②高分子卷材防水层施工：保温抹面完成后，对保温层面进行一次全面打底，充分搅拌，涂刷均匀，覆盖完全，干燥后进行涂膜施工；底涂宽度略大于加筋材料幅宽，厚度为0.3～0.5 mm，满涂均匀；每道涂料施工时间以不粘脚(实干)为准，两次间隔的涂刷方向应相互垂直，以提高防水层的整体性、均匀性；贴布时松紧适度，边贴布边刷涂料，并赶出残存气泡，刷平压实，避免皱纹、翘边、白茬、鼓泡，天沟、泛水等部位贴布增强；贴布平行屋脊，顺水流方向铺贴，搭接宽度应大于100 mm，上下两层无纺布的接缝错开幅度的1/3以上；操作人员穿布鞋进入作业区，退步铺贴加筋布。

③保温层施工。找坡层兼作保温层施工前，按1 500 mm间距设置标筋，按要求铺设50 mm厚微孔硅酸钙保温层，上做10 mm厚保温抹面层。

④钢筋细石混凝土层施工。钢筋细石混凝土层按下列要求进行施工：

a. 水泥应用42.5级及以上的普通硅酸盐水泥。要求同批产品不过期、不受潮结块。

石子粒径不宜超过 15 mm，应洁净、坚硬，细集料采用中粗砂，含泥量不超过规范要求，混凝土采用 C20，按密实性防水混凝土设计配合比(掺加膨胀剂)，坍落度不大于 4 cm。

b. 绑扎钢筋时要及时垫好垫块，厚度为 20 mm，垫块数量不少于每平方米一块，使钢筋处于板的中部，这有利于抵抗温度的变化。

c. 搭设浇捣混凝土通道(立杆不垫木板)，不能在钢筋上拉车、践踏钢筋和破坏卷材防水层。

d. 混凝土浇捣。混凝土摊铺后刮尺至与塌饼平(控制平整度和厚度标志)，并随时将塌饼敲掉，用短刮尺按二竖头面刮平，用平板振动器振实，然后用滚筒纵横推拉提浆，用木蟹搓平，铁板第一次压光，并把脚印压实。

混凝土初凝前，用铁板第二次压光，把砂眼、低坑、脚印搓平。

混凝土终凝前，进行第三次铁板压光，然后根据气候情况及时覆盖草包。

e. 自第三次铁板压光 24～48 h 内，设专人负责盖草包和浇水养护，养护时间不少于 14 d。

⑤蓄水试验。

蓄水厚度：最薄处不少于 5 cm。

每次蓄水时间：不少于 48 h。

第一次蓄水试验是在结构层表面发生渗漏时，结构层必须凿出孔洞，修补后重新试验，直到无任何渗漏为止。

第二次蓄水试验是在防水层表面，蓄水 48 h 以后表面水位应无明显下降，若水位下降，则证明微孔硅酸钙保温层有明显吸水，此时应局部凿开保温层，待其干燥后，用卷材进行修补直至不渗水为止。

3)质量控制要点。

①基层处理。

②找平层施工。

③找平层干燥度。

④防水层施工。

三、施工总进度计划

1. 进度计划编制说明

(1)初步设计、施工图和设备交付日期，必须确保在规定日期内做到土建、安装全部竣工并点火投料试车。

(2)要以生料库、窑尾、窑中、窑头、中央控制室、成品库工程的土建、安装作为主要工程考虑，要严格按网络计划控制工程进度，做好主体交叉施工。

(3)对窑体焊接及筑炉工序应避开冬期施工，尽量考虑在保证总工期的前提下对劳动力、机具、材料、模板投入量做到平衡。

施工总进度计划仅作宏观控制，对土建、安装应分别编制二、三级进度计划，指导施工。

2. 施工总进度计划(略)

3. 工期保证措施

(1)组织与技术措施。

1)提前做好一切施工准备工作，施工前制订好各项工程的施工作业指导书，安排好施工材料的运输和采购，特别是本工程以机械施工为主，设备的完好率是保证工期之本，因此应选用先进合理的施工机械设备，做好施工进度和施工机械设备的动态管理，合理安排施工机械设备的检修，尽量避免在施工高峰期检修施工设备。

2)组织一个有权威性的现场指挥部，配备强有力的管理班子，实行统一领导，分项工作专人专管，加强各方协调。

3)依据科学的施工方案，拟出详细的该工程所需的施工机械、主要材料、预制件需要量的资源计划，做到各种材料、设备早报计划、早进场，确保工程施工进度不受影响。

4)合理安排施工程序，根据不同施工阶段划分施工段进行流水作业。关键工序完成后，应提前 24 h 请监理公司验收，减少中间环节，这有利于实行流水施工方法的开展和缩短工期。

5)建立现场协调会制度，每星期召开 1～2 次由项目部所有施工管理人员、班组长参加的协调会议。

(2)季节性施工措施。本工程跨越高温、冬季季节，因此施工中必须制订各种周密的防患措施，确保人、机械设备等的安全。

1)夏季高温施工。

①在高温季节，做好混凝土养护工作，防止阳光暴晒，及时喷洒养生液，并用湿草包覆盖混凝土表面，防止混凝土早期脱水破坏混凝土强度。

②配备好必要的防暑降温用品，搞好职工生活和健康，避免非正常性施工减员。

2)冬期施工。备足防冻抗寒物资，以便在寒流来临时正常施工；做好冬期施工混凝土、砂浆外掺剂试验工作。

四、施工总资源计划

1. 劳动力安排

本工程建筑单体多、工艺复杂、工作面广、一次性投入劳动力较多，计划日投入劳动力 600 人，高峰期日投入劳动力 1 000 人。本工程结构复杂、质量标准高、技术要求严、工期紧、对所操作人员的素质要求较高，所以在组织劳动力进场时，必须向操作人员详细作施工方案和作业计划交底，并且要组织操作人员上岗培训。培训内容包括规章制度、安全施工、操作技术和精神文明教育四个方面。

2. 主要机械设备和周转材料配备

本工程施工有以下特点：一是土石方工程量大，场地平整和基础开挖有大量土石方；二是垂直运输工程量大，本工程均是全现浇框架结构和钢筋混凝土筒仓结构，钢材、模板、脚手架和混凝土均需用垂直运输设备解决；三是工期紧，土建施工与设备安装立体穿插施工。根据以上施工特点，本工程施工所需的主要机械设备和周转材料配置如下：

(1)土石方开挖计划进场 5 台斗容量为 1 m^3 的小松 PC200 履带式挖掘机，配载重量为 10～15 t 的汽车 10 辆；单位工程土石方开挖时，挖掘机按工程开工的先后顺序内部调配。

(2)垂直运输配 5 台 TQ60 塔式起重机，基本可以覆盖整条生产线施工工作面。

(3)主要施工机械设备配备见表 3-3-24。

表 3-3-24 主要施工机械设备配备表

序号	名称	单位	规格	数量	备注
土　建					
1	塔式起重机	台	TQ60	5	
2	混凝土搅拌机	台	T1-350	10	
3	机动车	辆	1～3 t	2	
4	砂浆搅拌机	台	UJ325	6	
5	井架	座	1～2 t 卷扬机	8	
6	电焊机	台	26～28 kW	4	
7	电焊机	台	20 kV·A	5	
8	钢筋对焊机	台	100 kV	2	
9	钢筋电渣压力焊机	台	J2F500N750	2	
10	钢筋切断机	台	DYQ-32 型	4	
11	钢筋弯曲机	台	GW40	4	
12	钢筋调直机	台	GJ58-4	1	
13	圆盘锯	台	MJ114	3～5	
14	木工平刨	台	MB1043	3～5	
15	插入式振捣器	台	H2-50	25	
16	平板式振捣器	台		8	
17	潜水泵	台		5	
18	挖掘机	台	小松 PC200	5	
安　装					
1	交流电焊机	台	20 kV·A	10	
2	直流电焊机	台	26～28 kW	4	
3	滚板机	台	S=20 kW	1	
4	剪板机	台	S=20～28 kW	1	
5	电动卷扬机	台	10 t/20 kW、5 t/11 kW	4	
6	汽车式起重机	台	500 kN	2	
7	液压千斤顶	个	100 kN	4	
8	液压千斤顶	个	750 kN	2	
9	电动葫芦	只	50 kN	2	
10	手拉葫芦	只	20 kN	4	
11	手拉葫芦	只	30 kN	2	
12	手拉葫芦	只	50 kN	2	

续表

测量控制(土建)					
1	水准仪	台	S3	2	
2	经纬仪	台	J2	1	

(4)主要周转材料投入计划见表3-3-25。

表3-3-25 主要周转材料投入计划

品种	规格	数量	周转使用方法
胶合板	九夹板	55 000 m²	准备二层现浇板、桩、梁模，用于模板周转使用
定型钢模板	标准型	3 000 m²	准备二层钢模，用于现浇钢筋混凝土立壁爬模施工
钢管	ϕ48	1 500 t	用于柱、梁现浇平板立模，筒仓模板，脚手架
扣件	十字夹、对接夹、活动夹	10万只	与ϕ48钢管配套使用
回形销	标准型	2万只	与定型钢模配套使用
木模	25 mm、50 mm厚40 mm×60 mm方档及50 mm×80 mm方档	1 000 m² 300 m²	配合九夹板作梁底板及木挡使用
竹脚手片	1 m×1.2 m	30 000片	外脚手架安全防护用
绿色密目式安全网	标准厚	50 000 m²	外脚手架安全防护用

五、施工总平面图

1. 平面布置

在场地平整后，根据便于施工的原则，并考虑场内生产制作、材料、运输及文明施工的要求，进行施工总平面布置。项目部办公室搭设在设计配套设施区外，靠近原路边。为便于管理，集中搭设施工人员宿舍，生产道路、活动场地均采用混凝土硬地面。

2. 机械布置

(1)垂直运输设备：由于本工程为全现浇框架结构和钢筋混凝土筒仓结构，垂直运输工作量大，故垂直运输选用5台TQ60塔式起重机。

(2)挖土、运输机械：考虑基础土石方开挖，基础开挖选用小松PC200挖掘机5台、汽车10辆。

3. 施工用电、用水计划

现场配备400 kV·A变压器，由于施工现场用电不正常，设置一只总配电箱，总箱内分动力线、施工照明线路，采用三相五线制架设电线，并设接地保护装置。动力线分两路，一路供搅拌和塔式起重机，一路供钢筋和木工加工。

六、工程质量保证措施

项目部为实施有效的目标管理，在施工各阶段必须做好下列各项工作，并达到以下目标：

(1)确保合同范围内的全部建筑安装工程均按照现行国家标准进行施工，符合设计图纸要求。

在施工过程中，严格按国家颁发的施工验收规范、操作规程统一组织施工活动，坚持认真审图，按图施工，发现质量问题采取有效措施，绝不留隐患。

(2)做好各施工环节的质量检查，不合格原材料和不合格设备坚决不用(或不安装)；上道工序不合格，不得转入下道工序；及时做好隐蔽和分部(分项)工程检验。所有隐蔽工程需经现场监理代表或当地质检部门验收合格。

(3)推行全面质量管理的科学管理方法，认真贯彻施工方案，并详细进行技术交底，把施工所要遵照的质量标准，通过各种形式写出来，做到人人心中有数。

(4)项目部设专人负责质量检查和监督，加强原材料和各搅拌点的质量管理。

(5)加强测量放线。

(6)分部(分项)工程做好自检、互检、交接检，贯彻质量样板制、挂牌制、岗位责任制。

(7)以回转窑、原料磨、熟料粉磨、预热器的安装质量为样板，各专业工程的质量都要达到合格的标准，提高整个工程的质量。

(8)管道、钢结构、筒体焊接必须严格执行焊接工艺操作规程。

(9)调试是整个安装工作的主要部分，当一台设备安装完后，能试车的马上试车，发现问题及早处理。

(10)在施工过程中，认真、及时地收集工程档案资料，做到工程资料整理归档与工程进度同步进行。

(11)对设备基础的预留、预埋要认真复核，预留孔洞二次灌浆严格按有关规定执行。

(12)将质量与职工的经济利益挂钩，认真执行经济承包责任制。

(13)提升机底槽及屋面不出现渗漏，所有装饰工程达到设计要求和规范标准。

七、季节性施工措施

本工程从开工到竣工要经过夏季和冬季。为了保证在冬、夏季及雨期的正常施工，确保施工进度及质量，特制定以下措施。

1. 冬期施工措施

(1)混凝土工程。当室外日平均气温连续五天稳定低于5 ℃时，混凝土结构工程应采取冬期施工措施，并及时采取应对气温突然下降的防冻措施。混凝土冬期施工应采取如下措施：

1)尽可能避开寒潮进行混凝土浇筑施工。

2)在白天气温较高时把混凝土浇筑完毕，在混凝土表面立即覆盖双层草包保温。

3)根据《混凝土结构工程施工质量验收规范》(GB 50204—2015)的规定，冬期浇筑的混凝土在受冻前，用硅酸盐水泥或普通硅酸盐水泥配制的混凝土的抗压强度不得低于设计强度标准值的30%，用矿渣硅酸盐水泥配制的混凝土的抗压强度不得低于设计强度标准值的40%。

4)混凝土内掺CH-20高效能减水剂，以提高混凝土早期强度。

5)混凝土在浇筑前，应清除模板和钢筋上的冰雪和污物。在负温的情况下，混凝土表面必须覆盖草包养护，严禁浇水养护。

(2)砌体工程。当预计连续十天平均气温低于5 ℃时，砌体工程应采取冬期施工措施。砌体工程在冬期施工时，砖在砌筑前应清除冰雪，拌制砌筑砂浆采用普通硅酸盐水泥，灰膏要用草包覆盖，以防止冰冻。

(3)内外装饰工程。外装饰工程施工应尽可能避开冰冻雨雪天气。内装饰工程楼地面及内粉采取用草包、塑料布等遮闭门窗和用碘钨灯升温等办法，但必须有人值班，慎防火灾。

2. 雨期施工措施

(1)雨期施工安全措施。根据施工总图，利用自然地形、雨水井位置确定排水方向，在道路两侧、基坑四周及基坑中适当位置按规定坡度预先挖好排水沟和集水井，并设专人负责，随时疏通，确保施工排水通畅。

1)施工现场的仓库、加工棚、工具间等临时设施在雨期前应先修整、加固，保证不漏、不塌、周围不积水。

2)对脚手架、井架底、缆风绳的地锚等应进行全面检查，看其是否牢固，在大风雨前后要及时检查，发现问题要及时整改。

3)施工现场的机电设施应有可靠的防雨设施。

4)雨期前应全面检查照明和动力线有无混线、漏电，电线有无腐蚀、断裂，埋设是否牢固等，保证雨期中正常供电。

5)怕雨、怕潮、怕裂、怕倒的原材料、构件和设备等应放在室内，或设置坚实的基础堆放在较高处，或用篷布、塑料等封盖严密分别加以处理。

6)对施工现场的钢管脚手架、井字架等，在雷雨季节必须检查避雷装置，测试接地电阻，接地电阻不得大于4 Ω。施工期间遇有雷击或阴云密布有大雨时，操作人员应立即回到宿舍。

(2)砌体工程。砌体工程雨期施工时应采取以下措施：

1)本工程为混合结构，在雨期应注意：砌块必须集中堆放，不宜过多浇水，否则将造成砌块含水率过饱和，影响砌体质量。

2)砌筑砂浆采用中粗砂砂浆，以保证砂浆质量。

3)砌筑砂浆的稠度需适当减水，以免灰缝被压流浆，增加沉落。每日砌筑高度不宜超过1.2 m。

4)雨天继续施工时，需复检已完工砌体的垂直度和标高。

(3)混凝土工程。混凝土工程雨期施工时应采取以下措施：

1)在雨天对于混凝土应考虑浇筑过程中可能增加的水分，适当减小坍落度，以保证混凝土的密实度。

2)严格控制混凝土配合比的用水量，应充分考虑砂石中含水率的增大，及时调整用水量。

3)本工程混凝土浇筑工程量大，混凝土浇筑前，要了解最近几天的天气，避开大雨天。

4)本工程基础底板混凝土要求一次性浇筑完毕不留施工缝，故必须与气象台取得联系，确保晴天一次性浇筑完毕。

3. 暑期施工措施

(1)混凝土工程。为了防止暑期混凝土施工时受高温干热影响而产生裂缝等现象，施工时应采取以下措施：

1)混凝土浇筑前必须使模板湿润，吸足水分，拌制混凝土所用砂石材料在使用前应避免烈日暴晒或用自来水淋洒蒸发散热。

2)混凝土在运输过程中应防止水分过多蒸发，控制最短运输时间。

3)认真做好混凝土的养护工作，对已浇筑好的混凝土，要及时用草包加以覆盖，并浇水以保持混凝土湿润。

4)根据气温情况及混凝土的浇捣部位，正确选择混凝土的坍落度，必要时掺外加剂，以保持和改善混凝土的和易性，增大混凝土的流动性、黏聚性，减少混凝土的泌水性。

5)厚度较薄的顶板和屋面混凝土，安排在阴天或夜间施工，使混凝土水分不会因蒸发过快而产生收缩裂缝。

6)若遇到大雨需中断作业时，应按规范和设计要求振实并留施工缝。

(2)砌体工程。砌体工程夏季施工时应注意以下事项：

1)高温季节砌砖，要特别强调砖块的浇水，砌筑用砌块必须前一天浇水湿透，防止砂浆脱水造成砌体黏结不牢固。

2)砂浆级配要准确，应根据工作量，有计划地随配随用。为提高砂浆的保水情况，必要时可按规定要求掺入外加剂。

八、安全文明施工及技术措施

1. 安全文明标准化工地目标

项目部计划本工程达到安全文明标准化工地。

2. 安全文明施工总体方案

(1)场容场貌。

1)施工现场设五牌一图。竖立形象美观的大型工程概况牌，设在现场施工道路边。图牌规格统一，字迹端正，线条清晰。

2)施工现场内保持场容场貌整洁，物料堆放整齐，建筑垃圾集中清运，各种机具按施工平面图位置存放，做好标识。施工区域和生活区域严格分隔，生活区道路硬化。

(2)安全管理。

1)安全生产责任制。必须建立、健全各级安全生产责任制，职责分明，落实到人；各项经济承包行为中有明确的安全指标和包括奖惩办法在内的安全保证措施；承发(分)包或联营方之间依据有关法规签订安全生产协议书，做到主体合法、内容合法、程序合法，各自的权利和义务明确。

2)安全教育。

①对新工人实施三级安全教育，对变换工种的工人实施新工种的安全技术教育，并及时做好记录。

②工人应熟悉本工种安全技术操作规程，掌握本工程操作技能。

3)施工方案设计。施工方案设计要针对工程的特点、施工方法、所有的机械设备、电气、特殊作业、生产环境和季节影响等制订出相应的安全技术措施，由技术负责人员签名和技术部门盖章。

4)特种作业。各特种作业人员都按要求接受培训，考试合格后持证上岗，操作证不过期，名册齐全，真实无误。

5)安全检查。

6)班组的班前活动。

7)遵章守纪。

8)事故处理。

9)防火管理。

10)安全标牌。

(3)生活卫生。

1)办公室、会议室、阅览室内应卫生整洁，办公用品、学习资料摆放有序，环境要保持整洁，无污水和污物。

2)食堂外墙面应抹灰刷白，内墙面应贴白色釉面砖，抹水泥地面，安装纱门和纱窗。

3)食堂应设置通风、排水和污水排放设施，并配备一定数量的灭火器。

4)生、熟食品分开放置，并设有标记，有防蝇设施，室内不得有蚊蝇。

5)炊事人员上岗必须穿(戴)工作服(帽)，保持个人卫生，并每年进行一次健康检查，持卫生防疫部门核发的健康合格证上岗。

6)按照卫生、通风和照明要求设置更衣室、简易浴室等必要的职工生活设施，并建立定期清扫制度。

(4)宿舍卫生。

1)施工人员宿舍地面为混凝土地面，要保持宿舍卫生整洁、通风，日常用品放置整齐有序。

2)宿舍需设置 2 m×0.8 m 规格的单人床或上下双层床，禁止职工睡通铺。

3)宿舍周围设有专职清洁人员打扫生活区卫生。

(5)厕所卫生。

1)按照卫生标准和卫生作业要求设置相应数量的水冲式厕所、化粪池和活垃圾容器，人与厕所蹲位的比例为 30∶1，厕所墙面应抹灰刷白，便池贴瓷砖，并保持清洁卫生。

2)厕所卫生设有专人负责，定期进行冲刷、清理、消毒，防止蚊蝇等“四害”滋生。

(6)环境保护。

1)由于现场土质在干燥时易产生粉尘，所以对现场施工人员要注意劳动保护。同时遵照国家有关环境保护的法律规定采取有效措施，控制施工现场的各种粉尘、废气、废水、固体废弃物及噪声、振动对环境的污染和危害。

2)施工污水泥浆应妥善处理，经过沉淀的污水有序地通过现场排水沟排出。

3)不准从高处向下抛撒建筑垃圾，应采用有效措施控制施工过程中产生的粉尘，禁止将有毒、有害废弃物作土方回填。

(7)教育管理。

1)施工现场设置黑板报和宣传标语，利用广播对现场施工人员进行文明施工、安全施工及综合治理的教育，并注意适时更换内容。

2)施工现场严禁居住家属，严禁居民、家属、小孩在施工现场穿行、玩耍。

3)施工现场设立警告牌及防护措施，非施工人员严禁进入施工现场。

4)文明施工管理要按专业分工种实行场容管理责任制，有明确管理目标，并落实责任到人。

5)加强对现场文明施工情况的检查力度，每次检查完毕要有详细的书面记录。

3. 安全技术措施

(1)施工现场。

1)施工现场各种料具构件、机械电气设施、临时建筑必须按平面图布局和摆设。施工现场道路应保持畅通，排水良好。

2)各种材料机具构件应堆放整齐、有序，下脚料和施工完成后的机具应堆放在指定地点，做到工完场清、文明施工。

3)施工现场要有醒目的安全标语，并有符合国家标准的安全标志和安全色标。

4)施工现场的易燃易爆场所要有显著的标志和充足、有效的消防器材。

(2)施工用电。导线穿墙、坑、洞、棚或过路时应穿管保护，严禁乱拉乱扯电线；地下沟槽内、筒库体内及操作时使用的充电灯和手把行灯电压不得超过 36 V；潮湿场所、金属容器内电压不得超过 12 V；露天装设的灯具的灯口和开关要有防水装置，与地面间距不得小于 2.5 m；碘钨灯应设在 3 m 以上，导线固定引靠，不得靠近灯具；配电箱、熔丝等要根据现场条件，依据规程、规范进行布置；所有电工必须持证上岗。

(3)起重吊装。

1)较大设备的吊装，其安装及作业需编制施工方案，安全技术保证措施要可靠详尽。

2)各种起重机械要按规范规定配齐可靠有效的安全装置。在大雾和风力大于 6 级的天气下暂停起重和高空作业。

3)龙门架、井的安装，塔式起重机的安装与拆除，应根据实际情况编制安全技术交底，施工负责人应向小组交底并组织施工，安装搭设完后按规定验收签字后挂牌方可使用。

4)吊装区域内，严禁在作业半径范围内站人、通行。

5)经常对起重和垂直运输机具绳索、刹车器等进行检查，确保负荷要求。

(4)“三宝”及“四口”的防护。“三宝”及“四口”防护中的“三宝”指的是安全帽、安全带、安全网；“四口”指的是楼梯口、电梯井口、预留洞口、通道口。

1)凡进入施工现场的人员必须正确佩戴安全帽，高处作业的人员严禁穿硬底鞋、塑料鞋、拖鞋。

2)根据作业种类选择合适的安全带，凡在 2 m 及 2 m 以上高处的作业人员必须系好安全带。

3)在高处作业和交叉施工现场，必须设置外围栏杆，挂安全密目网，护身栏杆应超过操作面1 m高。

4)在建工程的楼梯口、电梯井口、通道口、预留洞口均应进行防护，设不低于1.2 m的双道防护栏杆，上料口要加可移动的栏杆。

5)在建工程临建设施、设备，未安装栏杆的平台及槽、坑、沟等都要根据情况做好防护，深度超过2 m的必须设防护栏杆，靠近人行道的夜间必须设红灯示警。

附录

《建筑施工组织设计规范》
（GB/T 50502—2009）
2009年10月1日起实行

目　录

1　总　　则

1.0.1　为规范建筑施工组织设计的编制与管理，提高建筑工程施工管理水平，制定本规范。

1.0.2　本规范适用于新建、扩建和改建等建筑工程的施工组织设计的编制与管理。

1.0.3　建筑施工组织设计应结合地区条件和工程特点进行编制。

1.0.4　建筑施工组织设计的编制与管理，除应符合本规范规定外，尚应符合国家现行有关标准的规定。

2　术　　语

2.0.1　施工组织设计(construction organization plan)

以施工项目为对象编制的，用以指导施工的技术、经济和管理的综合性文件。

2.0.2　施工组织总设计(general construction organization plan)

以若干单位工程组成的群体工程或特大型项目为主要对象编制的施工组织设计，对整个项目的施工过程起统筹规划、重点控制的作用。

2.0.3　单位工程施工组织设计(construction organization plan for unit project)

以单位(子单位)工程为主要对象编制的施工组织设计，对单位(子单位)工程的施工过程起指导和制约作用。

2.0.4　施工方案(construction scheme)

以分部(分项)工程或专项工程为主要对象编制的施工技术与组织方案，用以具体指导其施工过程。

2.0.5　施工组织设计的动态管理(dynamic management of construction organization plan)

在项目实施过程中，对施工组织设计的执行、检查和修改的适时管理活动。

2.0.6　施工部署(construction arrangement)

对项目实施过程做出的统筹规划和全面安排，包括项目施工主要目标、施工顺序及空间组织、施工组织安排等。

2.0.7　项目管理组织机构(project management organization)

施工单位为完成施工项目建立的项目施工管理机构。

2.0.8　施工进度计划(construction schedule)

为实现项目设定的工期目标，对各项施工过程的施工顺序、起止时间和相互衔接关系所作的统筹策划和安排。

2.0.9　施工资源(construction resources)

为完成施工项目所需要的人力、物资等生产要素。

2.0.10　施工现场平面布置(construction site layout plan)

在施工用地范围内，对各项生产、生活设施及其他辅助设施等进行规划和布置。

2.0.11　进度管理计划(schedule management plan)

保证实现项目施工进度目标的管理计划，包括对进度及其偏差进行测量、分析，采取的必要措施和计划变更等。

2.0.12　质量管理计划(quality management plan)

保证实现项目施工质量目标的管理计划，包括制定、实施、评价所需的组织机构、职责、程序以及采取的措施和资源配置等。

2.0.13　安全管理计划(safety management plan)

保证实现项目施工职业健康安全目标的管理计划，包括制定、实施所需的组织机构、职责、程序以及采取的措施和资源配置等。

2.0.14　环境管理计划(environment management plan)

保证实现项目施工环境目标的管理计划，包括制定、实施所需的组织机构、职责、程序以及采取的措施和资源配置等。

2.0.15　成本管理计划(cost management plan)

保证实现项目施工成本目标的管理计划，包括成本预测、实施、分析、采取的必要措施和计划变更等。

3　基本规定

3.0.1　施工组织设计按编制对象，可分为施工组织总设计、单位工程施工组织设计和施工方案。

3.0.2　施工组织设计的编制必须遵循工程建设程序，并应符合下列原则：

1　符合施工合同或招标文件中有关工程进度、质量、安全、环境保护、造价等方面的要求；

2　积极开发、使用新技术和新工艺，推广应用新材料和新设备；

3　坚持科学的施工程序和合理的施工顺序，采用流水施工和网络计划等方法，科学配置资源，合理布置现场，采取季节性施工措施，实现均衡施工，达到合理的经济技术指标；

4　采取技术和管理措施，推广建筑节能和绿色施工；

5　与质量、环境和职业健康安全三个管理体系有效结合。

3.0.3　施工组织设计应以下列内容作为编制依据：

1　与工程建设有关的法律、法规和文件；

2　国家现行有关标准和技术经济指标；

3　工程所在地区行政主管部门的批准文件，建设单位对施工的要求；

4　工程施工合同或招标投标文件；

5　工程设计文件；

6　工程施工范围内的现场条件，工程地质及水文地质、气象等自然条件；

7　与工程有关的资源供应情况；

8　施工企业的生产能力、机具设备状况、技术水平等。

3.0.4　施工组织设计应包括编制依据、工程概况、施工部署、施工进度计划、施工准备与资源配置计划、主要施工方法、施工现场平面布置及主要施工管理计划等基本内容。

3.0.5　施工组织设计的编制和审批应符合下列规定：

1　施工组织设计应由项目负责人主持编制，可根据需要分阶段编制和审批；

2　施工组织总设计应由总承包单位技术负责人审批；单位工程施工组织设计应由施工单位技术负责人或技术负责人授权的技术人员审批；施工方案应由项目技术负责人审批；重点、难点分部(分项)工程和专项工程施工方案应由施工单位技术部门组织相关专家评审，施工单位技术负责人批准；

3　由专业承包单位施工的分部(分项)工程或专项工程的施工方案，应由专业承包单位技术负责人或技术负责人授权的技术人员审批；有总承包单位时，应由总承包单位项目技术负责人核准备案；

4　规模较大的分部(分项)工程和专项工程的施工方案应按单位工程施工组织设计进行编制和审批。

3.0.6　施工组织设计应实行动态管理，并符合下列规定：

1　项目施工过程中，发生以下情况之一时，施工组织设计应及时进行修改或补充：

1)工程设计有重大修改；

2)有关法律、法规、规范和标准的实施、修订和废止；

3)主要施工方法有重大调整；

4)主要施工资源配置有重大调整；

5)施工环境有重大改变。

2　经修改或补充的施工组织设计应重新审批后实施；

3　项目施工前，应进行施工组织设计逐级交底；项目施工过程中，应对施工组织设计的执行情况进行检查、分析并适时调整。

3.0.7　施工组织设计应在工程竣工验收后归档。

4　施工组织总设计

4.1　工程概况

4.1.1　工程概况应包括项目主要情况和项目主要施工条件等。

4.1.2　项目主要情况应包括下列内容：

1　项目名称、性质、地理位置和建设规模；

2　项目的建设、勘察、设计和监理等相关单位的情况；

3　项目设计概况；

4　项目承包范围及主要分包工程范围；

5　施工合同或招标文件对项目施工的重点要求；

6　其他应说明的情况。

4.1.3　项目主要施工条件应包括下列内容：

1　项目建设地点气象状况；

2　项目施工区域地形和工程水文地质状况；

3　项目施工区域地上、地下管线及相邻的地上、地下建(构)筑物情况；

4　与项目施工有关的道路、河流等状况；

5　当地建筑材料、设备供应和交通运输等服务能力状况；

6　当地供电、供水、供热和通信能力状况；

7　其他与施工有关的主要因素。

4.2　总体施工部署

4.2.1　施工组织总设计应对项目总体施工作出下列宏观部署：

1　确定项目施工总目标，包括进度、质量、安全、环境和成本等目标；

2　根据项目施工总目标的要求，确定项目分阶段(期)交付的计划；

3　确定项目分阶段(期)施工的合理顺序及空间组织。

4.2.2　对于项目施工的重点和难点应进行简要分析。

4.2.3　总承包单位应明确项目管理组织机构形式，并宜采用框图的形式表示。

4.2.4　对于项目施工中开发和使用的新技术、新工艺应作出部署。

4.2.5　对主要分包项目施工单位的资质和能力应提出明确要求。

4.3　施工总进度计划

4.3.1　施工总进度计划应按照项目总体施工部署的安排进度编制。

4.3.2　施工总进度计划可采用网络图或横道图表示，并附必要说明。

4.4　总体施工准备与主要资源配置计划

4.4.1　总体施工准备应包括技术准备、现场准备和资金准备等。

4.4.2　技术准备、现场准备和资金准备应满足项目分阶段(期)施工的需要。

4.4.3　主要资源配置计划应包括劳动力配置计划和物资配置计划等。

4.4.4　劳动力配置计划应包括下列内容：

1　确定各施工阶段(期)的总用工量；

2　根据施工总进度计划确定各施工阶段(期)的劳动力配置计划。

4.4.5　物资配置计划应包括下列内容：

1　根据施工总进度计划确定主要工程材料和设备的配置计划；

2　根据总体施工部署和施工总进度计划确定主要施工周转材料和施工机具的配置计划。

4.5　主要施工方法

4.5.1　施工组织总设计应对项目涉及的单位(子单位)工程和主要分部(分项)工程所采用的施工方法进行简要说明。

4.5.2　对脚手架工程、起重吊装工程、临时用水用电工程、季节性施工等专项工程所采用的施工方法进行简要说明。

4.6　施工总平面布置

4.6.1　施工总平面布置图应符合下列原则：

1　平面布置科学合理，施工场地占用面积少；

2　合理组织运输，减少二次搬运；

3　施工区域的划分和场地的临时占用应符合总体施工部署和施工流程的要求，减少相互干扰；

4　充分利用既有建(构)筑物和既有设施为项目施工服务，降低临时设施的建造费用；

5　临时设施应方便生产和生活，办公区、生活区和生产区宜分离设置；

6　符合节能、环保、安全和消防等要求；

7　遵守当地主管部门和建设单位关于施工现场安全文明施工的相关规定。

4.6.2　施工总平面布置应符合下列要求：

1 根据项目总体施工部署，绘制现场不同阶段(期)的总平面布置图；

2 施工总平面布置图的绘制应符合国家相关标准的要求并附必要说明。

4.6.3 施工总平面布置图应包括下列内容：

1 项目施工用地范围内的地形状况；

2 全部拟建的建(构)筑物和其他基础设施的位置；

3 项目施工用地范围内的加工设施，运输设施，存贮设施，供电设施，供水供热设施，排水排污设施，临时施工道路和办公、生活用房等；

4 施工现场必备的安全、消防、保卫和环境保护等设施；

5 相邻的地上、地下既有建(构)筑物及相关环境。

5 单位工程施工组织设计

5.1 工程概况

5.1.1 工程概况应包括工程主要情况、各专业设计简介和工程施工条件等。

5.1.2 工程主要情况应包括下列内容：

1 工程名称、性质和地理位置；

2 工程的建设、勘察、设计、监理和总承包等相关单位的情况；

3 工程承包范围和分包工程范围；

4 施工合同、招标文件或总承包单位对工程施工的重点要求；

5 其他应说明的情况。

5.1.3 各专业设计简介应包括下列内容：

1 建筑设计简介应依据建设单位提供的建筑设计文件进行描述，包括建筑规模、建筑功能、建筑特点、建筑耐火、防水及节能要求等，并应简单描述工程的主要装修做法；

2 结构设计简介应依据建设单位提供的结构设计文件进行描述，包括结构形式、地基基础形式、结构安全等级、抗震设防类别、主要结构构件类型及要求等；

3 机电及设备安装专业设计简介应依据建设单位提供的各相关专业设计文件进行描述，包括给水、排水及采暖系统、通风与空调系统、电气系统、智能化系统、电梯等各个专业系统的做法要求。

5.1.4 工程施工条件应参照本规范第4.1.3条所列主要内容进行说明。

5.2 施工部署

5.2.1 工程施工目标应根据施工合同、招标文件以及本单位对工程管理目标的要求确定，包括进度、质量、安全、环境和成本等目标。各项目标应满足施工组织总设计中确定的总体目标。

5.2.2 施工部署中的进度安排和空间组织应符合下列规定：

1 工程主要施工内容及其进度安排应明确说明，施工顺序应符合工序逻辑关系；

2 施工流水段应结合工程具体情况分阶段进行划分；单位工程施工阶段的划分一般包括地基基础、主体结构、装修装饰和机电设备安装四个阶段。

5.2.3 对工程施工的重点和难点应进行分析，包括组织管理和施工技术两个方面。

5.2.4 工程管理的组织机构形式应按照本规范第4.2.3条的规定执行，并确定项目经理部的工作岗位设置及其职责划分。

5.2.5 对工程施工中开发和使用的新技术、新工艺应作出部署，对新材料和新设备的使用应提出技术及管理要求。

5.2.6　对主要分包工程施工单位的选择要求及管理方式应进行简要说明。

5.3　施工进度计划

5.3.1　单位工程施工进度计划应按照施工部署的安排进行编制。

5.3.2　施工进度计划可采用网络图或横道图表示，并附必要说明；对于工程规模较大或较复杂的工程，宜采用网络图表示。

5.4　施工准备与资源配置计划

5.4.1　施工准备应包括技术准备、现场准备和资金准备等。

1　技术准备应包括施工所需技术资料的准备、施工方案编制计划、试验检验及设备调试工作计划、样板制作计划等；

1)主要分部(分项)工程和专项工程在施工前应单独编制施工方案，施工方案可根据工程进展情况，分阶段编制完成；对需要编制的主要施工方案应制定编制计划；

2)试验检验及设备调试工作计划应根据现行规范、标准中的有关要求及工程规模、进度等实际情况制定；

3)样板制作计划应根据施工合同或招标文件的要求并结合工程特点制定。

2　现场准备应根据现场施工条件和工程实际需要，准备现场生产、生活等临时设施。资金准备应根据施工进度计划编制资金使用计划。

3　资金准备计划应包括施工进度计划编制资金使用计划。

5.4.2　资源配置计划应包括劳动力配置计划和物资配置计划等。

1　劳动力配置计划应包括下列内容：

1)确定各施工阶段用工量；

2)根据施工进度计划确定各施工阶段劳动力配置计划。

2　物资配置计划应包括下列内容：

1)主要工程材料和设备的配置计划应根据施工进度计划确定，包括各施工阶段所需主要工程材料、设备的种类和数量；

2)工程施工主要周转材料和施工机具的配置计划应根据施工部署和施工进度计划确定，包括各施工阶段所需主要周转材料、施工机具的种类和数量。

5.5　主要施工方案

5.5.1　单位工程应按照《建筑工程施工质量验收统一标准》(GB 50300—2013)中分部(分项)工程的划分原则，对主要分部(分项)工程制定施工方案。

5.5.2　对脚手架工程、起重吊装工程、临时用水用电工程、季节性施工等专项工程所采用的施工方案应进行必要的验算和说明。

5.6　施工现场平面布置

5.6.1　施工现场平面布置图应参照本规范第4.6.1条和第4.6.2条的规定并结合施工组织总设计，按不同施工阶段分别绘制。

5.6.2　施工现场平面布置图应包括下列内容：

1　工程施工场地状况；

2　拟建建(构)筑物的位置、轮廓尺寸、层数等；

3　工程施工现场的加工设施、存贮设施、办公和生活用房等的位置和面积；

4　布置在工程施工现场的垂直运输设施、供电设施、供水供热设施、排水排污设施和临时施工道路等；

5　施工现场必备的安全、消防、保卫和环境保护等设施；

6　相邻的地上、地下既有建(构)筑物及相关环境。

6　施工方案

6.1　工程概况

6.1.1　工程概况应包括工程主要情况、设计简介和工程施工条件等。

6.1.2　工程主要情况应包括：分部(分项)工程或专项工程名称，工程参建单位的相关情况，工程的施工范围，施工合同、招标文件或总承包单位对工程施工的重点要求等。

6.1.3　设计简介应主要介绍施工范围内的工程设计内容和相关要求。

6.1.4　工程施工条件应重点说明与分部(分项)工程或专项工程相关的内容。

6.2　施工安排

6.2.1　工程施工目标包括进度、质量、安全、环境和成本等目标，各项目标应满足施工合同、招标文件和总承包单位对工程施工的要求。

6.2.2　工程施工顺序及施工流水段应在施工安排中确定。

6.2.3　针对工程的重点和难点，进行施工安排并简述主要管理和技术措施。

6.2.4　工程管理的组织机构及岗位职责应在施工安排中确定，并应符合总承包单位的要求。

6.3　施工进度计划

6.3.1　分部(分项)工程或专项工程的施工进度计划应按照施工安排，并结合总承包单位的施工进度计划进行编制。

6.3.2　施工进度计划可采用网络图或横道图表示，并附必要说明。

6.4　施工准备与资源配置计划

6.4.1　施工准备应包括下列内容：

1　技术准备：包括施工所需技术资料的准备、图纸深化和技术交底的要求、试验检验及测试工作计划、样板制作计划以及相关单位的技术交接计划等；

2　现场准备：包括生产、生活等临时设施的准备以及与相关单位进行现场交接的计划等；

3　资金准备：编制资金使用计划等。

6.4.2　资源配置计划应包括下列内容：

1　劳动力配置计划：确定工程用工量并编制专业工种劳动力计划表；

2　物资配置计划：包括工程材料和设备配置计划，周转材料和施工机具配置计划以及计量、测量和检验仪器配置计划等。

6.5　施工方法及工艺要求

6.5.1　明确分部(分项)工程或专项工程的施工方法并进行必要的技术核算，对主要分项工程(工序)明确施工工艺要求。

6.5.2　对易发生质量通病、易出现安全问题、施工难度大、技术含量高的分项工程(工序)等应作出重点说明。

6.5.3　对开发和使用的新技术、新工艺以及采用的新材料、新设备应进行必要的试验或论证并制定计划。

6.5.4　对季节性施工应提出具体要求。

7　主要施工管理计划

7.1　一般规定

7.1.1　施工管理计划应包括进度管理计划、质量管理计划、安全管理计划、环境管理计划、成本管理计划以及其他管理计划等内容。

7.1.2　各项管理计划的制定，应根据项目的特点有所侧重。

7.2　进度管理计划

7.2.1　项目施工进度管理应按照项目施工的技术规律和合理的施工顺序，保证各工序在时间上和空间上顺利衔接。

7.2.2　进度管理计划应包括下列内容：

1　对项目施工进度计划进行逐级分解，通过阶段性目标的实现保证最终工期目标的完成；

2　建立施工进度管理的组织机构并明确职责，制定相应的管理制度；

3　针对不同施工阶段的特点，制定进度管理的相应措施，包括施工组织措施、技术措施和合同措施等；

4　建立施工进度动态管理机制，及时纠正施工过程中的进度偏差，并制定特殊情况下的赶工措施；

5　根据项目周边环境特点，制定相应的协调措施，减少外部因素对施工进度的影响。

7.3　质量管理计划

7.3.1　质量管理计划可参照《质量管理体系　要求》(GB/T 19001—2016)，在施工单位质量管理体系的框架内编制。

7.3.2　质量管理计划应包括下列内容：

1　按照项目具体要求确定质量目标并进行目标分解，质量指标应具有可测量性；

2　建立项目质量管理的组织机构并明确职责；

3　制定符合项目特点的技术保障和资源保障措施，通过可靠的预防控制措施，保证质量目标的实现；

4　建立质量过程检查制度，并对质量事故的处理作出相应的规定。

7.4　安全管理计划

7.4.1　安全管理计划可参照《职业健康安全管理体系　要求及使用指南》(GB/T 45001—2020)，在施工单位安全管理体系的框架内编制。

7.4.2　安全管理计划应包括下列内容：

1　确定项目重要危险源，制定项目职业健康安全管理目标；

2　建立有管理层次的项目安全管理组织机构并明确职责；

3　根据项目特点，进行职业健康安全方面的资源配置；

4　建立具有针对性的安全生产管理制度和职工安全教育培训制度；

5　针对项目重要危险源，制定相应的安全技术措施；对达到一定规模的危险性较大的分部(分项)工程和特殊工种的作业应制定专项安全技术措施的编制计划；

6　根据季节、气候的变化，制定相应的季节性安全施工措施；

7　建立现场安全检查制度，并对安全事故的处理作出相应规定。

7.4.3　现场安全管理应符合国家和地方政府部门的要求。

7.5　环境管理计划

7.5.1　环境管理计划可参照《环境管理体系　要求及使用指南》(GB/T 24001—2016)，在施工单位环境管理体系的框架内编制。

7.5.2　环境管理计划应包括下列内容：

1　确定项目重要环境因素，制定项目环境管理目标；

2　建立项目环境管理的组织机构并明确职责；

3　根据项目特点，进行环境保护方面的资源配置；

4　制定现场环境保护的控制措施；

5　建立现场环境检查制度，并对环境事故的处理作出相应规定。

7.5.3　现场环境管理应符合国家和地方政府部门的要求。

7.6　成本管理计划

7.6.1　成本管理计划应以项目施工预算和施工进度计划为依据编制。

7.6.2　成本管理计划应包括下列内容：

1　根据项目施工预算，制定项目施工成本目标；

2　根据施工进度计划，对项目施工成本目标进行阶段分解；

3　建立施工成本管理的组织机构并明确职责，制定相应的管理制度；

4　采取合理的技术、组织和合同等，控制施工成本；

5　确定科学的成本分析方法，制定必要的纠偏措施和风险控制措施。

7.6.3　必须正确处理成本与进度、质量、安全和环境等之间的关系。

7.7　其他管理计划

7.7.1　其他管理计划宜包括绿色施工管理计划，防火保安管理计划，合同管理计划，组织协调管理计划，创优质工程管理计划，质量保修管理计划以及对施工现场人力资源、施工机具、材料设备等生产要素的管理计划等。

7.7.2　其他管理计划可根据项目的特点和复杂程度加以取舍。

7.7.3　各项管理计划的内容应有目标，有组织机构，有资源配置，有管理制度和技术、组织措施等。

《建筑施工组织设计规范》
(GB/T 50502—2009)
条文说明

1　总　　则

1.0.1　建筑施工组织设计在我国已有几十年的历史，其虽然产生于计划经济管理体制下，但在实际的运行当中，对规范建筑工程施工管理确实起到了相当重要的作用，在目前的市场经济条件下，它已成为建筑工程施工招投标和组织施工必不可少的重要文件。但是，由于以前没有专门的规范加以约束，各地方、各企业对建筑施工组织设计的编制和管理要求各异，这给施工企业跨地区经营和内部管理造成了一些混乱。同时，我国幅员辽阔，各地方施工企业的机具装备、管理能力和技术水平差异较大，这也造成各企业编制的施工组织设计质量参差不齐。因此，有必要制定一部国家级的《建筑施工组织设计规范》，予以规范和指导。

1.0.3　各地区施工条件千差万别，造成建筑工程施工所面对的困难各不相同，其施工的重点和难点也各不相同，施工组织设计应针对这些重点和难点进行重点阐述，对常规的施工方法的介绍应简明扼要。

2　术　　语

2.0.1　施工组织设计是我国在工程建设领域长期沿用下来的名称，西方国家一般称之为施工计划或工程项目管理。在《建设项目工程总承包管理规范》(GB/T 50358—2017)中，把施工单位这部分工作分成了两个阶段，即项目管理计划和项目实施计划。施工组织设计既不是这两个阶段的某一阶段的内容，也不是两个阶段内容的简单合成，它是综合了施工组织设计在我国长期使用的惯例和各地方的实际使用效果而逐步积累的内容精华。

施工组织设计在投标阶段通常被称为技术标，但它不是仅包含技术方面的内容，同时也涵盖了施工管理和造价控制方面的内容，是一个综合性的文件。

2.0.2　在我国，大型房屋建筑工程标准一般指：

1　25 层及以上的房屋建筑工程；

2　高度在 100 m 及以上的构筑物或建筑物工程；

3　单体建筑面积在 30 000 m^2 及以上的房屋建筑工程；

4　单跨跨度在 30 m 及以上的房屋建筑工程；

5　建筑面积在 100 000 m^2 及以上的住宅小区或建筑群体工程；

6　单项建安合同额在 1 亿元及以上的房屋建筑工程。

但在实际操作中，具备上述规模的建筑工程很多只需编制单位工程施工组织设计，需要编制施工组织总设计的建筑工程，其规模应当超过上述大型建筑工程的标准，通常需要分期分批建设，可称为特大型项目。

2.0.3　单位工程和子单位工程的划分原则，在《建筑工程施工质量验收统一标准》(GB 50300—2013)中已经明确。需要说明的是，对于已经编制了施工组织总设计的项目，单位工程施工组织设计应是施工组织总设计的进一步具体化，直接指导单位工程的施工管理和技术经济活动。

2.0.4　施工方案在某些时候也被称为分部(分项)工程或专项工程施工组织设计，但考虑到通常情况下施工方案是施工组织设计的进一步细化，是施工组织设计的补充，施工组织设计的某些内容在施工方案中无须赘述，因而本规范将其定义为施工方案。

2.0.5　建筑工程具有产品的单一性，同时作为一种产品，又具有漫长的生产周期。施工组织设计是工程技术人员运用以往的知识和经验，对建筑工程的施工预先设计的一套运作程序和实施方法，但由于人们知识经验的差异以及客观条件的变化，施工组织设计在实际执行中，难免会遇到不适用的部分，这就需要针对新情况进行修改或补充。同时，作为施工指导书，又必须将其意图贯彻到具体操作人员，使操作人员按指导书进行作业，这是一个动态的管理过程。

2.0.6 施工部署是施工组织设计的纲领性内容，施工进度计划、施工准备与资源配置计划、施工方法、施工现场平面布置和主要施工管理计划等施工组织设计的组成内容都应该围绕施工部署的原则编制。

2.0.7 项目管理组织机构是施工单位内部的管理组织机构，是为某一具体施工项目而设立的，其岗位设置应和项目规模匹配，人员应具备相应的上岗资格。

2.0.8 施工进度计划要保证拟建工程在规定的期限内完成，保证施工的连续性和均衡性，节约施工费用。编制施工进度计划需依据建筑工程施工的客观规律和施工条件，参考工期定额，综合考虑资金、材料、设备、劳动力等资源的投入。

2.0.9 施工资源是工程施工过程中所必须投入的各类资源，包括劳动力、建筑材料和设备、周转材料、施工机具等。施工资源具有有用性和可选择性等特征。

2.0.10 施工现场就是建筑产品的组装厂，由于建筑工程和施工场地千差万别，施工现场平面布置因人、因地而异。合理布置施工现场，对保证工程施工顺利进行具有重要意义，施工现场平面布置应遵循方便、经济、高效、安全、环保、节能的原则。

2.0.11 施工进度计划的实现离不开管理上和技术上的具体措施。另外，在工程施工进度计划的执行过程中，由于各方面条件的变化，实际进度经常脱离原计划，这就需要施工管理者随时掌握工程施工进度，检查和分析进度计划的实施情况，及时进行必要的调整，保证施工进度总目标的完成。

2.0.12 工程质量目标的实现需要具体的管理和技术措施，根据工程质量形成的时间阶段，工程质量管理可分为事前管理、事中管理和事后管理，质量管理的重点应放在事前管理。

2.0.13 建筑工程施工安全管理应贯彻“安全第一、预防为主”的方针。施工现场的大部分伤亡事故是没有安全技术措施、缺乏安全技术知识、不做安全技术交底、安全生产责任制不落实、违章指挥、违章作业造成的。因此，必须建立完善的施工现场安全生产保证体系，才能确保职工的安全和健康。

2.0.14 建筑工程施工过程中不可避免地会产生施工垃圾、粉尘、污水以及噪声等环境污染，制定环境管理计划就是要通过可行的管理和技术措施，使环境污染降到最低。

2.0.15 建筑产品生产周期长，这增加了施工成本控制的难度。成本管理的基本原理就是把计划成本作为施工成本的目标值，在施工过程中定期地进行实际值与目标值的比较，通过比较找出实际支出额与计划成本之间的差距，分析产生偏差的原因，并采取有效的措施加以控制，以保证目标值的实现或减小与其之间的差距。

3 基本规定

3.0.1 建筑施工组织设计还可以按照编制阶段的不同，分为投标阶段施工组织设计和实施阶段施工组织设计。本规范在施工组织设计的编制与管理上，对这两个阶段的施工组织设计没有分别规定，但在实际操作中，编制投标阶段施工组织设计，强调的是符合招标文件的要求，以中标为目的；编制实施阶段施工组织设计，强调的是可操作性，同时鼓励企业技术创新。

3.0.2 我国工程建设程序可归纳为以下四个阶段：投资决策阶段、勘察设计阶段、项目施工阶段、竣工验收和交付使用阶段。本条规定了编制施工组织设计应遵循的原则。

2　在目前的市场经济条件下，企业应当积极利用工程特点，组织开发、创新施工技术和施工工艺。

5　为保证持续满足过程能力和质量保证的要求，国家鼓励企业进行质量、环境和职业健康安全管理体系的认证，且目前该三个管理体系的认证在我国建筑行业中已较普及，并且建立了企业内部管理体系文件，编制施工组织设计时，不应违背上述管理体系文件的要求。

3.0.3　本条规定了施工组织设计的编制依据，其中技术经济指标主要指各地方的建筑工程概预算定额和相关规定。虽然建筑行业目前使用了清单计价的方法，但各地方制定的概预算定额在造价控制、材料和劳动力消耗等方面仍起一定的指导作用。

3.0.4　本条仅对施工组织设计的基本内容加以规定，根据工程的具体情况，施工组织设计的内容可以添加或删减，本规范并不对施工组织设计的具体章节顺序加以规定。

3.0.5　本条对施工组织设计的编制和审批进行了规定。

1　有些分期分批建设的项目跨越时间很长，还有些项目的地基基础、主体结构、装修装饰和机电设备安装并不是由一个总承包单位完成的，此外还有一些情况特殊的项目，在征得建设单位同意的情况下，施工单位可分阶段编制施工组织设计。

2　《建设工程安全生产管理条例》(国务院第393号令)中规定：对下列达到一定规模的危险性较大的分部(分项)工程编制专项施工方案，并附安全验算结果，经施工单位技术负责人、总监理工程师签字后实施：

1)基坑支护与降水工程；

2)土方开挖工程；

3)模板工程；

4)起重吊装工程；

5)脚手架工程；

6)拆除、爆破工程；

7)国务院建设行政主管部门或者其他有关部门规定的其他危险性较大的工程。

对前款所列工程中涉及深基坑、地下暗挖工程、高大模板工程的专项施工方案，施工单位还应当组织专家进行论证、审查。

除上述《建设工程安全生产管理条例》中规定的分部(分项)工程外，施工单位还应根据项目特点和地方政府部门的有关规定，对具有一定规模的重点、难点分部(分项)工程进行相关论证。

4　有些分部(分项)工程或专项工程，如主体结构为钢结构的大型建筑工程，其钢结构分部规模很大且在整个工程中占有重要的地位，需另行分包，遇有这种情况的分部(分项)工程或专项工程，其施工方案应按施工组织设计进行编制和审批。

3.0.6　本条规定了施工组织设计动态管理的内容。

1　施工组织设计动态管理的内容之一，就是对施工组织设计的修改或补充。

1)当工程设计图纸发生重大修改时，如地基基础或主体结构的形式发生变化、装修材料或做法发生重大变化、机电设备系统发生大的调整等，需要对施工组织设计进行修改；对工程设计图纸的一般性修改，视变化情况对施工组织设计进行补充；对工程设计图纸的细微修改或更正，施工组织设计则无需调整。

2)当有关法律、法规、规范和标准开始实施或发生变更，并涉及工程的实施、检查或验收时，施工组织设计需要进行修改或补充。

3)由于主客观条件的变化，施工方法有重大变更，原来的施工组织设计已不能正确地指导施工，需对施工组织设计进行修改或补充。

4)当施工资源的配置有重大变更，并且影响到施工方法的变化或对施工进度、质量、安全、环境、造价等造成潜在的重大影响时，需对施工组织设计进行修改或补充。

5)当施工环境发生重大改变，如施工延期造成季节性施工方法变化、施工场地变化造成现场布置和施工方式改变等，致使原来的施工组织设计已不能正确地指导施工时，需对施工组织设计进行修改或补充。

2 经过修改或补充的施工组织设计原则上需经原审批级别重新审批。

4 施工组织总设计

4.1 工程概况

在编制工程概况时，为了清晰易读，宜采用图表说明。

4.1.2 本条规定了项目主要情况应包括的内容。

1 项目性质可分为工业和民用两大类，应简要介绍项目的使用功能；建设规模可包括项目的占地总面积、投资规模(产量)、分期分批建设范围等。

3 简要介绍项目的建筑面积、建筑高度、建筑层数、结构形式、建筑结构或装饰材料、建筑抗震设防烈度、安装工程和机电设备的配置等情况。

4.1.3 本条规定了项目主要施工条件应包括的内容。

1 简要介绍项目建设地点的气温，雨、雪、风和雷电等气象变化情况以及冬、雨期的期限和冬季土的冻结深度的情况。

2 简要介绍项目施工区域地形变化和绝对标高，地质构造、土的性质和类别，地基土的承载力，河流流量和水质，最高洪水和枯水期的水位，地下水水位的高低变化，含水层的厚度、流向、流量和水质等情况；

5 简要介绍建设项目的主要材料、特殊材料和生产工艺设备供应条件及交通运输条件；

6 根据当地供电、供水、供热和通信情况，按照施工需求，描述相关资源提供能力及解决方案。

4.2 总体施工部署

4.2.1 施工组织总设计应对项目总体施工作出宏观部署。

2 建设项目通常是由若干个相对独立的投产或交付使用的子系统组成的，如大型工业项目有主体生产系统、辅助生产系统和附属生产系统之分，住宅小区有居住建筑、服务性建筑和附属性建筑之分。可以根据项目施工总目标的要求，将建设项目划分为分期(分批)投产或交付使用的独立交工系统。在保证工期的前提下，实行分期分批建设，这既可使各具体项目迅速建成，尽早投入使用，又可在全局上实现施工的连续性和均衡性，减少暂设工程数量，降低工程成本。

3 根据上款确定的项目分阶段(期)交付计划，合理地确定每个单位工程的开、竣工时间，划分各参与施工单位的工作任务，明确各单位之间分工与协作的关系，确定综合的和专业化的施工组织，保证先后投产或交付使用的系统都能够正常运行。

4.2.3 项目管理组织机构形式应根据施工项目的规模、复杂程度、专业特点、人员素质和地域范围确定，大中型项目宜设置矩阵式项目管理组织，远离企业管理层的大中型项目宜设置事业部式项目管理组织，小型项目宜设置直线职能式项目管理组织。

4.2.4 根据现有的施工技术水平和管理水平，对项目施工中开发和使用的新技术、新工艺应作出规划，并采取可行的技术、管理措施来满足工期和质量等要求。

4.3 施工总进度计划

4.3.1 施工总进度计划应依据施工合同、施工进度目标、有关技术经济资料，并按照总体施工部署确定的施工顺序和空间组织等进行编制。

4.3.2 施工总进度计划的内容应包括：编制说明，施工总进度计划表(图)，分期(分批)实施工程的开、竣工日期，工期一览表等。

施工总进度计划宜优先采用网络计划，网络计划应按国家现行标准《网络计划技术》(GB/T 13400.1～3)及行业标准《工程网络计划技术规程》(JGJ/T 121—2015)的要求编制。

4.4 总体施工准备与主要资源配置计划

4.4.1 应根据施工开展顺序和主要工程项目施工方法，编制总体施工准备工作计划。

4.4.2 技术准备包括施工过程所需技术资料的准备、施工方案编制计划、试验检验及设备调试工作计划等；现场准备包括现场生产、生活等临时设施，如临时生产、生活用房，临时道路，材料堆放场，临时用水、用电和供热、供气等的计划；资金准备应根据施工总进度计划编制资金使用计划。

4.4.4 劳动力配置计划应按照各工程项目的工程量，并根据总进度计划，参照概(预)算定额或者有关资料确定。目前施工企业在管理体制上已普遍实行管理层和劳务作业层的两层分离，合理的劳动力配置计划可减少劳务作业人员不必要的进、退场或避免窝工状态，进而节约施工成本。

4.4.5 物资配置计划应根据总体施工部署和施工总进度计划确定主要物资的计划总量及进、退场时间。物资配置计划是组织建筑工程施工所需各种物资进、退场的依据，科学合理的物资配置计划既可保证工程建设的顺利进行，又可降低工程成本。

4.5 主要施工方法

施工组织总设计要制定一些单位(子单位)工程和主要分部(分项)工程所采用的施工方法，这些工程通常是建筑工程中工程量大、施工难度大、工期长，对整个项目的完成起关键作用的建(构)筑物以及影响全局的主要分部(分项)工程。

制定主要工程项目施工方法的目的是进行技术和资源的准备工作，同时为施工进程的顺利开展进行合理布置，对施工方法的确定要兼顾技术工艺的先进性和可操作性以及经济上的合理性。

4.6 施工总平面布置

4.6.2 施工总平面布置应按照项目分期(分批)计划进行布置，并绘制总平面布置图。对一些特殊的内容，如现场临时用电、临时用水布置等，当总平面图不能清晰表示时，也可单独绘制平面布置图。

平面布置图应有比例关系，各种临时设施应标注外围尺寸，并应有文字说明。

4.6.3 现场所有设施、用房应由总平面布置图表述，避免采用文字叙述的方式。

5 单位工程施工组织设计

5.1 工程概况

工程概况的内容应尽量采用图表进行说明。

5.2 施工部署

5.2.1 当单位工程施工组织设计作为施工组织总设计的补充时，其各项目标的确立应同时满足施工组织总设计中确立的施工目标。

5.2.2 施工部署中的进度安排和空间组织应符合下列规定：

1 施工部署应对本单位工程的主要分部(分项)工程和专项工程的施工作出统筹安排，对施工过程的里程碑节点进行说明。

2 施工流水段应根据工程特点及工程量进行合理划分，并应说明划分依据及流水方向，确保均衡流水施工。

5.2.3 工程的重点和难点对于不同工程和不同企业具有一定的相对性，某些重点、难点工程的施工方法可能已通过有关专家论证成为企业工法或企业施工工艺标准，此时企业可直接引用。重点、难点工程的施工方法选择应着重考虑影响整个单位工程的分部(分项)工程，如工程量大、施工技术复杂或对工程质量起关键作用的分部(分项)工程。

5.3 施工进度计划

5.3.1 施工进度计划是施工部署在时间上的体现，反映了施工顺序和各个阶段工程进展情况，应均衡协调、科学安排。

5.3.2 一般工程画横道图即可，对工程规模较大、工序比较复杂的工程宜采用网络图表示，通过对各类参数的计算，找出关键线路，选择最优方案。

5.4 施工准备与资源配置计划

5.4.2 与施工组织总设计相比较，单位工程施工组织设计的资源配置计划相对而言更具体，其劳动力配置计划宜细化到专业工种。

5.5 主要施工方案

应结合工程的具体情况和施工工艺、工法等按照施工顺序进行描述，施工方案的确定要遵循兼顾先进性、可行性和经济性的原则。

5.6 施工现场平面布置

5.6.1 单位工程施工现场平面布置图一般按地基基础、主体结构、装饰装修和机电设备安装几个阶段分别绘制。

6 施工方案

6.1 工程概况

施工方案包括下列两种情况：

1 专业承包公司独立承包项目中的分部(分项)工程或专项工程所编制的施工方案；

2 作为单位工程施工组织设计的补充，由总承包单位编制的分部(分项)工程或专项工程施工方案。

由总承包单位编制的分部(分项)工程或专项工程施工方案，其工程概况可参照本节执行，单位工程施工组织中已包含的内容可省略。

6.2 施工安排

6.2.4 根据分部(分项)工程或专项工程的规模、特点、复杂程度、目标控制和总承包单位的要求设置项目管理机构，该机构各种专业人员配备齐全，完善项目管理网络，建立健全岗位责任制。

6.3 施工进度计划

6.3.1 施工进度计划的编制应内容全面、安排合理、科学实用，在进度计划中应反映出各施工区段或各工序之间的搭接关系，施工期限和开始、结束时间。同时，施工进度计划应能体现和落实总体进度计划的目标控制要求，通过编制分部(分项)工程或专项工程进度计划进而体现总进度计划的合理性。

6.4 施工准备与资源配置计划

6.4.1 施工方案针对的是分部(分项)工程或专业工程，在施工准备阶段，除了要完成本项工程的施工准备外，还需注重其与前后工序的相互衔接。

6.5 施工方法及工艺要求

6.5.1 施工方法是工程施工期间所采用的技术方案、工艺流程、组织措施、检验手段等。它直接影响施工进度、质量、安全以及工程成本。本条所规定的内容应比施工组织总设计和单位工程施工组织设计的相关内容更细化。

6.5.3 对于工程中推广应用的新技术、新工艺、新材料和新设备，可以采用目前国家和地方推广的，也可以根据工程具体情况由企业创新。对于企业创新的技术和工艺，要制定理论和试验研究实施方案，并组织鉴定评价。

6.5.4 根据施工地点的实际气候特点，提出具有针对性的施工措施。在施工过程中，还应根据气象部门的预报资料，对具体措施进行细化。

7 主要施工管理计划

7.1 一般规定

7.1.1 施工管理计划在目前多作为管理和技术措施编制在施工组织设计中，这是施工组织设计必不可少的内容。施工管理计划涵盖了很多方面的内容，可根据工程的具体情况加以取舍。在编制施工组织设计时，各项管理计划可单独成章，也可穿插在施工组织设计的相应章节中。

7.2 进度管理计划

7.2.1 不同的工程项目其施工技术规律和施工顺序不同。即使是同一类工程项目，其施工顺序也难以做到完全相同。因此必须根据工程特点，按照施工的技术规律和合理的组织关系，解决各工序在时间和空间上的先后顺序和搭接问题，以达到保证质量、安全施工、充分利用空间、争取时间、实现经济合理地安排进度的目的。

7.2.2 本条规定了进度管理计划的一般内容。

1 在施工活动中通常通过对最基础的分部(分项)工程的施工进度控制来保证各个单项(单位)工程或阶段工程进度控制目标的完成，进而实现项目施工进度控制总体目标；因而需要对总体进度计划进行一系列从总体到细部、从高层次到基础层次的层层分解，一直分解到施工现场可以直接调度控制的分部(分项)工程或施工作业过程为止。

2 施工进度管理的组织机构是实现进度计划的组织保证，它既是施工进度计划的实施组织，又是施工进度计划的控制组织；既要承担进度计划实施赋予的生产管理和施工任务，又要承担进度控制目标，对进度控制负责，因此需要严格落实有关管理制度和职责。

4 面对不断变化的客观条件，施工进度往往会产生偏差。当发生实际进度比计划进度超前或落后时，控制系统就要作出应有的反应：分析偏差产生的原因，采取相应的措施，调整原来的计划，使施工活动在新的起点上按调整后的计划继续运行，如此循环往复，直至预期计划目标实现。

5 项目周边环境是影响施工进度的重要因素之一，其不可控性大，必须重视诸如环境扰民、交通组织和偶发意外等因素，采取相应的协调措施。

7.3 质量管理计划

7.3.1 施工单位应按照《质量管理体系 要求》(GB/T 19001—2016)建立本单位的质量管理体系文件。可以独立编制质量计划，也可以在施工组织设计中合并编制质量计划的内容。质量管理应按照PDCA循环模式，加强过程控制，通过持续改进提高工程质量。

7.3.2 本条规定了质量管理计划的一般内容。

1 应制定具体的项目质量目标，质量目标应不低于工程合同明示的要求，质量目标应尽可能地量化和层层分解到最基层，建立阶段性目标。

2 应明确质量管理组织机构中各重要岗位的职责，与质量有关的各岗位人员应具备与职责要求匹配的相应知识、能力和经验。

3 应采取各种有效措施，确保项目质量目标的实现。这些措施包含但不局限于：原材料、构配件、机具的要求和检验，主要的施工工艺、主要的质量标准和检验方法，夏季、冬期和雨期施工的技术措施，关键过程、特殊过程、重点工序的质量保证措施，成品、半成品的保护措施，工作场所环境以及劳动力和资金保障措施等。

4 按质量管理八项原则中的过程方法要求，将各项活动和相关资源作为过程进行管理，建立质量过程检查、验收以及质量责任制等相关制度，对质量检查和验收标准作出规定，采取有效的纠正和预防措施，保障各工序和过程的质量。

7.4 安全管理计划

7.4.1 安全管理计划应在施工单位安全管理体系的框架内，针对项目的实际情况编制。

7.4.2 建筑施工安全事故(危害)通常分为七大类：高处坠落、机械伤害、物体打击、坍塌倒塌、火灾爆炸、触电、窒息中毒。安全管理计划应针对项目的具体情况，建立安全管理组织，制定相应的管理目标、管理制度、管理控制措施和应急预案等。

7.5 环境管理计划

7.5.1 施工现场环境管理越来越受到建设单位和社会各界的重视，同时各地方政府也不断出台新的环境监管措施，环境管理计划已成为施工组织设计的重要组成部分。对于通过了环境管理体系认证的施工单位，环境管理计划应在企业环境管理体系的框架内，针对项目的实际情况编制。

7.5.2 一般来讲，建筑工程常见的环境因素包括如下内容：

1 大气污染；

2 垃圾污染；

3 建筑施工中建筑机械发出的噪声和强烈的振动；

4 光污染；

5 放射性污染；

6 生产、生活污水排放。

应根据建筑工程各阶段的特点，依据分部(分项)工程进行环境因素的识别和评价，并制定相应的管理目标、控制措施和应急预案等。

7.6 成本管理计划

7.6.2　成本管理和其他施工目标管理类似，开始于确定目标，继而进行目标分解，组织人员配备，落实相关管理制度和措施，并在实施过程中进行纠偏，以实现预定的目标。

7.6.3　成本管理是与进度管理、质量管理、安全管理和环境管理等同时进行的，是针对整体施工目标系统所实施的管理活动的一个组成部分。在成本管理中，要协调好与进度、质量、安全和环境等的关系，不能片面强调成本节约。

7.7　其他管理计划

对于特殊项目可在本规范的基础上增加相应的其他管理计划，以保证建筑工程的实施处于全面的受控状态。

参考文献

[1] 蔡红新．建筑施工组织设计实务[M]. 北京：北京理工大学出版社，2011.
[2] 郝永池．建筑施工组织[M]. 北京：机械工业出版社，2008.
[3] 蔡红新．建筑施工组织与进度控制[M]. 北京：北京理工大学出版社，2009.
[4] 赵仲琪．建筑施工组织[M]. 北京：冶金工业出版社，2001.
[5] 吴继锋，于会斌．建筑施工组织设计[M]. 北京：北京理工大学出版社，2009.
[6] 刘占罴．建筑施工组织与计划[M]. 北京：中国建筑工业出版社，1987.
[7] 中华人民共和国住房和城乡建设部．GB/T 50502—2009 建筑施工组织设计规范[S]. 北京：中国建筑工业出版社，2009.